Christian-Heinz Schuberdt

Handbuch zur Flugunfalluntersuchung

Christian-Heinz Schuberdt

Handbuch zur Flugunfalluntersuchung

unter Mitarbeit von David Herriman

mit 85 Abbildungen

Springer

Christian-Heinz Schuberdt
Schaftrift 5b
38108 Braunschweig, Germany
chris.schuberdt@t-online.de

David Herriman
Schillerstraße 212
5924 CV Venlo, Netherlands
david.herriman@net.hcc.nl

Bibliografische Information der Deutschen Bibliothek
Die deutsche Bibliothek verzeichnet diese Publikation in der deutschen Nationalbibliografie; detaillierte bibliografische Daten sind im Internet über <http://dnb.ddb.de> abrufbar.

ISBN 10 3-540-22864-0 Springer Berlin Heidelberg New York
ISBN 13 978-3-540-22864-6 Springer Berlin Heidelberg New York

Springer ist ein Unternehmen von Springer Science+Business Media
springer.de

Printed in Germany

Umschlaggestaltung: medionet AG, Berlin
Satz: Digitale Druckvorlage des Autors
Herstellung: medionet AG, Berlin

Gedruckt auf säurefreiem Papier 68/3020 5 4 3 2 1 0

Widmung

Die Braunschweig Aerospace Academy GmbH (BAA), eine Aus- und Fortbildungseinrichtung der Luftfahrt ansässig am Forschungsflughafen Braunschweig, arbeitet seit ihrer Gründung im Jahr 1998 erfolgreich mit Herrn Christian-Heinz Schuberdt zusammen. Aus der durchweg positiven Resonanz der Teilnehmer seiner Kursreihen in unserer Akademie ist immer wieder deutlich geworden, dass Herr Schuberdt es in einzigartiger Weise versteht, den an sich sehr trockenen Unterrichtstoff der Flugunfalluntersuchung fachlich kompetent, interessant und lebendig mit vielen Beispielen angereichert den Kursteilnehmern zu vermitteln.

Das vorliegende Handbuch ergänzt in hervorragender Weise alle Kurse, die unsere Akademie zu diesem Thema anbietet. Dieses Handbuch wird daher in Zukunft zum festen Lehrmittelbestand unserer Akademie gehören.

Braunschweig, 03. Mai 2004

Dipl.-Ing., Dipl.-Ökonom Bodo Gerlach, Schulungsleiter der Akademie

Vorwort

Dieses Handbuch hat zum Ziel, alle Personen und Dienststellen, die bei Flugunfällen mit großen Flugzeugen und deren katastrophalen Auswirkungen zusammenarbeiten müssen, über wichtigsten gesetzlichen Grundlagen und Untersuchungsverfahren zu informieren. Darüber hinaus ist es erforderlich, die Aufgaben, Rechte und Pflichten der staatlichen Untersuchungsstelle bei der Flugunfalluntersuchung zu kennen, die an der Unfallstelle eine Rolle spielen. Aus diesem Grund werden die Verfahren der Bundesstelle für Flugunfalluntersuchung bei der Untersuchung, von der Alarmierung bis zur Freigabe des Wracks und der Unfallstelle, beschrieben. Gleichzeitig werden bisher erkannte Probleme während der Zusammenarbeit der unterschiedlichen Behörden, Rettungs- und Sicherungskräften, die bei realen Unfällen und Übungen aufgetreten sind, angesprochen.

Bei allen Unfällen mit großen Luftfahrzeugen muss man davon ausgehen, dass es nicht möglich ist, das öffentliche Interesse auf den Ereignisstaat zu begrenzen. Ein Grund dafür ist, dass das Luftfahrzeug oder wesentliche Bauteile des Luftfahrzeugs nicht im Ereignisstaat hergestellt worden sind, der Eintragungs-, Halter-Hersteller- oder Entwicklungsstaat informiert und an der Untersuchung beteiligt werden müssen oder eine große Zahl der Fluggäste Staatsbürger eines anderen Staates sind.

Die Mitgliedstaaten der *Internationalen Zivilluftfahrt-Organisation (ICAO)* haben bereits im Chicagoer Abkommen vom Jahre 1944 beschlossen, bei Unfällen mit großen Luftfahrzeugen eine Untersuchung über die Umstände einzuleiten, die zu dem Unfall geführt oder beigetragen haben. Soweit es die Gesetze des Ereignisstaates zulassen, sind diese Untersuchungen in Übereinstimmung mit den Richtlinien und Empfehlungen der ICAO durchzuführen. Die Grundsätze einer solchen fachlichen Untersuchung sowie die Pflichten und Rechte der betroffenen Staaten wurden im September 1962 in Rom beschlossen und in den *Richtlinien und Empfehlungen über die Untersuchung von Flugunfällen im Anhang 13* zum Abkommen über die internationale Zivilluftfahrt veröffentlicht. Die neunte Fassung des Anhangs 13 von Juli 2001 erweitert die Aufgaben der untersuchenden Stellen insoweit, dass außer Unfällen auch schwere Störungen beim Betrieb von Luftfahrzeugen zu untersuchen und mit einem Bericht sowie ggf. Sicherheitsempfehlungen abzuschließen sind. Zusätzlich wurde eine Reihe von früheren Empfehlungen zu Richtlinien (Standards) erklärt. Das bedeutet, dass, wenn keine Ausnahmeregelungen von dem Mitgliedstaat bekannt gegeben wurden, bei der Untersuchung von Flugunfällen und Störungen beim Betrieb von Luftfahrzeugen im internationalen Luftverkehr grundsätzlich nach den *Richtlinien und Empfehlungen des Annex 13, ICAO*, zu verfahren ist.

Das Abkommen über die Internationale Zivilluftfahrt wurde mit dem Beitritt der Bundesrepublik Deutschland im Jahr 1956 durch Gesetz[1] für verbindlich erklärt. Die Aufgabe der Untersuchung von Flugunfällen beim Betrieb von zivilen Luftfahrzeugen wurde damals dem *Luftfahrt-Bundesamt (LBA)* in Braunschweig übertragen. Mit der Änderung des *Gesetzes über das Luftfahrt-Bundesamt,* 1980, wurde aus der Abteilung IV des Luftfahrt-Bundesamtes die *Flugunfalluntersuchungsstelle beim Luftfahrt-Bundesamt*, die fachlich dem Bundesverkehrsministerium unterstellt war.

Auf der Basis der Richtlinien und Empfehlungen des Anhangs 13, ICAO, in der Fassung vom Juli 1994, erließ der *Rat der Europäischen Union* am 2. November 1994 die Richtlinie 94/56/EC - über die *Grundsätze für die Untersuchung von Unfällen und Störungen in der Zivilluftfahrt*. Die EU-Richtlinie war die Grundlage für das *Gesetz über die Untersuchung von Unfällen und Störungen beim Betrieb ziviler Luftfahrzeuge*, kurz das *Flugunfall-Untersuchungs-Gesetz, FlUUG*, das am 1. September 1998 in Kraft getreten ist. Das Gesetz regelt die Rechte und Pflichten der *Bundesstelle für Flugunfalluntersuchung*, bestimmte Aufgaben, die nur die Polizei und die Feuerwehr an der Unfallstelle übernehmen können, und die Zusammenarbeit mit den Strafverfolgungsbehörden. Ebenso sind die Rechte und Pflichten der anderen Beteiligten an der Untersuchung, sowie der durch den Unfall betroffenen Personen und Unternehmen neu geregelt.

Am 1. September 1998 wurde die *Bundesstelle für Flugunfalluntersuchung (BFU)* als fachlich unabhängige Bundesoberbehörde im Geschäftsbereich des Bundesministeriums für Verkehr, Bau- und Wohnungswesen, in Braunschweig eingerichtet.

Braunschweig, den 1. Juni 2004

Christian-Heinz Schuberdt

---

1 Gesetz über den Beitritt der Bundesrepublik Deutschland zu dem Abkommen vom 7. Dezember 1944 über die internationale Zivilluftfahrt und die Annahme der Vereinbarung vom 7. Dezember 1944 über den Durchflug im internationalen Luftverkehr, vom 7.4.1956 (BGBl II 411).

Inhalt

Einleitung

Auch in der gewerblichen Luftfahrt gibt es, obwohl sie ständigen Auflagen und strengen Überwachungen unterliegt, keine absolute Sicherheit. Alle technischen Geräte können beim Betrieb gestört werden oder ausfallen. Überall, wo der Mensch technische Geräte bedient oder benutzt, geschehen auch Unfälle oder schwere Störungen. Über 80 Prozent aller Faktoren, die zu Unfällen geführt haben, sind menschliche Faktoren. In vielen Fällen sind es Probleme an der Schnittstelle zwischen dem Menschen und der Maschine. In diesen Buch sollen die Probleme bei der Untersuchung von Unfällen und schweren Störungen mit großen Flugzeugen im internationalen Luftverkehr behandelt werden.

In der Zivilluftfahrt mit großen Transportflugzeugen geschehen zur Zeit jährlich weltweit ca. 15 Unfälle mit katastrophalen Ausmaßen. Dabei gibt es im Schnitt weniger als 1000 tödlich verletzte Personen. Studien großer Flugzeughersteller und -betreiber gehen davon aus, dass sich die Zahl der transportierten Personen in den nächsten 10 Jahren erneut verdoppeln wird. Wachstum und Sicherheit schließen sich, ohne neue Anstrengungen das Gesamtsystem Luftfahrt zu verbessern, grundsätzlich aus. Daher rechnet man bis zum Jahre 2015 weltweit mit ca. 50 Unfällen pro Jahr. Das bedeutet, dass wir auch in Deutschland jederzeit mit Unfällen und Störungen beim Betrieb von Luftfahrzeugen zu rechnen haben und darauf vorbereitet sein müssen. Gemäß der *Internationalen Richtlinien und Empfehlungen, Annex 13*, zum *Chicagoer Abkommen* von 1944 *(ICAO)* ist der Staat, in dem sich ein Unfall ereignet hat, verpflichtet, eine Untersuchung über die Umstände einzuleiten, die zu dem Ereignis geführt haben.

Im Jahr 2002 waren in der Bundesrepublik Deutschland 20 714 Luftfahrzeuge beim Luftfahrt-Bundesamt registriert. Davon hatten 858 eine Höchstabflugmasse von mehr als 5700 kg (große Flugzeuge) in 133 Luftfahrtunternehmen. Hinzu kommen eine Vielzahl von Luftsportgeräten, die in der Regel von den Luftfahrt-Verbänden zugelassen und überwacht werden, die vom Bundesministerium für Verkehr mit dieser Aufgabe beliehen wurden. Allein von den 17 internationalen Verkehrsflughäfen wurden bereits im Jahre 2002 mehr als 120 Millionen Fluggäste auf mehr als 2 Millionen Flügen transportiert. Insgesamt wurden fast 2 Millionen Stunden geflogen und ca. 700 000 Starts und Landungen durchgeführt. Hinzu kommt der gesamte überfliegende Verkehr, dem in Deutschland als zentrales Land in Europa eine große Bedeutung zukommt. Weltweit werden zur Zeit jährlich rund 1,4 Milliarden Passagiere und rund 24 Millionen Tonnen Luftfracht in Flugzeugen befördert. Die erwartete Steigerungsrate liegt in jedem Jahr bei 5 bis 7 Prozent.

Bis zum Jahre 2010 rechnet man allein in Deutschland mit einem Aufkommen von bis zu 200 Millionen Fluggästen. Die Flugzeuge werden immer größer und in ihnen werden in naher Zukunft 800 bis 1 000 Menschen gleichzeitig befördern können.

Deutschland verfügt zur Zeit über insgesamt 367 Flugplätze, darunter 165 Verkehrsflugplätze, 17 Regionalflughäfen und ebenfalls 17 internationale Verkehrsflughäfen, die anderen sind Sonderlandeplätze. Die meisten Verkehrsflugplätze und einige Regionalflughäfen verfügen nicht über Präzisionsanflugsysteme, um bei jeden Wetter angeflogen werden zu können. Das kann sich mit der Einführung der Satellitennavigation schnell ändern. Bei wachsenden Zahlen im Luftverkehr ist natürlich auch mit einer steigenden Zahl von Unfällen und schweren Störungen beim Betrieb von Luftfahrzeugen zu rechnen. Unfälle mit großen Flugzeugen und mit tödlich verletzten Personen waren in Deutschland bisher sehr selten. Geschieht jedoch ein Unfall, sind die Auswirkungen immens und es ist erforderlich auf diesen Fall vorbereitet zu sein.

Unfälle mit großen Flugzeugen sind immer gleichzeitig Ereignisse von großen internationalem Interesse. Alle beteiligten Personen und Dienststellen sollten wissen, welche Aufgaben die Bundesstelle für Flugunfalluntersuchung (BFU) hat und wer aufgrund internationaler Verpflichtungen an der Untersuchung beteiligt werden muss oder kann. Es ist auch von Bedeutung zu erkennen, welchen Stellenwert die fachliche Untersuchung von Flugunfällen und Störungen beim Betrieb von Luftfahrzeugen für den Katastrophenschutz vor Ort hat. Ebenso soll erklärt werden, auf welche Weise die Bundesstelle ihre vielfältigen Aufgaben erfüllt und welche Staaten an der fachlichen Untersuchung beteiligt werden müssen. Die Basis dafür sind Kenntnisse über Definitionen, gesetzliche Grundlagen und internationale Vereinbarungen und die möglichen Probleme während der interdisziplinären Zusammenarbeit mit anderen Behörden sowie den Sicherheits- und Rettungskräften an der Unfallstelle.

Sicherheit ist das oberste Gut in der Luftfahrt. Das alleinige Ziel dieser Untersuchungen von Unfällen und schweren Störungen durch eine unabhängige Flugunfalluntersuchungsstelle ist die Verhütung von Unfällen und Störungen. Es ist nicht Zweck der Untersuchung, ein Verschulden festzustellen oder Haftungsfragen zu klären. Diese Aufgabe bleibt auch bei einem Flugunfall stets den Strafverfolgungs-, Genehmigungs- oder Aufsichtsbehörden vorbehalten.

Die verschiedenen Vorschriften in diesem Buch sind bewusst so ausgewählt worden, damit der Leser die Möglichkeit hat, die internationalen Richtlinien und Empfehlungen (ICAO) mit der Europäischen Richtlinie und der deutschen Gesetzgebung (Flugunfall Untersuchungsgesetz / FlUUG) zu vergleichen. Dadurch wird ebenfalls erkennbar, dass diese Vorschriften auf einander aufbauen und teilweise den gleichen Wortlaut haben.

1 Wissenswertes der Flugunfalluntersuchung

1.1 Historie

Fliegen war schon immer ein Menschheitstraum. Otto Lilienthal hatte in der Nähe von Berlin Gleitflugzeuge gebaut und die Fluggeräte selbst ausprobiert. Am 9. August 1898 war er, bei einem seiner vielen Flugversuche, mit einem von ihm gebauten Gleiter abgestürzt und in einem Berliner Hospital verstorben. Der Tod des Deutschen Otto Lilienthal war der Anlass für die Brüder Wilbur und Orville Wright, die in Dayton (Ohio) eine Fahrradfabrik betrieben, sich intensiv mit den Möglichkeiten des freien Fliegens zu befassen. Sie haben ebenfalls Gleiter gebaut und weit über tausend Flügendamit durchgeführt. Bei der Konstruktion ihrer Luftfahrzeuge griffen sie auf die aerodynamischen Grundlagen über den Vogelflug von Otto Lilienthal zurück. Um die aerodynamischen Grundsätze zu verstehen hatten sie einen eigenen Windkanal gebaut. Dadurch waren sie in der Lage frühere Erkenntnisse anderer Flugzeugpioniere zu widerlegen. Für den geplanten motorgetriebenen Flug hatten sie den Rumpf, die Tragflächen des Flugzeugs selbst konstruiert, und den neuartigen Benzinmotor und den dazugehörigen Propeller entwickelt.

Abb. 1.1 Gebrüder Wright – Erstflug

Am 17. Dezember 1903 gelang es Orville Wright am Kill Devils Hill, in der Nähe von Kitty Hawk/North Carolina, den ersten kontrollierten Flug mit einem motorgetriebenen Flugzeug durchzuführen. Sein Bruder Wilbur Wright stoppte die Zeit vom Boden aus. Der Flug ging über 100 Yards und dauerte 12 Sekunden. Natürlich waren die Gebrüder Wright nicht die Einzigen die versucht hatten, ein funktionstüchtiges Flugzeug zu bauen, und heute noch streiten Deutsche, Franzosen, Engländer und Amerikaner um die Ehre, den ersten bemannten Flug durchgeführt zu haben. Die meisten Versuche endeten jedoch bereits beim Abheben oder noch am Boden mit einer Katastrophe. Den Gebrüdern Wright wird dabei die Ehre zu Teil, als erste einen gesteuerten Flug mit einem motorgetriebenen Flugzeug durchgeführt und ohne Unfall zu Ende gebracht zu haben. Und - der Flug ließ sich wiederholen. Am gleichen Tage wurden noch drei weitere Flüge erfolgreich durchgeführt. Der längste dauerte fast eine Minute und es wurde eine halbe Meile zurückgelegt. Bald nahm man auch gelegentlich einen Passagier auf den Flügen mit. Nachdem Flüge von einer halben Stunde Dauer auch in Europa vorgeführt werden konnten, interessierte sich das Militär für die neue Erfindung und prüfte eine militärische Nutzung. Danach ging es mit der bemannten Luftfahrt rasant weiter. 1909 überquerte der Franzose Louis Blériot als erster den Ärmelkanal, 1912 flog in England das erste Kampfflugzeug und 1919 überqueren Kapitän J. Alcock und Leutnant A. Whitten-Braun den Atlantik in östlicher Richtung. Die Luftfahrt mit motorgetriebenen Luftfahrzeugen war von da an nicht mehr aufzuhalten. Das Militär spielte bei der Entwicklung neuer Flugmaschinen, besonders neuer Triebwerke, eine wesentliche Rolle und nach den Kriegen war die zivile Luftfahrt aktiv. Im Jahre 1942 flog die Messerschmidt, ME 262, als erster einsatzfähiger Düsenjäger und 1952 wurde der erste linienmäßige Passagierflug mit einer De Havilland Comet aufgenommen.

Abb. 1.2 Airbus A 380 – (Bild: Airbus Industries)

In der Zwischenzeit, kaum 100 Jahre nach dem ersten Motorflug, ist Fliegen für alle zur Selbstverständlichkeit geworden, und es gibt nur wenige, die noch niemals in einem Flugzeug gesessen haben. Die heutigen Flugzeuge sind modern, bequem und schnell. Die nächste Generation der Verkehrsflugzeuge, die auf den Markt kommt, hat eine maximale Abflugmasse von mehr als 500 Tonnen und wird in der letzten Ausbaustufen bis zu 1 000 Passagiere befördern können. Es müssen für diese Flugzeuge bei der Flugsicherung und auf den Flughäfen neue Wege beschritten werden. Die Hersteller und Betreiber solcher Flugzeuge sowie die Zulassungs-, Aufsichts- und Genehmigungsbehörden müssen neue Maßstäbe bei der Sicherheit des Luftverkehrs schaffen und einführen.

Obwohl das Fliegen in Verkehrsflugzeugen inzwischen zu den sichersten Fortbewegungsarten gehört, war die Geschichte der Luftfahrt auch immer eine Geschichte der Unfälle und Katastrophen. Bereits 1915 hatte in England die offizielle Untersuchung von Unfällen mit Luftfahrzeugen begonnen. Es zeigte sich, dass international einheitliche Bestimmungen und nationale Luftfahrtverwaltungen erforderlich waren.

1.2 Nationale und internationale Luftfahrtverwaltung

International Civil Aviation-Organisation - ICAO

Headquarters, Montreal, Canada
External Relations and Public Information Office
999 University Street, Montreal, Quebec H3C 5H7, Canada
Fax: 001-514 954 6077
SITA TEX: YULCAYA
E-Mail: icaohq@icao.int
Home Page: http://www.icao.intEuropa

European and North Atlantic Office
3 bis villa Émile-Bergerat, 92522 Neuilly-sur-Seine Cedex, France
Tel. : 0033-1-46 41 85 85
Fax : 0033-1-46 41 85 00
Cable : ICAOREP, Paris
AFTN : LFPSYAYU
SITA TEX : PAREUYA
E-Mail : icaoeurnat@paris.icao.int
Home Page: http://www.icao.int/eurnat

Bereits während des zweiten Weltkrieges wurde die Bedeutung der Luftfahrt erkannt und es wurden weltweit einheitliche Regelungen für den Betrieb von Luftfahrzeugen erforderlich. Ebenso wurden Regelungen für den Ein- und Überflug von Luftfahrzeugen im Hoheitsgebiet der Vertragsstaaten erforderlich. Die Internationale Zivilluftfahrt-Organisation (ICAO) wurde am 7. Dezember 1944 als Sonderorganisation der Vereinten Nationen in Chicago (Chicago Convention) gegründet. Ihr gehören zur Zeit 187 Vertragsstaaten an. Ihre Aufgabe ist es, einheitliche Regelungen für die Sicherheit, Regelmäßigkeit und Wirtschaftlichkeit des internationalen Luftverkehrs zu erarbeiten und weiter zu entwickeln. Grundsätze und Technik sollen entwickelt sowie die Planung und Entwicklung des internationalen Luftverkehrs gefördert werden. Die derzeit 18 Anhänge zum Chicagoer Abkommen sind nicht unmittelbar nationales Recht, sondern müssen von den Vertragsstaaten in eigenes Recht überführt werden.

Anhänge (Annex) zum Chicagoer Abkommen:

Annex 1 **Personnel and Licensing**

Annex 2 **Rules of the Air**

Annex 3 **Meteorological Service for International Navigation**

Annex 4 **Aeronautical Charts**

Annex 5 **Units of Measurements to be used in Air and Ground Operations**

Annex 6 **Operation of Aircraft**

Part I International Commercial Air Transport – Aeroplanes
Part II International General Aviation – Aeroplanes
Part III International Operations – Helicopters

Annex 7 **Aircraft Nationality and Registration Marks**

Annex 8 **Airworthiness of Aircraft**

Annex 9 **Facilitation**

Annex 10 **Aeronautical Telecommunications**

Volume I Radio Navigation Aids
Volume II Communication Procedures including those with PANS status
Volume III Communication Systems
Part I Digital Data Communication System
Part II Voice Communication System
Volume IV Suveilliance Radar and Collision Avoidance System
Volume V Aeronautical Radio Frequency Spectrum Utilisation

Annex 11		**Air Traffic Services**
Annex 12		**Search and Rescue**
Annex 13		**Aircraft Accident and Incident Investigation**
Annex 14		**Aerodromes**
	Volume I	Aerodrome Design and Operations
	Volume II	Heliports
Annex 15		**Aeronautical Information Services**
Annex 16		**Environmental Protections**
	Volume I	Aircraft Noise
	Volume II	Aircraft Engines Emmissions
Annex 17		**Security** Safeguarding International Civil Aviation against Acts of Unlawful Interference
Annex 18		**The Safe Transport of Dangerous Goods by Air**

ICAO-Sprachen z.Z. sind:

Englisch, Französisch, Spanisch, Russisch, Arabisch und Chinesisch.

Die Richtlinien und Empfehlungen für die Durchführung der Flugunfalluntersuchung (Annex 13) wurden vom ICAO-Rat am 11. April 1951 nach der Maßgabe des Artikels 73 des Abkommens über die Internationale Zivilluftfahrt gebilligt und als Anhang 13 zum Abkommen bezeichnet.

Die Bundesrepublik Deutschland ist, nach der Wiedererlangung der Souveränität, dem Chikagoer Abkommen am 7. 4. 1956 beigetreten:

Gesetz

über den Beitritt der Bundesrepublik Deutschland zu dem Abkommen vom 7. Dezember 1944 über die Internationale Zivilluftfahrt

und

die Annahme der Vereinbarung vom 7. Dezember 1944 über den Durchflug im internationalen Luftverkehr vom 7.4.1956 (BGBl II 411)

Artikel 1

Dem Beitritt der Bundesrepublik Deutschland zu dem in Chikago am 7. Dezember 1944 unterzeichneten Abkommen über die Internationale Zivilluftfahrt und der Annahme der in Chikago am 7. Dezember 1944 unterzeichneten Vereinbarung über den Durchflug im Internationalen Fluglinienverkehr wird zugestimmt. Das Abkommen und die Vereinbarung werden nachstehend veröffentlicht.

Artikel 2

(1) Dieses Gesetz tritt am Tage der Verkündigung in Kraft.
(2) Der Tag, an dem das Abkommen nach seinem Artikel 92 Absatz b und die Vereinbarung nach ihrem Artikel VI für die Bundesrepublik in Kraft treten, ist im Bundesgesetzblatt bekannt zu geben.

(Nach der Bekanntgabe vom 12.1.1956 (BGBl II 934) sind das Abkommen und die Vereinbarung am 8.6.1956 in Kraft getreten.)

Gemäß Artikel 38 des Abkommens über die Internationale Zivilluftfahrt sind die Mitgliedsstaaten verpflichtet die Richtlinien und Empfehlungen nach Möglichkeit anzuwenden. Wenn es ein Staat für undurchführbar hält, einer internationalen Richtlinie oder einem solchen internationalen Verfahren nachzukommen, sind die Abweichungen der ICAO bekannt zu geben, die sie veröffentlicht. Zum Anhang 13 sind durch die Bundesrepublik Deutschland zur Zeit keine Abweichungen bekannt gegeben worden. Das bedeutet, dass bei Untersuchungen von Unfällen und Störungen von Flugzeugen anderer Vertragsstaaten im internationalen Luftverkehr, unabhängig von bestehendem nationalem Recht, die Richtlinien und Empfehlungen in vollem Umfang zur Anwendung kommen. Dadurch ist sichergestellt, dass alle Untersuchungen von Unfällen und Störungen beim Betrieb von Luftfahrzeugen anderer Staaten den Vorgaben der Richtlinien und Empfehlungen der Internationalen Zivilluftfahrt-Organisation entsprechen.

Europäische Union – EU

Europäische Kommission

Rue de la Loi / Wetstraat 200
B-1049 Brüssel
Tel. : 0032-2-299 11 11

Abteilung Verkehr
Tel.: 0032-2-296 8447
Fax: 0032-2-296 8353

Home Page: http://www.europa.eu.int

Die Europäische Union (EU) hat, auf der Grundlage der Römischen Verträge sowie des Vertrages von Maastricht, die Aufgabe übernommen, durch gemeinsame Politik und Maßnahmen, der Einrichtung eines gemeinsamen Marktes sowie einer Wirtschafts- und Währungsunion, eine harmonische und ausgewogene Entwicklung des Wirtschaftslebens der Gemeinschaft zu fördern.

Um einen hohen Sicherheitsstandard in der europäischen Zivilluftfahrt zu erhalten und die Zahl der Unfälle und Störungen mit allen Mitteln zu senken, hat die Europäische Union am 21. November 1994 eine Richtlinie des Rates (94/56/EG) über die „Grundsätze für die Untersuchung von Unfällen und Störungen in der Zivilluftfahrt" veröffentlicht. Anders als Verordnungen der EU, die mit unmittelbarer Geltung für die Vertragsstaaten beschlossen werden, müssen Richtlinien in nationales Recht umgesetzt werden. Dieses ist mit dem am 1. September 1998 in Kraft getretenen Flugunfall-Untersuchungs-Gesetz (FlUUG – BGBl I, vom 28.August 1998) geschehen.

European Civil Aviation Conference – ECAC

Europäische Zivilluftfahrt-Konferenz

Sekretariat
3bis, Villa Emile Bergerat
F-92522 Neuilly-sur-Seine Cedex

Tel. : 0033-14641-8544
Fax : 0033-14624-1818

E-Mail : ecac@comuserve.com

Im Jahre 1955 wurde in Straßburg, auf Antrag des Europarates und auf der Basis der ICAO, die *European Civil Aviation Conference (ECAC)* ins Leben gerufen. Wie die

Internationale Civil Aviation Organisation (ICAO) und die Europäische Union (EU) hat sie die Aufgabe, einen wirtschaftlichen Verkehr als auch den Schutz der Umwelt sicherzustellen. Weitere Arbeitsbereiche liegen in der Harmonisierung und Integration der Flugsicherung in Europa *(EUROCONTROL)* sowie der besseren Nutzung der Flughafenkapazitäten.

Die Organe der ECAC sind die Vollversammlung, die aus den Vertretern der 38 Mitgliedsstaaten besteht, der Versammlung der Leiter der Luftfahrtbehörden (Generaldirektoren), dem Koordinierungsausschuss sowie derzeit vier Ausschüssen (Committees). Beschlüsse der ECAC müssen ebenso wie Richtlinien des Europäischen Rates in nationales Recht umgesetzt werden.

Joint Aviation Authorities – JAA

Headquarters

Saturnsstraat 8-10
P.O. Box 3000
NL-2130 KA Hoofddorp

Tel.: 0031-23-56 79 700
Fax: 0031-23- 56 21 714

Home Page: http://jaa@jaa.nl

Das Zusammenwachsen der Europäischen Union erforderte gemeinsame Regelungen bei der Zulassung und dem Betrieb von Luftfahrzeugen sowie der Lizensierung des Luftfahrtpersonals. Die Arbeitsgemeinschaft der europäischen Luftfahrtbehörden, die derzeitig 29 Mitgliedsstaaten hat, ist zuständig für die Erstellung und Anwendung gemeinsamer Vorschriften. Anders als die Europäische Union (EU) hat die JAA hat keine eigene Rechtsfähigkeit. Die Joint Aviation Requirements (JAR) müssen von den Mitgliedsstaaten in nationales Recht übernommen werden.

JARs

Im Bereich der Untersuchung von Unfällen und Störungen in der Zivilluftfahrt hat die JAA keinerlei Aktivitäten.

Bundesministerium für Verkehr, Bau- und Wohnungswesen – BMVBW

Bundesministerium für Verkehr, Bau- und Wohnungswesen

Dienstgebäude Invalidenstraße 44
10115 Berlin
Dienstgebäude Krausenstraße 17-20
10117 Berlin
Tel.: 030-2008-0
Fax: 030-2008-1920 oder 1922

Abteilung Luft-, Raumfahrt und Schifffahrt (LS)
Kurt-Schuman-Platz 1
53175 Bonn

Tel.: 01888-300-0
Fax: 01888-300-3428 oder 3429

E-Mail: http://www.bmvbw.bund.de
http://www.bund.de

Das Bundesministerium für Verkehr, Bau- und Wohnungswesen erlässt mit Zustimmung des Bundesrates die notwendigen Gesetze und Verordnungen sowie die zur Durchführung von Verordnungen des Rates oder der Kommission der Europäischen Gemeinschaft notwendigen Rechtsverordnungen im Bereich der Zivilluftfahrt in der Bundesrepublik Deutschland. Dazu gehören die Meldung von Flugunfällen und Störungen des Luftverkehrs, deren fachliche Untersuchung sowie der Such- und Rettungsdienst. Die Aufgaben des Bundes werden, soweit nicht anders bestimmt, vom Bundesminister für Verkehr wahrgenommen. Die Bestimmung erfolgt durch eine Rechtsverordnung. Aufgaben, die durch die Länder im Auftrage des Bundes durchgeführt werden, sind in § 31 Luftverkehrsgesetz (LuftVG) festgelegt. Mit der Bekanntgabe des Flugunfall-Untersuchungs-Gesetzes, am 1. September 1998, wurde die Bundesstelle für Flugunfalluntersuchung im Geschäftsbereich des BMVBW als Bundesoberbehörde in Braunschweig errichtet. Das BMVBW bestimmt den Sitz der Bundesstelle und regelt den Aufbau der ihm nachgeordneten Bundesoberbehörden.

Luftfahrt-Bundesamt – LBA

Hermann-Blenk-Straße 26
38108 Braunschweig

Tel.: 0531-2355-0
Fax: 0531-2355-710

Home Page: http://www.lba.de

Mit der Bekanntgabe des *Gesetzes über das Luftfahrt-Bundesamt* vom 31.11.1954 (BGBl I 354) wurde das Luftfahrt-Bundesamt als Bundesoberbehörde im Geschäftsbereich des Bundesministeriums für Verkehr in Braunschweig eingerichtet. Es verfügt über sechs Außenstellen in Berlin-Schönefeld, Düsseldorf, Hamburg, Frankfurt, München und Stuttgart.

Das Luftfahrt-Bundesamt hat insbesondere folgende Aufgaben (Auszug LBA-Gesetz):

1. die Prüfung oder Überwachung der Prüfungen zur Feststellung der Verkehrssicherheit (Lufttüchtigkeit) des Luftfahrtgeräts nach der Prüfordnung für Luftfahrtgerät,
2. die Zulassung der Muster des Luftfahrtgeräts,
3. die Zulassung des Luftfahrtgeräts zum Luftverkehr,
4. die Führung der Luftfahrzeugrolle sowie sonstige Verzeichnisse für Luftfahrtgerät,
5. die Erteilung der Erlaubnis für Berufsflugzeugführer 1. Klasse, Linienflugzeugführer, berufsmäßige Führer von Drehflüglern, Flugnavigatoren, Flugingenieure und Führer von Luftschiffen sowie die Erteilung von Berechtigungen nach der Prüfordnung für Luftfahrtpersonal an diese Personen,
6. die Anerkennung der fliegerärztlichen Untersuchungsstellen für die Untersuchung der in Nummer 5 genannten Luftfahrer,
7. die Erteilung der Erlaubnis für die Ausbildung der in Nummer 5 genannten Luftfahrer,
8. die Erteilung der Erlaubnis für Prüfer von Luftfahrtgerät und Flugdienstberater,
9. die Erteilung von Besatzungsausweisen für Fluglinienpersonal,
10. die Abnahme der Prüfung zum Erwerb der Instrumentenflugberechtigung von den nicht in Nummer 5 genannten Luftfahrern,
11. die Vorarbeiten für den Erlass der Bau-, Prüf- und Betriebsvorschriften für Luftfahrtgerät und der Ausbildungs- und Prüfvorschriften für Luftfahrtpersonal,
12. die Sammlung von Nachrichten über Luftfahrtpersonal und Luftfahrtgerät sowie die Auskunftserteilung über diese Nachrichten,

13. die Sammlung und Sichtung von Berichten und sonstigen Unterlagen über die Luftfahrttechnik, den Betrieb von Luftfahrtgerät und das Luftfahrtpersonal, soweit sie für die Aufgaben des Luftfahrt-Bundesamtes notwendig ist,

14. die Prüfung der technischen und betrieblichen Zustandes und der finanziellen Leistungsfähigkeit der Luftfahrtunternehmen und der Luftfahrerschulen, für deren Genehmigung der Bundesminister für Verkehr oder das Luftfahrt-Bundesamt zuständig sind,

15. auf Antrag die Erstattung von Gutachten über die Prüfung des technischen und betrieblichen Zustandes und der finanziellen Leistungsfähigkeit der Luftfahrtunternehmen und Luftfahrerschulen, für deren Genehmigung die Länder zuständig sind.

Bundesstelle für Flugunfalluntersuchung

BFU

Hermann-Blenk-Straße 16
38108 Braunschweig

Tel.: 0531-3548-0
Fax: 0531-3548-246

E-Mail: box@bfu-web.de
Home Page: http://www.bfu-web.de

Zur Untersuchung von Unfällen und Störungen in der zivilen Luftfahrt wurde im Geschäftsbereich des Bundesministeriums für Verkehr in Braunschweig die *Bundesstelle für Flugunfalluntersuchung* als Bundesoberbehörde errichtet.

Unfälle und Störungen unterliegen nach den völkerrechtlichen Verpflichtungen einer Untersuchung mit dem ausschließlichen Zweck, nach Möglichkeit die Ursache aufzuklären, mit dem Ziel, künftige Unfälle und Störungen zu verhüten. Die Untersuchungen dienen nicht der Feststellung des Verschuldens, der Haftung oder von Ansprüchen. Die Bundesstelle nimmt ihre Aufgaben funktionell und organisatorisch unabhängig wahr insbesondere von jenen Luftfahrtbehörden, die für die Lufttüchtigkeit, die Zulassung, den Flugbetrieb, die Instandhaltung, der Erteilung von Erlaubnissen für Luftfahrtpersonal, die Flugsicherung und den Flughafenbetrieb zuständig sind. Weisungen hinsichtlich der Einleitung/Nichteinleitung sowie des Inhalts und des Umfangs einer Unfalluntersuchung sowie des Untersuchungsberichts oder der Sicherheitsempfehlung dürfen der Bundesstelle nicht erteilt werden; die Bundesstelle darf gleichwohl erteilte Weisungen nicht befolgen.

1.3 Wichtige internationale Untersuchungsstellen

National Transportation Safety Board (NTSB)

NTSB Headquarters
490 L'Enfant Plaza, SW
Washington, DC 20594
USA

Tel. : 001-202-314-6000
Home Page : http://www.ntsb.gov

Das *National Transportation Safety Board* wurde am 1. April 1967 gegründet und vom Congress der Vereinigten Staaten von Amerika beauftragt, alle zivilen Unfälle in der Luftfahrt sowie in anderen Bereichen des Verkehrs, wie Eisenbahn, Autobahnen, Schifffahrt, Pipelines und mit gefährlichen Gütern zu untersuchen, um die Sicherheit zu verbessern. Die Grundlage für seine Tätigkeit ist im *Chapter VIII, Title 49 of the Code of Federal Regulation* festgelegt. Das NTSB ist unabhängig, jedoch ähnlich wie die Bundesstelle für Flugunfalluntersuchung in der Bundesrepublik Deutschland, dem *U.S. Department of Transportation (DOT)* zugeordnet. Es hat seit seiner Gründung mehr als 110 000 Luftfahrtunfälle untersucht und mehr als 11 600 Sicherheitsempfehlungen herausgegeben.

Transportation Safety Board of Canada (TSBC)

Head Office
Place du Centre, 4th Floor
200 Promenade du Portage

Hull Quebec, K1A 1K8

Tel.: 001-819-994-3741
Fax: 001-819-994-2239

Home Page: http://www.tsb.gc.ca

Das *Transportation Safety Board Canada* hat, vergleichbar mit dem NTSB der Vereinigten Staaten, durch einen *Act of Parliament Canada* den Auftrag, alle zivilen Unfälle in der Luftfahrt, Eisenbahn, Autobahnen, Schifffahrt und Pipelines zu untersuchen, um die Sicherheit zu verbessern. Das TSB ist wie alle fest etablierten nationalen Untersuchungsstellen unabhängig. Die Unabhängigkeit wird als Notwendigkeit betrachtet, um das Vertrauen der Öffentlichkeit in die Untersuchungen und deren Ergebnisse zu stärken.

Air Accident Investigation Branch (AAIB)

Air Accidents Investigation Branch

Berkshire Copse Road
Aldershot, Hampshire
GU11 2HH, UK

Tel.: 0044-1252-510300
Fax: 0044-1252-376999

E-Mail: enquiries@aaib.gov.uk
Home Page: http://www.aaib.detr.gov.uk

Die *Air Accident Investigation Branch (AAIB)* des Vereinigten Königreichs ist Teil des *Department of Transport* und verantwortlich für die Untersuchung von Unfällen und schweren Störungen ziviler Luftfahrzeuge. Das AAIB hat seinen Ursprung in der *Accident Investigation Branch* des *Royal Flying Corps*. Dieses wurde im Jahr 1915 eingerichtet als Captain C. B. Cockburnaus vom RFC den Posten eines unabhängigen *„Inspector of Accidents"* übernahm. Zum Ende des ersten Weltkrieges wurde im Luftfahrtministerium ein *Department of Civil Aviation* eingerichtet. Das AIB wurde Teil dieses Departments und wurde verantwortlich für die Untersuchung von Unfällen ziviler und militärischer Luftfahrzeuge. 1920 wurden Anstrengungen unternommen, das AIB nur noch für Unfälle ziviler Luftfahrzeuge einzusetzen. Ein entsprechendes Gesetz wurde 1922 verabschiedet. Nach dem zweiten Weltkrieg wurde 1946 das Ministerium für Zivilluftfahrt eingerichtet, dem das AIB zugeordnet wurde, das danach auch die Royal Air Force bei der Untersuchung von Unfällen unterstütze. Nicht nur aufgrund der langen Tradition ist das AAIB eine der international anerkanntesten Flugunfalluntersuchungsbehörden.

Air Accident Investigation Unit (AAIU)

AIR ACCIDENT INVESTIGATION UNIT

25, Clare Street
Dublin 2, Ireland

Tel.: 00353-1-6041293
Fax: 00353-1-6041514

Home Page: http://www.irlgov.ie/tec/

Die *Air Accident Investigation Unit* setzte sich ursprünglich aus den Mitarbeitern des damaligen *Department of Public Enterprise* zusammen. Im Jahre 1993 wurde die *Irish Aviation Authority (IAA)* als selbsttragende halbstaatliche Organisation zur Regulierung der Luftfahrt in Irland eingerichtet. Mitarbeiter die für die Luftfahrt zuständig waren gingen bis auf eine Person zur IAA. Diese war ausgewählt, die Untersuchungen von Flugunfällen in der neuen Organisation durchzuführen. Dies geschah im Hinblick auf die zu erwartende Direktive des Rates der Europäischen Union, 94/94/EC vom 21. November 1994 über die Grundsätze der Untersuchung von Unfällen und Störungen in der Europäischen Union, die am 21. November 1996 wirksam wurde. Die AAIU besteht aus einem *Chief Inspector of Accidents* und vier Inspectors of Accident (Unfalluntersucher).

Accident Investigation Board Finland

Sörnäisten rantatie 33 CO
0FIN-00580 Helsinki

Tel.: 00358(0) 9 1606 7643
Fax: 00358(0)9 1606 7811

Home Page: http://www.onnettomuustutkinta.fi/2601.htm

In Finnland untersucht das *Accident Investigation Board* alle großen Unfälle sowie schwere Störungen unabhängig von der Art, wie z.B. mit Luftfahrzeugen, Schifffahrt, Eisenbahn, Straßentransport oder andere. Der Zweck der Untersuchungen ist die Verbesserung der Sicherheit und die Verhütung von Unfällen. Die Untersuchungen beinhalten alle Ereignisse, die zum Unfall geführt haben, die Ursachen und Rettungsaktionen. Der Untersuchungsbericht enthält Empfehlungen auf der Basis der Untersuchungsergebnisse. Das Accident Investigation Board sorgt dafür, dass man auf die Untersuchung von Unfällen vorbereitet ist, entwickelt Richtlinien für die Untersuchungen, publiziert die Untersuchungsberichte und pflegt die internationale Zusammenarbeit. Das Accident Investigation Board ist in Finnland beim Justizministerium angesiedelt.

Dutch Transport Safety Board

Prins Clauslaan 18
NL-2595 AJ The Hague

Postadresse:
PO Box 95404
NL-2509 CK The Hague
The Netherlands

Tel.: 0031-70 333 70 00
Fax: 0031-70 333 70 77

E-Mail: RvTV@RvTV.nl
Home Page: http://www.rvtv.ll

Das *Dutch Transportation Safety Board* der Niederlande wurde durch ein Gesetz am 1. Juli 1999 eingerichtet. Es hat die Aufgabe unabhängige Untersuchungen in den Bereichen des Verkehrs wie der Luftfahrt, Schifffahrt, Eisenbahnen (inklusive Pipelines) und Straßenverkehr durchzuführen. Die Niederlande sind der sechste Staat weltweit, der sich entschieden hat, eine multimodale Behörde einzuführen. Damit wurden die unterschiedlichen Organisationen, die Untersuchungen im Verkehrsbereich durchführten in einer Organisation zusammengefasst. Damit ist gewährleistet, dass ein Austausch von Kenntnissen und Erfahrungen aus allen Bereichen möglich ist und die Untersuchungen unabhängig und effizient durchgeführt werden.

Statens haverikommission

Box 12538
SE – 102, 29 Stockholm
Sweden

Tel.: 0046-8-441 38 20
Fax: 0046-8-441 38 21

E-Mail: info@havkom.se
Home Page: http://www.cgi.webtelia.com

Die *Statens havarikommission, SHK* in Schweden, wurde am 1. Juli 1978 für die Untersuchung von Unfällen und Störungen gegründet. Das Mandat beinhaltet auch die Untersuchung von Unfällen militärischer Luftfahrzeuge. Ähnlich wie das NTSB, kann das *Swedish Board* in anderen Bereichen als dem Transport und Verkehr untersuchen, z.B. Feuer, Explosionen, Unfälle in Atomkraftwerken oder Erdrutschen. Bei Flugunfällen wird das Board immer dann eingesetzt, wenn Personen schwer oder tödlich Verletzt wurden, ein Flugzeug einen schweren Schaden erlitten hat, vermisst oder unzugänglich ist. Bei anderen Unfällen, wenn viele Personen schwer oder tödlich verletzt wurden, wenn erhebliche Schäden an Transportfahrzeugen oder dem Umfeld entstanden sind oder bei Schiffsunglücken, wenn das Fahrzeug versunken ist oder aufgegeben wurde.

Aircraft Accident Investigation Board (AAIB)

45 Jermbane Allé
DK-2720 Vanøse
Denmark

Tel.: 0045-38-71 10 66
Fax: 0045-38-71 92 31
Telex: 16850 aaib dk

E-Mail: aaib@chl.dk
Home Page: http://www.hcl.dk

Die Ziele und Aufgaben des dänischen *Aircraft Accident Investigation Board* sind die Verbesserung der Sicherheit in der Luftfahrt. Dazu gehören Unfälle und schwere Störungen ziviler Luftfahrzeuge. Diese Ziele und Verantwortungen des dänischen AAIB sind festgelegt im Danish Navigation Act 134-144, der Councile Directive des Europäischen Rates 94/56 EC sowie der ICAO. Wenn erforderlich können die Aufgaben des AAIB auf die allgemeine Sicherheit erweitert werden.

Bureau Enquêtes-Accidents

Bâtiment 153 Aéroport du Bourget
93350 Le Bourget

Tel. : 0033-1-49927200
Fax : 0033-1-49927203

Home Page : http://www.bea-fr.org

Das *Bureau Enquûetes-Accident*, kurz BEA, ist die offizielle französische Organisation, die für die technischen Untersuchungen von Unfällen und Störungen in der zivilen Luftfahrt verantwortlich ist. Sie wurde im Jahr 1946 eingerichtet und ist dem *L'Inspectorate Générale del'Aviation Civile et de la Météorologie* zugeordnet. Das BEA führt ihre Untersuchungsaufgaben unabhängig durch und erstellt die Untersuchungsberichte.

Das BEA hat 65 Mitarbeiter, von denen 30 Unfalluntersucher und 10 Untersuchungsfachkräfte sind. Diese decken fachlich ein breites Spektrum der Luftfahrt ab und führen Untersuchungen vor Ort durch.

Büro für Flugunfalluntersuchungen (CH)
BFU – BEAA – AAIB

Büro für Flugunfalluntersuchungen
Bureau d'enquêtes sur les accident d'aviation
Aircraft Accident Investigation Bureau

Schwarztorstrasse 59
CH 3003 Bern, Schweiz

Tel.: 0041-031-322 55 44
Fax: 0041-031-322 55 99

E-Mail: bfu@gs-uvek.admin.ch
Home Page: http://www.bfu.admin.ch

Auf der Basis des *Chicagoer Abkommens (ICAO)* hat sich die Regierung der Schweiz für die Schaffung eines *Büros für Flugunfalluntersuchungen (BFU)* ausgesprochen, das seine Arbeit im Jahre 1960 aufgenommen hat. Das BFU ist in das *Generalsekretariat des Eidgenössischen Departments für Energie, Verkehr, Umwelt und Kommunikation (UVEK)* integriert.

Um seine Aufgaben erfüllen zu können, besteht das BFU zur Zeit aus sieben Personen, von denen fünf hauptamtlich als Untersuchungsleiter tätig sind. Zusätzlich verfügt es über einen Pool von etwa 30 Sachverständigen und Experten, die bei Bedarf als Teilzeitmitarbeiter bei Untersuchungen mitwirken. Im Weiteren arbeitet das BFU eng mit dem Wissenschaftlichen Dienst der Stadtpolizei Zürich, mit der EMPA und anderen unabhängigen Laboratorien und Forschungsstätten zusammen.

Bundesministerium für Verkehr, Innovation und Technologie

Flugunfalluntersuchungsstelle (FUS)

bmvit
Bundesministerium für Verkehr, Innovation und Technologie

Radetzkystraße 2
A-1030 Wien
Österreich

Tel.: 0043-(0)1-71162 9200 bis 9250
Fax: 0043-(0)1-71162 9299

E-Mail: fus@bmv.gv.at
Home Page: http://www.bmv.gv.at/vk/3luft/flugunfall/index.htm

Eine Richtlinie der EU hat eine Änderung der Flugunfalluntersuchung in Österreich erforderlich gemacht. Der Nationalrat hat daher das Bundesgesetz über die Untersuchung von Unfällen und Störungen beim Betrieb ziviler Luftfahrzeuge, kurz *Flugunfall-Untersuchungs-Gesetz*, beschlossen und es trat am 1. Oktober 1999 in Kraft.

Für die Untersuchung von Unfällen und schweren Störungen wurde im *Bundesministerium für Verkehr, Innovation und Technologie* die *Flugunfalluntersuchungsstelle (FUS)* eingerichtet. Sie untersteht unmittelbar dem Bundesministerium für Verkehr, Innovation, und Technologie und hat ihre Zuständigkeiten funktionell und organisatorisch unabhängig von den Luftfahrtbehörden wahrzunehmen. Die Untersuchungsleiter sind mit den zur Erreichung des Untersuchungszwecks erforderlichen Befugnissen ausgestattet.

1.4 Die Luftfahrt in Zahlen

Am 31. Dezember 2002 waren beim Luftfahrt-Bundesamt insgesamt 20 859 Luftfahrzeuge zum Verkehr zugelassen:

Flugzeuge über 20 t	612
Flugzeuge über 14 t bis 20 t	60
Flugzeuge von 5,7 t bis 14 t	191
mehrmotorige Flugzeuge 2 t bis 5,7 t	476
einmotorige Flugzeuge 2 t bis 5,7 t	95
mehrmotorige Flugzeuge unter 2 t	207
einmotorige Flugzeuge unter 2 t	6 813
Motorsegler	2 434
Segelflugzeuge	7 771
Drehflügler	721
Luftschiffe	5
Ballone	1 474

Abb. 1.2. Zulassungszahlen 2002 (Quelle Luftfahrt-Bundesamt)

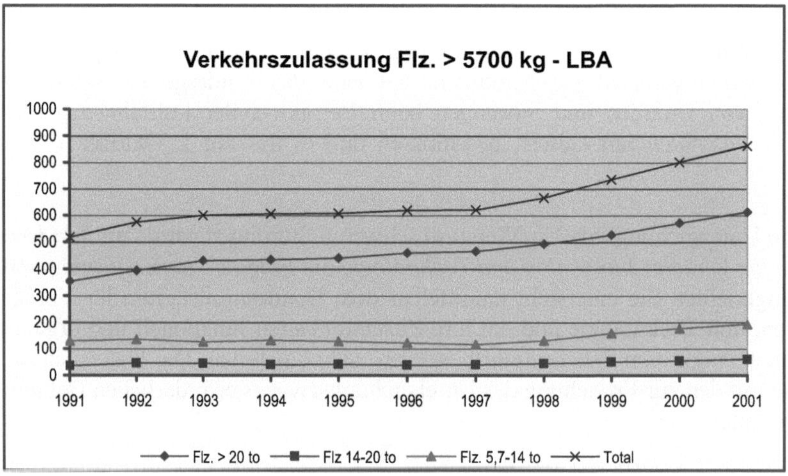

Abb. 1.3. Zulassungszahlen große Flugzeuge 1991-2001

Betrachtet man die statistische Entwicklung der Luftfahrt über die letzten Jahre, stellt man fest, dass es, anders als in der übrigen Wirtschaft, keine gravierenden Einbrüche gegeben hat. Die Zahlen der großen Flugzeuge der letzten zehn Jahre zeigen einen stetigen Aufwärtstrend, der sich den weltweiten Prognosen angleicht. Weltweit nimmt die Luftfahrt jährlich um fünf bis sieben Prozent zu. Damit ist innerhalb von 12 Jahren mit einer Verdoppelung der Anzahl der Flugzeuge, der Flüge und des Passagieraufkommens zu rechnen. Die Vergleichszahlen in der Bundesrepublik verhalten sich dabei genau so, wie das Wachstum weltweit.

Die *Arbeitsgemeinschaft Deutscher Verkehrsflughäfen (ADV)* meldete die Verdreifachung der Flugreisen in den Jahren von 1980 bis 2000. Die internationale Lufttransportindustrie umfasst mehr als 130 Fluggesellschaften, ein Netzwerk von mehr als 450 Flughäfen und etwa 60 Flugsicherungsorganisationen. Das Wachstum in der Luftfahrt wird in den nächsten Jahren, wie auch in den vergangenen, anhalten. Man geht davon aus, dass sich die Nachfrage für Flugreisen bis zum Jahre 2020 verdoppeln wird. Bereits im Jahre 2000 wurden in der Bundesrepublik Deutschland mehr als 120 Millionen Fluggäste befördert. Die ADV rechnet ebenfalls mit einer Steigerung auf bis zu 200 Millionen Passagieren bis zum Jahre 2010. Weltweit wurden 1,4 Milliarden Passagiere in mehr als 16 000 Flugzeugen befördert. Ebenfalls weltweit existieren mehr als 1 000 Luftfahrtunternehmen die große Flugzeuge betreiben. Die Probleme der Zulassung der Luftfahrzeuge sowie die Genehmigung und Beaufsichtigung der Unternehmen und des Luftfahrtpersonals wird in naher Zukunft nicht mehr ausschließlich national, sondern nur noch im internationalen Konsens von den Luftfahrtbehörden zu bewältigen sein. Bei der Untersuchung von Unfällen und Störungen beim Betrieb von Luftfahrzeugen treten schon seit einigen Jahren Probleme bei den Nachweisen auf, wenn die Besatzungsmitglieder eines Flugzeugs aus mehreren Staaten kommen oder die Wartung nicht im Betreiberstaat durchgeführt wird.

Es ist dabei unerheblich, ob die heute existierenden Unternehmen die gleichen sind, die in der Zukunft auf dem Markt sein werden. In den letzten Jahren hat es bereits deutliche Bereinigungen durch Betriebseinstellungen gegeben. Die Gesamtzahlen wurden dadurch nicht beeinflusst, da sich für jedes Luftfahrtunternehmen, das vom Markt verschwunden ist, ein oder mehrere neue gegründet wurden. Auch das Auftauchen sogenannter „Billigairlines" hat nur kommerzielle Verschiebungen innerhalb der Branche zur Folge. Diese Billigairlines haben, wie die Unfallstatistik zeigt, derzeit keinen negativen Einfluss auf das Unfallgeschehen. Schließlich unterliegen diese Unternehmen den gleichen gesetzlichen Genehmigungs- und Aufsichtsbestimmungen ihres Landes, wie jedes andere Luftfahrtunternehmen auch.

Durch den Zusammenschluss der Staaten der Europäische Union wird man sich immer mehr daran gewöhnen müssen, dass nationale Unternehmen immer weniger eine Rolle spielen. Es ist bereits heute üblich, dass ein Unternehmen mit internationalen Mitarbeitern mit Hauptsitz in einem beliebigen Staat der Europäischen Union betrieben wird. Das hat natürlich erhebliche Konsequenzen für die Aufsicht über solche Unternehmen. Diese Europäisierung in der Luftfahrt erfordert starke und kompetente Luftfahrtbehörden sowie eine effektivere Zusammenarbeit der Staaten untereinander.

Der chronische Personalmangel und nationalstaatliches Denken sind nicht mehr adäquat. Ein direkter Austausch von Informationen über Datenbanken ist genauso erforderlich, wie eine direkte Zusammenarbeit aller Luftfahrtbehörden. Die bisherigen diesbezüglichen Bemühungen ziehen sich bereits über viele Jahre, mit teils minimalen Erfolgen, hin. Die Erweiterung der Europäischen Union werden die Bemühungen nicht erleichtern. Konkrete Ergebnisse sind bisher nur in Teilbereichen erzielt worden. Welche Schwierigkeiten zu überwinden sind, zeigt das Beispiel EUROCONTROL, bei dem es trotz vielfältiger Versuche noch nicht gelungen ist eine gemeinsame europäische Flugsicherung zu verwirklichen. Allein deshalb kommt es in jedem Sommer im europäischen Luftverkehr zu Verspätungen und Staffelungen internationaler Flüge sind nur in Grenzen möglich.

Die Strukturen der Europäischen Luftfahrtverwaltungen sind so angelegt, dass nicht nur ein Zusammenwachsen der kommerziellen Luftfahrt sondern auch der Luftfahrtbehörden möglich ist. Es ist nun an der Zeit, die Verordnungen, Richtlinien und Empfehlungen mit Leben zu erfüllen.

1.5 Unfallstatistik

Wenn man über die positiven Zahlen in der Luftfahrt berichtet, muss man gleichzeitig auch über die Unfälle in der Luftfahrt berichten. Die Gesamtbilanz der Unfallzahlen mit Großflugzeugen ist erfreulich gering. In der Regel liegt die Zahl der Unfälle mit Flugzeugen über 50 Tonnen Höchstabflugmasse weltweit derzeit bei 12 bis 15. Dabei kommen im Durchschnitt weniger als 1 000 Personen ums Leben. Trotzdem sind Unfälle mit großen Flugzeugen immer spektakuläre Ereignisse, schon weil die Zahl der Opfer, die bei einem Absturz sterben, sowie der Sachschaden meist sehr sein kann. Parallel zu der Zahl der Opfer eines Unfalls wächst das öffentliche Interesse und die Aufmerksamkeit der Medien. Bei jeder Statistik sollte man die Grundlagen kennen, um der Wahrheit möglichst nahe zu kommen. Die vergleichbaren Zahlen der Flugzeughersteller, der Internationalen Zivilluftfahrt-Organisation sowie der meisten Medien sind im Regelfall die Anzahl von Flugzeugstarts zu Flugstunden oder Fluggästen. Die Bezeichnung „große Flugzeuge“ bedeutet bei der ICAO Flugzeuge mit einer Höchstabflugmasse über 5 700 kg. Die Hersteller, wie Boeing oder Airbus Industries, sprechen bei großen Flugzeugen meist von Flugzeugen über 60 000 Pounds Höchstabflugmasse.

Die *Bundesstelle für Flugunfalluntersuchung* veröffentlicht jährlich die Unfallzahlen für die Bundesrepublik Deutschland. Seit dem Absturz einer BAC 1-11 am 6. September 1971, nördlich von Hamburg bei Haßloh, hat es bis zu dem Zusammenstoss einer TU 154 und einer Boeing 757 über dem Bodensee Anfang 2002 hier keine tödlichen Unfälle mit Flugzeugen mit einer Höchstabflugmasse von mehr als 14 Tonnen gegeben. Gleichwohl haben sich in der gleichen Zeit eine Reihe von Unfällen mit katastrophalen Ausmaß von in Deutschland registrierten und betriebenen Flugzeugen im Ausland ereignet. In der folgenden Grafik ist der Verlauf der Unfälle von

Flugzeugen mit einer Höchstabflugmasse von mehr als 5 700 kg in Deutschland innerhalb der letzten 10 Jahre dargestellt.

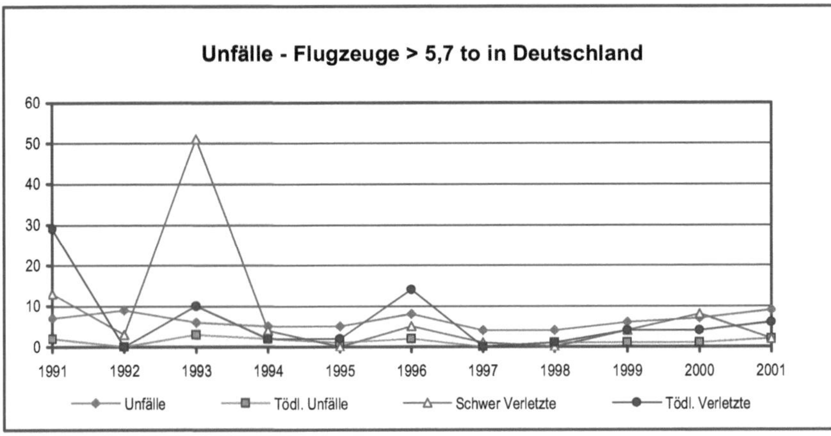

Abb. 1.4 Unfallstatistik Deutschland (Quelle: BFU)

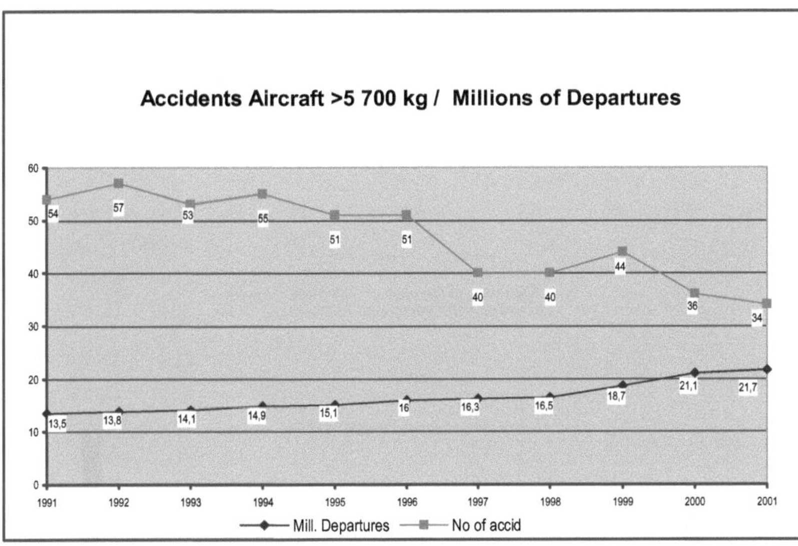

Abb. 1.5 Statistik International – Verhältnis Unfälle zu Starts in Millionen

Weltweit wurden im Jahre 2000 in den international operierenden Luftfahrtunternehmen mehr als 610,5 Millionen Stunden geflogen. Die Zahl der Unfälle nahm dabei stetig ab und lag im Jahr 2001 bei 54. Rechnet man ausschließlich Flugzeuge über 14 Tonnen, so blieb die Zahl der Unfälle seit Jahren, trotz der weltweiten jährlichen

Steigerungsrate von 5 bis 7 Prozent, bei 12 und 15 pro Jahr. Ereignisse, wie Flugzeugentführungen oder kriminelle Akte gegen die Luftfahrt wurden dabei nicht berücksichtigt. Setzt man die Zahl der Flüge und die Unfälle ins Verhältnis liegt die Unfallrate bei 0,94 bei 1 Millionen Flügen. Trotzdem muss man wissen, dass es keine absolute Sicherheit gibt. Obwohl die Trendlinie zur Zeit erfreulicherweise leicht nach unten zeigt, wird die Zahl der Unfälle in den nächsten Jahren steigen, wenn man von einer Steigerungsrate in der Luftfahrt von fünf bis sieben Prozent ausgeht.

Um eine bessere Aussage zu erreichen werden Flüge in sogenannte Flugphasen unterteilt. Das sind im Einzelnen:

Flugzeug am Boden	- Ground
Start	- Take-off
Anfangssteigflug, bis zum Einfahren der Klappen und des Fahrwerks / Überfliegen von Hindernissen	- Initial Climb
Steigflug auf Reiseflughöhe	- Climb
Reiseflug	- Cruise
Sinkflug	- Descend
Anflug	- Initial Approach
Endanflug	- Final Approach
Landung	- Landing.

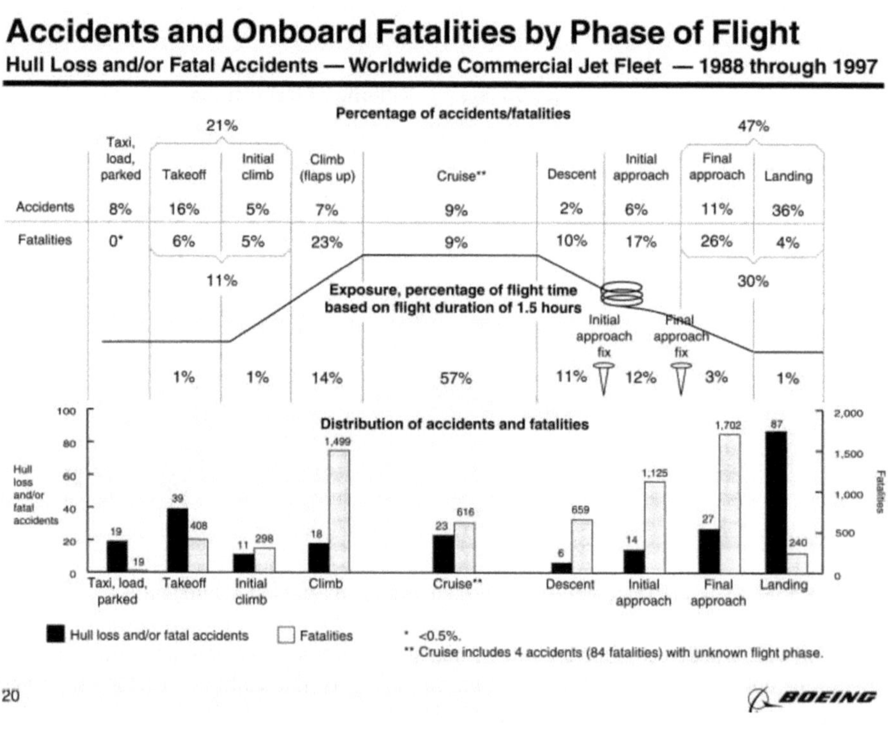

Abb. 1.6. Internationale Unfälle und Flugphasen (Quelle: Boeing/Statistics)

Dabei ist festzustellen, dass ca. 20 Prozent aller Unfälle beim Start und dem Anfangssteigflug geschehen und ca. 60 Prozent beim Anflug und während der Landung. Also immer dann, wenn das Flugzeug sich in Bodennähe und damit auch in der Nähe eines Flughafens befindet. Boeing veröffentlicht jährlich eine äußerst anschauliche Grafik der Unfallereignisse weltweit in den Flugphasen. Dabei informiert Boeing gleichzeitig auch über die Flugzeugverluste (Hull Losses) und die Zahl der Todesopfer (Fatalities).

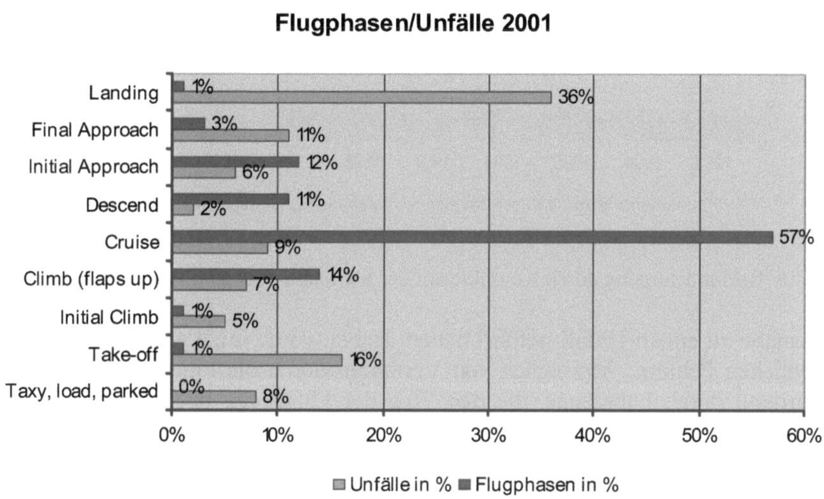

Abb. 1.7. Internationale Unfälle und Flugphasen (Quelle: ICAO)

Die *Internationale Zivilluftfahrt-Organisation (ICAO)* veröffentlichte eine Grafik der Unfallereignisse am Boden unter Zugrundelegung einer beliebigen Landebahn. Sie zeigt, dass die meisten Unfälle offensichtlich bei der Landung geschehen, wobei die Flugzeuge in einem relativ engen Bereich von 1 000 Fuß (ca. 300 m) um den Aufsetzpunkt liegen. Eine kleinere zweite Gruppe bildet sich am Ende der Landebahn, bei der es sich vielfach um misslungene Startabbrüche handelt. Diese Darstellung hat auch Auswirkungen auf die Planungen bei der Stationierung der Feuerwehr, da diese innerhalb von zwei, maximal 3 Minuten, jeden Punkt des Flughafens löschbereit erreichen muss *(Airport Service Manual – ICAO).*

Die Unfälle, die sich ereignet haben, während sich die Flugzeuge am Boden befanden, können leicht über die tatsächliche Gefährdung des Flugverkehrs hinwegtäuschen. Ein Zusammenstoß einer Cessna 525A und einer MD 87 in Milano/Linate, der sich am 8. Oktober 2001 ereignete, veranlasste die amerikanische Federal Aviation Administration (FAA) zur Veröffentlichung einer Statistik über Ereignisse auf Landebahnen der USA

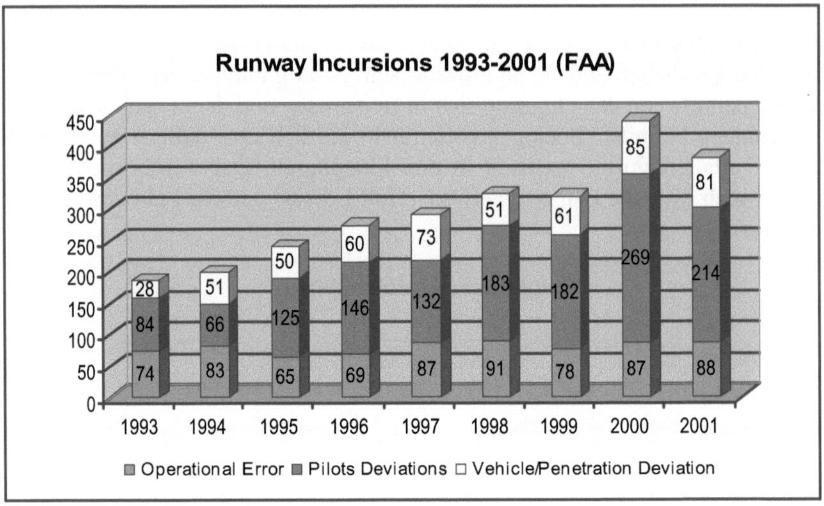

Abb. 1.8 Beeinträchtigung durch Konflikte auf der Startbahn in den USA (Quelle: FAA)

die beinahe zu einem Unfall geführt hätten. Dabei wurde im Wesentlichen zwischen betrieblichen Fehlern, Abweichen von Verfahren durch die Flugzeugführer und der Gefährdung durch Fahrzeuge, die den Weg der Flugzeuge beeinträchtigten, unterschieden. Dieses Bild zeigt deutlich, dass die Untersuchungen der schweren Störungen beim Betrieb von Luftfahrzeugen für die Verhütung von Unfällen durch rechtzeitige adäquate Maßnahmen wichtiger ist als die ausschließliche Untersuchung von Unfällen. Die Statistik zeigt auch, wie die Zunahme des Luftverkehrs in den Vereinigten Staaten von Amerika die Zahl der Vorkommnisse beeinflusst und dass das Problem erst im Jahr 2001 wirkungsvoll in den Griff bekommen wurde.

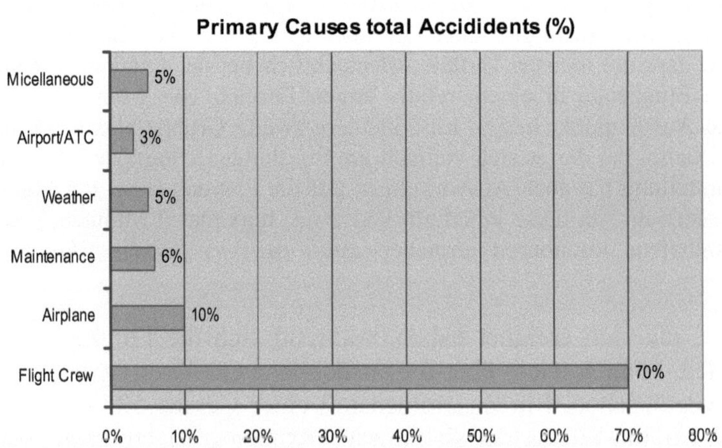

Abb. 1.9 Hauptunfallursachen internationale Unfälle (Quelle: Boeing Statistics)

Jedem muss allerdings klar sein, dass es niemals die absolute Sicherheit - also NULL Unfälle - geben wird. Ein Maß der Sicherheit, auch in der Luftfahrt, ist erstaunlicherweise die Zahl der Unfälle, die die Öffentlichkeit toleriert. Betrachtet man die Unfallursachen insgesamt, kann man feststellen, wo der erste Ansatz zu Verbesserung der Sicherheit liegen muss. Die menschlichen Faktoren sind international mit 70 Prozent ausgewiesen. Mit dieser Feststellung ist keine Schuldzuweisung gemeint und sie betrifft nicht nur die Flugzeugführer, sondern alle Menschen, die an der Flugdurchführung direkt oder indirekt beteiligt waren, wie z.B. die Techniker oder Fluglotsen und das Management des Unternehmens. Gemeint ist dabei nicht nur das menschliche Fehlverhalten, das natürlich genau so wie das Schnittstellenproblem Mensch/ Maschine beinhaltet ist, sondern die gesamte Bandbreite menschlicher Faktoren.

1.6 Prognosen

Die Wachstumserwartungen in der Luftfahrt sind regional unterschiedlich. Die Vereinigten Staaten von Amerika gehen gemäß einer Studie der *Federal Aviation Administration (FAA,* bei den großcn Luftfahrtunternehmen mit Flugzeugen mit mehr als 60 Sitzplätzen, von einer jährlichen Steigerung von 3,4 Prozent bis zum Jahre 2010 aus. Die angenommene Zunahme der zweimotorigen kleineren Flugzeuge wird bei 4,6 Prozent liegen und die der Zubringerflugzeuge bei ca. 4 Prozent. In Europa wird, nach einem Bericht der Arbeitgruppe Luftfahrtforschung vom Mai 2001, unverändert ein jährlicher Zuwachs von ungefähr 5 Prozent erwartet. Das entspricht gleichzeitig annähernd den weltweiten Prognosen beim Anstieg des Verkehrsaufkommens und der Passagierzahlen. Nach dem erheblichen Einbruch der Passagierzahlen nach dem 11. September 2001 hat sich das Aufkommen langsam wieder stabilisiert. Sieht man sich die statistischen Zahlen der letzten zehn Jahre an, erkennt man, trotz früherer Wirtschaftskrisen, keinen dauerhaften Einbruch in der Entwicklung der nationalen und internationalen Luftfahrt.

In der Bundesrepublik Deutschland liegen wir an der Schnittstelle zwischen den alten und neuen EU-Staaten und dem ehemaligen Ostblock. Mobilität ist eine wichtige Voraussetzung für das Wachstum einer Wirtschaft. Die wirtschaftliche Entwicklung wird durch das Zusammenwachsen der Märkte einen erheblichen Einfluss auf die Entwicklung der europäischen Luftfahrt haben. Die Passagierzahlen werden voraussichtlich von derzeitig rund 130 Millionen auf mehr als 200 Millionen im Jahre 2010 steigen. Die Liberalisierungsmaßnahmen der EU sowie die Freigabe der festgesetzten Flugpreise steigern zusätzlich den Wettbewerb und bringen mehr Passagiere. Gleichzeitig soll der hohe Sicherheitsstandard gehalten und wenn möglich durch geeignete Maßnahmen verbessert werden. Satellitennavigationssysteme und eine einheitliche Europäische Flugsicherung werden dabei genau so eine Rolle spielen, wie technische Verbesserungen bei den neuen Flugzeugen und den Flughäfen. Da die großen deutschen Flughäfen bereits heute an ihren Kapazitätsgrenzen arbeiten, sind innovative Ideen gefragt, die gleichzeitig die Anrainer und die Umwelt nicht zusätzlich belasten. Sollten diese Neuerungen nicht eintreten, kann es geschehen, dass die Kunden, also die Luftfahrtunternehmen und Passagiere, Flughäfen im nahen Ausland bevorzugen werden. Die Bundesrepublik steht daher vor einem Spagat zwischen machbaren und wünschenswerten Lösungen, die gleichzeitig die Sicherheit in der Luftfahrt nicht beeinträchtigen.

Die nächste Generation von Flugzeugen, wie der Airbus A 380, bringen dabei neue Chancen aber auch neue Probleme. Die Sicherheitssysteme dieser Flugzeuge werden zwangsläufig besser sein müssen als die der vorherigen Flugzeuggenerationen. Gerade deshalb wird ein Unfall eines Flugzeugs mit 500 bis 1 000 Passagieren ein anderes Ausmaß haben als Unfälle heutiger Flugzeuge. Internationale Prognosen gehen davon aus, dass bei Einhaltung der Wachstumsprognosen in der Luftfahrt bei gleichbleibender Unfallrate die Zahl der Unfälle mit großen Transportflugzeugen, von derzeit 12 bis 15 im Jahr, auf bis zu 50 Flugzeugunfälle steigen könnte. Die Passagierzahlen werde jedoch nach den Vorhersagen weltweit von 1,4 Milliarden auf 1,7 Milliarden steigen. Hersteller und Betreiber von Flugzeugen sowie die Flughäfen, Flugsicherung und Luftfahrtbehörden sind bemüht einem Anstieg möglicher Unfallzahlen entgegenzuwirken. Das Ziel aller heißt Unfälle gar nicht erst geschehen zu lassen – als Unfallverhütung. Die günstige Entwicklung der vergangenen Jahre brachte jedoch auch Verzögerungen in diesen Bemühungen mit sich, da Sicherheit einfach sehr viel Geld kostet. Aber auch früher schon bedurfte es in der Regel eines Unfalles mit katastrophalen Ausmaßen, um Sicherheitsstandards den neuen Gegebenheiten anzupassen. Auch wenn Unfälle mit großen Flugzeugen in Deutschland selten geworden sind sollte eine aktive Prävention die Grundlage der Sicherheit in der Luftfahrt bleiben.

2 Einleitung der Untersuchung

2.1 Beauftragte für Flugunfalluntersuchung

Unmittelbar nach Bekannt werden eines Flugunfalls bestimmt die Bundesstelle für Flugunfalluntersuchung einen Untersuchungsführer[1], der unverzüglich alle zur Erfüllung des Untersuchungszwecks erforderlichen Maßnahmen trifft. Die Bundesstelle ist in Braunschweig beheimatet und damit in der Regel nicht an dem Ort, an dem sich der Unfall ereignet hat. Aus diesem Grunde wurde ein System von Beauftragten für Flugunfalluntersuchungen[2] auf den Verkehrsflughäfen geschaffen, dadurch können erste Untersuchungsaufgaben so früh wie möglich am Ereignisort eingeleitet werden. Diese Beauftragten werden für bestimmte Untersuchungsaufgaben bei Unfällen und schweren Störungen durch die Bundesstelle für Flugunfalluntersuchung geschult. Um sich dabei als Vertreter der BFU legitimieren zu können, verfügen sie über einen Ausweis der Bundesstelle. Die Flughafenbeauftragten werden auf Anfrage durch die Bundesstelle für Flugunfalluntersuchung von der jeweiligen Geschäftsführung für diese Aufgabe vorgeschlagen. Dadurch ist sichergestellt, dass diese die Beauftragten bei einem Unfall oder einer schweren Störung beim Betrieb von Luftfahrzeugen für diese Tätigkeit freistellen. Die Flughafenbeauftragten haben bei einem Unfall, da sie auf einem Flughafen angestellt sind und gleichzeitig Aufgaben für die Bundesstelle wahrnehmen müssen, eine doppelte Aufgabe. Um einem Interessenkonflikt vorzubeugen, ist nicht vorgesehen, dass Flughafenbeauftragte selbständige Untersuchungen an der Unfallstelle durchführen, sondern den Untersuchungsführer der BFU unterstützen.

Für die Untersuchung von Unfällen und Störungen mit kleinen Luftfahrzeugen stehen ebenfalls Nichtamtsangehörige, durch die Bundesstelle geschulte Fachkräfte als Beauftragte in ganz Deutschland zur Verfügung. Diese werden auch im Auftrage der Bundesstelle bei einer Untersuchung eines Flugunfalls am Ereignisort tätig, wenn diese Unterstützung erforderlich ist. Werden Beauftragte eingesetzt, wird die Bundesstelle die zuständige Polizeidienststelle und/oder die Luftaufsicht darüber informieren. Es wird gleichzeitig bekannt gegeben, ob die Beauftragten als Vorkommando bis zum Eintreffen der Mitarbeiter der BFU tätig werden, oder ob sie, anders als die Flughafenbeauftragten, die Untersuchung vor Ort selbständig durchführen.

1 FlUUG, § 10 (1) und (2) Einleitung der Untersuchung.

2 FlUUG, § 4 (4) Bundesstelle für Flugunfalluntersuchung.

2.2 Ausweis der Bundesstelle

Die Bundesstelle gibt für ihre Mitarbeiter, alle Beauftragten für Unfalluntersuchung und die Flughafenbeauftragten einen besonderen Ausweis mit Lichtbild zur Legitimation gegenüber anderen Dienststellen und Unternehmen aus. Auf der Rückseite dieses Ausweises sind die Pflichten und Rechte bei der Unfalluntersuchung in deutscher und englischer Sprache aufgeführt.

2.3 Sachverständige

Die Bundesstelle für Flugunfalluntersuchung hat das Recht, Personen, von denen sie erwartet, dass sie sinnvoll zur Ermittlung der Unfall- oder Störungsursache beitragen können, als Sachverständige an der Untersuchung zu beteiligen. Diese werden unter der Aufsicht des Untersuchungsführers tätig. Die Sachverständigen müssen vor Beginn ihrer Tätigkeit über den Umfang des Untersuchungsauftrags, das Ziel der Untersuchung und die Verfahren der Bundesstelle für Flugunfalluntersuchung belehrt werden. Sie sind, ohne die ausdrückliche Zustimmung durch den Untersuchungsführer, grundsätzlich nicht berechtigt, Auskünfte gegenüber Dritten über den Stand der Untersuchung oder Untersuchungsergebnisse zu geben.

2.4 Vertreter des Luftfahrzeugshalters

Der Untersuchungsführer wird den Halter des Luftfahrzeugs auffordern, ihm Mitarbeiter des Unternehmens als Berater zu seiner Unterstützung zu benennen. Bei im Ausland registrierten Luftfahrzeugen ist dies in der Regel bereits durch den bevollmächtigten Vertreter des Halterstaates geregelt. Berater dürfen nur auf Weisung des Untersuchungsführers und in Abstimmung mit dem Repräsentanten eines Staates an der Unfallstelle tätig werden. Sie erhalten ein begrenztes Aufgabengebiet und haben die Ergebnisse der Untersuchung ausschließlich dem Untersuchungsführer zur Verfügung zu stellen. Sie werden, wie alle an der Untersuchung beteiligten, zur Verschwiegenheit[3] verpflichtet und sind, ohne Zustimmung des Untersuchungsführers, nicht befugt, Auskünfte über die Untersuchungsergebnisse oder den Untersuchungsverlauf an Dritte weiterzugeben.

Mitarbeiter des betroffenen Luftfahrtunternehmens, die sich an der Unfallstelle einfinden, haben ohne Zustimmung des Untersuchungsführers und des Leiters der Strafverfolgungsbehörden keinen Zutritt zu Unfallstelle, zum Wrack oder Teilen davon. Sie haben auch kein Recht, Teile des Flugzeugs, der Unterlagen oder der Ladung mit dem Hinweis auf Eigentumsrechte des Unternehmens an sich zu nehmen, solange diese nicht freigegeben sind.

---

[3] FlUUG, § 14 (7) und (8) Teilnehmer am Untersuchungsverfahren.

2.5 Vertreter von Piloten-Vereinigungen und Verbänden

Vertreter von Verbänden und Vereinigungen, denen die Besatzungsmitglieder angehören, werden, so weit dieses möglich ist, ausschließlich durch den Untersuchungsführer oder einen vom Direktor der Bundesstelle bestellten Mitarbeiter über den Unfallhergang informiert. Ihnen wird Gelegenheit gegeben, mit ihren betroffenen Verbandsmitgliedern Kontakt aufzunehmen, um sie zu unterstützen, wenn diese es verlangen. Sie sind nicht berechtigt von sich aus in das Untersuchungsverfahren einzugreifen. Eine Beteiligung an der Untersuchung vor Ort oder dem nachfolgendem Untersuchungsverfahren wird im Einzelfalle mit dem Untersuchungsführer sowie dem Direktor der Bundesstelle abgestimmt.

2.6 Maßnahmen an der Unfallstelle und Zugangsregelung

Unfälle geschehen in der Regel immer überraschend, zu ungünstigsten Zeiten und an nicht vorher bestimmbaren Orten. Sie erfordern sofortige Maßnahmen aller dem Katastrophenschutz zugeordneten oder unterstellten Stellen, der Polizei, des Bundesgrenzschutzes, der Feuerwehr und ggf. des THW und anderen sowie, wenn es erforderlich ist, der Bundeswehr. Die Akademie für Rettungsdienst und Gefahrenabwehr der Landesfeuerwehr Hamburg hat errechnet, dass es in der Bundesrepublik mehr als 120 Behörden gibt, die durch Gesetze oder Verordnungen legitimierte Aufgaben an der Unfallstelle eines Flugzeuges übernehmen können oder müssen.

Da viele Behörden, Personen und Organisationen unmittelbar und gleichzeitig tätig werden und Zuschauer und Presse meist schon vor dem Eintreffen der Rettungs- und Sicherungskräfte vor Ort sind, muss der Zugang zur Unfallstelle umgehend und durch großräumige Absperrmaßnahmen[4] von der Polizei geregelt werden. Es ist bei Großschadensereignissen immer damit zu rechnen, dass viele Helfer unaufgefordert, häufig in Zivilkleidung und mit privaten Kraftfahrzeugen, an die Unfallstelle kommen, um ihre Unterstützung anzubieten. Dies hat bei vielen Unfällen dazu geführt, dass der Zugang für die eingesetzten Rettungsfahrzeuge behindert wurde und diese wegen blockierter Straßen Probleme hatten, die Unfallstelle zu erreichen. In der Anfangsphase werden immer viele Helfer benötigt, da zum Beginn der Rettungs- und Löschmaßnahmen niemand den Schadensumfang kennt. In dieser Phase ist es dringend erforderlich, dass eine dazu qualifizierte Person umgehend die Gesamtleitung übernimmt. Besonders in der Anfangsphase (häufig als Chaosphase bezeichnet) ist eine für alle erkennbare und effektive Einsatzleitung wichtig, der sich alle eintreffenden Kräfte unterstellen sollten. In dieser Zeit ist eine nicht optimale Führung oft besser, als das völlige Fehlen einer klaren Führungsstruktur. Die Leiter der verschiedenen Dienste sollten sich möglichst schnell zu einem Leitungsstab zusammenfinden, der sich gegenseitig unterstützt und dafür Sorge trägt, dass die weiteren eintreffenden

[4] FlUUG, § 12 (1) Unfallstelle.

Kräfte, Fahrzeuge und Geräte sinnvoll einsetzt und die vielfältig auftretenden Probleme optimal gelöst werden.

Das Feuer ist in kurzer Zeit gelöscht und die verletzten Personen werden relativ schnell geborgen sein. Danach werden viele Helfer nicht mehr unmittelbar an der Unfallstelle benötigt. Um die Unfallstelle zu sichern und diese nicht zusätzlich zu belasten sollten diese Personen, auch zu deren eigenen Schutz, mit ihren Fahrzeugen und Geräten sobald wie möglich in Bereitstellungsräume außerhalb der Unfallstelle zurückgezogen werden. Der Personenkreis, der Zugang zu der Unfallstelle haben muss, sollte so klein wie möglich gehalten werden. Um den Überblick zu bewahren und die nachfolgenden Untersuchungen nicht durch mögliche Veränderungen der Spuren zu erschweren, sollten nur die dringend benötigten Personen Zutritt erhalten.

Eine erhebliche Anzahl Zuschauer und Journalisten werden sehr früh an der Unfallstelle erscheinen und versuchen, möglichst nah an den Ereignisort und das Wrack zu kommen. Das gilt besonders für Unfallstellen außerhalb von Flughäfen, da die Absperrmaßnahmen dort schwieriger sind. Alle anwesenden Personen müssen vor Kontaminierung durch gefährliche Güter, auslaufenden Betriebsstoffen oder dem Kontakt mit dem Wrack oder den Unfallopfern geschützt werden. Sobald die Lösch- und Rettungsmaßnahmen abgeschlossen sind, sollte so schnell wie möglich der Zugang zur Unfallstelle auf die Feuerwehr, Kriminalpolizei, Strafverfolgungsbehörden sowie die Mitarbeiter der Bundesstelle für Flugunfalluntersuchung begrenzt werden. Für alle gilt der gleiche Grundsatz: Es existiert kein triftiger Grund, eine Unfallstelle zu betreten oder Wrackteile oder Spuren zu sichern, solange die Feuerwehr die Unfallstelle nicht zum Betreten freigegeben hat. Spuren und Wrackteile außerhalb des unmittelbaren Gefahrenbereiches können in der Regel durch die Vertreter der Strafverfolgungsbehörden und Mitarbeiter der Bundesstelle für Flugunfalluntersuchung schnell dokumentiert und zum Abtransportiert freigegeben werden. Dadurch kann auch die Gefährdung Dritter minimiert werden. Unzweifelhaft für tot erklärte Insassen[5], besonders die als Besatzungsmitglieder des Flugzeugs erkannten Opfer, sind jedoch für die nachfolgenden Untersuchungen bis zur Freigabe durch den Untersuchungsführer an ihren Fundstellen zu belassen.

Von der Alarmierung bis zum Eintreffen der Mitarbeiter der Bundesstelle können mehrere Stunden vergehen, in denen die Rettung von Personen, die Sicherung von Wertsachen und die Absperrung der Unfallstelle Vorrang vor allen anderen Maßnahmen haben sollten. In dieser Zeit ist es zwingend erforderlich, vergängliche Spuren durch Kennzeichnung, Fotos und Bewachung zu sichern und möglichst alle durch Rettungsmaßnahmen notwendigen Veränderungen an der Unfallstelle[6] umgehend zu dokumentieren. Für die weitere Untersuchung, besonders die der Überlebensaspekte, sind u.a. folgende typische Fragen zu klären:

[5] FlUUG, § 12 (2) Unfallstelle.

[6] FlUUG, § 12 (2) a bis c, Unfallstelle.

a) Wo befand sich die Cockpit-Besatzung?

b) Wo befanden sich die Flugbegleiter?

c) Wo befanden sich die Verletzten oder Toten?

d) Waren die Personen angeschnallt?

e) Wie und durch welche Ausgänge haben die Überlebenden das Luftfahrzeug verlassen?

f) Wer hat die Ausgänge geöffnet?

g) Waren die Notrutschen aktiviert und welche wurden benutzt?

h) Wer hat und wie wurde von außen geholfen, und war die Hilfe erfolgreich?

i) Welche Veränderungen am Luftfahrzeug wurden von den Rettungskräften vorgenommen?

j) Welche Veränderungen am Luftfahrzeug entstanden durch Brand oder andere Ursachen?

k) Wurden Teile des Luftfahrzeugs bereits sichergestellt?

l) Wurden Luftfahrzeugteile oder Dokumente sichergestellt?

m) Gibt es Zeugen für den Unfallhergang?

n) Haben Zeugen, Presse, Fernsehen, Polizei, Feuerwehr oder andere Fotos oder Videos angefertigt?

Der sofortige Beginn einer kontinuierlichen Dokumentationen der Unfallstelle durch Video-Trupps ist auf den meisten Verkehrsflughäfen inzwischen Standard. Sie unterstützt nicht nur die weiteren Ermittlungen der Strafverfolgungsbehörde und der Bundesstelle für Flugunfalluntersuchung, sondern können auch den später notwendigen internen Aufarbeitungen des Einsatzes der beteiligten Feuerwehren und Rettungskräfte dienen.

2.7 Flugschreiber und andere Aufzeichnungsgeräte

Flugschreiber gehören zu den wichtigsten Hilfsmittel der Unfalluntersuchung. Diese elektronischen Geräte sind durch ihre kontinuierlichen Aufzeichnungen vieler Flugzeugdaten ein wichtiger Bestandteil der Ursachenermittlung. Neben Triebwerksparametern - und anderen technischen Werten werden allgemeine Informationen wie Flugweg, Flughöhe, Geschwindigkeit, Beschleunigungen, Verzögerungen, G-Kräfte und andere Parameter aufgezeichnet. Die Auswertung der Flugdatenschreiber ermöglicht es, nach einem Unfall oder einer schweren Störung, den Flugverlauf sowie die technischen Ereignisse an Bord nachzuvollziehen. Zusammen mit anderen Aufzeichnungen, wie denen des Cockpit-Voice-Recorders (Tonaufzeichnung im Flugzeugführerraum) sowie Funk- und Flugwegaufzeichnungen der Flugsicherungsstellen, kann ein fast vollständiges Bild der abgelaufenen Ereignisse bei einem Unfall ermittelt werden.

Die Aufzeichnungen in einem Flugzeug sind allerdings auch geeignet, die Besatzungen zu überwachen, Verstöße festzustellen und die Verantwortlichen zu bestrafen. Das ist nicht das Ziel der fachlichen Untersuchungen! Aus diesem Grund ist z. B. der *Cockpit-Voice-Recorder (CVR)* besonders geschützt und ausschließlich für die behördliche Untersuchungen installiert worden. Der strikte Schutz der Aufzeichnung vor unberechtigtem Zugriff wird verständlich, weil mit der Inbetriebnahme des Luftfahrzeugs, durch Einschalten der elektrischen Versorgung bis zum Abstellen des Luftfahrzeugs, *sämtliche* Gespräche und Geräusche im Flugzeugführerraum aufgezeichnet werden. Um einen gewissen Schutz der Aufzeichnungen vor Missbrauch zu gewährleisten, beträgt die Aufzeichnungszeit z.Z. 30 oder 120 Minuten. Danach wird die Aufzeichnung wieder überschrieben. Um die Untersuchung schwerer Störungen beim Betrieb von Luftfahrzeugen zu ermöglichen, wurde es erforderlich, die Aufzeichnungsdauer auf zwei Stunden in neuen CVR auszudehnen. Die Aufzeichnungszeit eines modernen *Flugdatenschreibers (FDR)* beträgt 25 Flugstunden. Dabei werden zwischen 16 und 300 verschiedene Parameter, teilweise im Sekundentakt, aufgezeichnet. Alle anderen im Luftfahrzeug eingebauten technischen Aufzeichnungsgeräte, die geeignet sind, die Untersuchung von Unfällen und Störungen zu unterstützen, können ebenfalls durch die Untersuchungsstelle hinzugezogen und ausgewertet werden. Inzwischen werden auf dem FDR nicht nur die für die Unfalluntersuchung gesetzlich vorgeschriebenen Daten aufgezeichnet, sondern zusätzlich eine Reihe von Daten, die der technischen Wartung des Flugzeugs dienen.

Über die für die Unfalluntersuchung vorgeschriebenen und eingebauten Recorder, die von den öffentlichen Medien meist irrtümlicherweise als *Black Box* bezeichnet werden - sie haben immer eine rote oder auffallende rot/orange Farbe, gibt es inzwischen eine Vielzahl weiterer technischer Aufzeichnungsgeräte und elektronischen Chips, z.B. sogenannte BITE´s (Build-in-Test-Equipment) in vielen Luftfahrzeugsystemen. Sie dienen der Wartung und Überwachung bestimmter Bauteile. Sie sind, anders als die gesetzlich vorgeschriebenen Recorder für Unfälle, nicht besonders gegen Zerstörung oder Brand geschützt, liefern aber, wenn der Datenträger selbst intakt geblieben ist, viele wichtige zusätzliche Informationen. Der Ausbau dieser Geräte aus einem Wrack erfordert grundsätzlich besondere Qualifikationen der Spezialisten der Bundesstelle für Flugunfalluntersuchung, des Betreibers oder Herstellers. Die Daten könnten sonst zerstört oder gelöscht werden und die Informationen dadurch nicht mehr für eine Untersuchung zur Verfügung stehen. Geeignete Auslesegeräte sind auch nur an den genannten Stellen vorhanden und werden von dafür geschultem Fachpersonal betrieben. Vor jeder Auswertung müssen sich die Fachleute mit den speziell für diese Geräte optionalen Datenbelegungslisten und Umrechnungstabellen des Unternehmens vertraut machen. Diese Unterlagen stehen nicht allgemein zur Verfügung sondern müssen beim Halter des Luftfahrzeugs oder dem Flugzeughersteller beschafft werden.

Die Sicherstellung der Aufzeichnungen der Flugsicherungsdienststellen, wie der Funksprechverkehr zwischen dem Luftfahrzeug und den Bodenstellen, den ebenfalls aufgezeichneten Gesprächen der Bodenstationen untereinander oder der Flugwegaufzeichnungen mittels Radar darf ebenfalls ausschließlich durch dafür geschultes Personal der Untersuchungsstellen erfolgen.

2.8 Gefährliche Güter

Ist der Unfall unmittelbar nach dem Start des Luftfahrzeugs geschehen, muss damit gerechnet werden, dass, je nach Flugzeugmuster und dem geplanten Zielort, bis zu 200 Tonnen Kerosin an Bord waren, die ausfließen oder verbrennen können. Hinzu kommen Hydraulikflüssigkeiten, Schmierstoffe sowie Sauerstoff für die Insassen. In den Frachträumen unterhalb der Passagierkabinen befinden sich außer dem Gepäck der Fluggäste Transportgüter, die in der Regel in Containern verstaut sind, darunter möglicherweise lebende Tiere. Bei dem derzeitigen Frachtaufkommen muss man mit einem 10-prozentigen Anteil gefährlicher Güter im Sinne von ICAO/IATA-Bestimmungen[7] rechnen. Das bedeutet, dass sich in einem Frachtflugzeug mehrere Tonnen gefährlicher Güter an verschiedenen Stellen im Flugzeug befinden können. Diese können verbrennen, auslaufen, explodieren oder durch chemische Reaktionen toxische Gase entwickeln, die für alle Einsatzkräfte und alle anderen Personen an der Unfallstelle gefährlich werden können. Auskunft und Unterlagen über die Fracht können der Luftfrachtführer oder dessen Vertreter (z.B. Handling Agent) oder der Halter des Luftfahrzeugs geben.

Die verschiedenen unter hohem Druck stehenden Stahlflaschen, wie z.B. für die Sauerstoffversorgung im Notfall oder die Brandbekämpfung an Bord eines Luftfahrzeugs, können bei einem Unfall durch Erhitzen zu gefährlichen Bomben werden. In Großflugzeugen sind häufig Sauerstoffgeneratoren an den Passagiersitzen installiert, die durch Ziehen eines Pins aktiviert werden. Damit kann auf große Sauerstoffbehälter für die Fluggäste verzichtet werden. Bei einem Unfall können die Generatoren automatisch ausgelöst werden und als Brandbeschleuniger das Löschen erschweren. Die Innenausstattungen der Flugzeugen, wie Wandverkleidungen, Polster und Bezüge sind in der Regel aus schwer entflammbaren Materialien, aber sie sind bei hohen Temperaturen nicht feuerfest. Viele von ihnen, besonders in älteren Luftfahrzeugen, entwickeln bei der Verbrennung toxische Gase, die, wenn sie direkt eingeatmet werden, schwere Schäden der inneren Organe zur Folge haben können. In der Regel sterben die meisten Opfer nicht durch den Unfall, sondern durch die Unfallfolgen, wie Verbrennen oder Ersticken. Auch aus diesen Gründen sollte ein Aufenthalt an der Unfallstelle oder der Zugang dazu auf das absolut notwendige Sicherungspersonal und Untersuchungsfachkräfte begrenzt bleiben.

---

[7] IATA – International Air Traffic Association.

Wie bei allen großen Transportmitteln, wie dem Straßengüterverkehr oder dem Gütertransport mit der Bahn, ist es auch bei großen Flugzeugen zwingend erforderlich, zu einem frühen Zeitpunkt festzustellen, ob gefährliche Güter an Bord waren und welche Gefahren davon ausgehen. Außer zum sofortigen Retten von Menschenleben, Tieren oder Wertsachen sowie dem Löschen des Brandes und Sichern vergänglicher Spuren besteht Personen kein Grund, die Unfallstelle oder das Wrack zu betreten, solange die Feuerwehr das Wrack nicht freigegeben hat. Bis die Mitarbeiter der Untersuchungsbehörden eingetroffen sind, um ihre Arbeit aufzunehmen, muss ggf. eine Zeitverzögerung in Kauf genommen werden. In keinem Fall darf eine Unfallsstelle oder das Wrack ohne geeignete Schutzbekleidung begangen werden.

3 Fachgruppen

3.1 Unfallstelle

Zunächst verschafft sich der Untersuchungsführer vor Ort einen ausreichenden Überblick über das Ausmaß des Unfalls und der voraussichtlich erforderlichen Untersuchungen. Er wird dann diejenigen Mitarbeiter der Bundesstelle für Flugunfalluntersuchung an die Unfallstelle holen, die ihn bei der Untersuchung unterstützen und die als Leiter der einzelnen Fachgruppen eingesetzt werden können. Die Leiter der Fachgruppen entscheiden, in Abstimmung mit dem Untersuchungsführer und dem Leiter der Bundesstelle, welche zusätzlichen Sachverständigen oder andere Personen benötigt werden und welche Untersuchungen an der Schadensstelle durchführbar sind. Da die meisten technischen Untersuchungen in der Regel nicht an der Unfallstelle möglich sind, sind die Fachgruppenleiter verantwortlich für die Sicherstellung der zu untersuchenden Flugzeugteile, z.B. Triebwerke, Flugschreiber usw., deren sachgerechte Bergung und deren Transport an den Ort, an dem die erforderlichen Untersuchungen vorgenommen werden können.

Die ICAO hat folgende Fachgruppen (FG) vorgesehen:

FG 1 - Flugbetrieb
FG 2 - Wetter
FG 3 - Flugsicherung
FG 4 - Zeugenaussagen
FG 5 - Flugschreiber
FG 6 - Flugzeugzelle
FG 7 - Triebwerke
FG 8 - Flugzeugsysteme
FG 9 - Instandhaltung
FG 10 - Flugmedizin
FG 11 - Bergung/Rettung/Brandschutz

Bereits die Aufzählung zeigt, dass einige der Fachgruppen nur in der Anfangsphase an der Unfallstelle tätig sein werden. So wird z.B. die Fachgruppe Flugschreiber (FG 5), nachdem die Recorder (FDR/ CVR) geborgen sind, ihre Untersuchungen in den Laboren in Braunschweig fortsetzen. Sie zeigt auch, dass nicht bei jedem Unfall alle Fachgruppen eingesetzt werden müssen. Andere, wie z.B. die FG 4, Zeugenaussagen, werden an der Unfallstelle mit der Polizei zusammenarbeiten, da sich Zeugen normalerweise dort melden. Die Bundesstelle führt bei der Befragung von Betroffenen ausschließlich Anhörungen durch. Da die Strafverfolgungsbehörden diese Personen in der Regel verhören, ist eine Absprache mit der Polizei dringend geboten. Bei einigen Fachgruppen, wie z.B. Flugzeugsysteme (FG 8), kann es erforderlich werden Untergruppen zu bilden, da die Vielzahl der Untersuchungsaufgaben und die Zahl sehr komplexer technischer Systeme dies erfordert.

Die Einsetzung des Untersuchungsführers und der Fachgruppen bedeutet nicht, dass dadurch die notwendige Zusammenarbeit mit der Polizei eingeschränkt werden soll. Die Aufgabe der Flugunfalluntersuchung im Sinne der Internationalen Zivilluftfahrt-Organisation sowie des Flugunfall-Untersuchungs-Gesetzes (FlUUG) ist die Durchführung einer fachlich, unabhängigen Untersuchung der Umstände, die zu dem Unfall geführt haben. Die BFU sucht keinen Schuldigen und klärt keine Versicherungsfragen. Schon deshalb ist eine zweckmäßige Zusammenarbeit mit den Strafverfolgungsbehörden, wie sie im Flugunfall-Untersuchungs-Gesetz (FlUUG) vorgesehen ist, ein grundsätzliches Erfordernis. Die Mitarbeiter der Bundesstelle führen keine Vernehmungen durch, sondern dürfen nur anhören. Dafür können Mitarbeiter der Bundesstelle die Flugzeugführer oder andere direkt und indirekt betroffenen Personen über den möglichen Unfallhergang oder Ursachen anhören, ohne diese Informationen im strafrechtlichen Sinne behandeln zu müssen. Es muss nicht bei jeder fachlichen Anhörung ein schriftliches Protokoll erstellt werden, das in einem späteren gerichtlichen Prozess verwandt werden kann. Schriftliche Protokolle über Anhörungen werden der Akte beigefügt und können bei Bedarf durch ein Gericht eingesehen werden. Die Betroffenen sind darauf hinzuweisen. Sollten die Mitarbeiter der Bundesstelle bei ihren Untersuchungen den begründeten Verdacht haben, dass eine Straftat vorliegt, hat der Untersuchungsführer umgehend die Strafverfolgungsbehörden zu informieren[8], damit diese ihre Ermittlungen aufnehmen können. Eine Feststellung von Vergehen und Ordnungswidrigkeiten ist nicht Aufgabe der fachlichen Flugunfalluntersuchung.

Sollten Zweifel an dem ausreichenden Schutz der für ein Ermittlungsverfahren sichergestellten oder in Amtshilfe beschlagnahmten Teile des Flugzeugs oder dessen Inhalts bestehen, können Vertreter der Strafverfolgungsbehörden jederzeit gemeinsam mit den Mitarbeitern der Bundesstelle für die Sicherstellung und den Transport sorgen und auch an der nachfolgenden Untersuchung teilnehmen. Das trifft ebenfalls auf die Sprach- oder Flugwegaufzeichnungen der Flugsicherungsdienststellen zu. Vermessungen der Unfallstelle, Photos, Videos oder andere Bilddokumente können, soweit erforderlich, gemeinsam angefertigt und zwischen den Dienststellen ausgetauscht werden. Die Zeugen eines Unfalls melden sich in der Regel bei der Polizei. Zeugenanhörungen können ebenfalls zum größten Teil gemeinsam durchgeführt werden. Die Zeugen sollten ebenfalls über den Unterschied einer Anhörung durch die

[8] FlUUG, § 7 Unterrichtung anderer Behörden.

Bundesstelle und einer polizeilichen Vernehmung aufgeklärt werden. Besonders die Zeugen, die sich oft erst Tage später melden, oder die verletzungsbedingt nicht sofort aussagen konnten, werden oft nur von der Polizei vernommen. Die Bundesstelle wird in solchen Fällen ihre fachlichen Fragen schriftlich formulieren und um eine Kopie der Vernehmungsprotokolle ersuchen. Gegebenenfalls wird die Fachgruppe Zeugenaussagen Fragebögen an die am Unfall Beteiligten oder Betroffenen versenden und diese auffordern, schriftlich Stellung zu nehmen.

3.2 Aufgaben der Fachgruppen

3.2.1 Fachgruppe 1 - Flugbetrieb

Die Fachgruppe unterstützt den Untersuchungsführer bei der Untersuchung in den verschiedenen Fachbereichen; z.B. inwieweit der Unfall durch den Betrieb des Luftfahrzeugs, das Luftfahrzeug, die Flugdurchführung, die Flugzeugbesatzung, das Bodenpersonal, die Flughafenanlagen, die Flugsicherung, das Flugbetriebspersonal verursacht wurde oder welche anderen Faktoren zu dem Unfall oder der schweren Störung beigetragen haben. Sie untersuchen außerdem die menschlichen Faktoren.

Aufgaben :

Flugverlauf:
Flugvorbereitung - Abfertigung - Betankung - Flugberatung - Flugdurchführung - Vorschriften

Besatzung:
Fliegerischer Lebenslauf der Besatzung - Erlaubnisse/Berechtigungen - Überprüfungen - Flugstunden - Dienst- und Ruhezeiten

Luftfahrzeug:
Betankung - Beladung und Schwerpunkt - gefährliche Güter

Wetter:
Vorhersagen - Streckenwetter - Minima

Flughafenanlagen:
Start-/Landebahnlänge/-zustand - Bodenanlagen - Betriebsvorschriften

Menschliche Faktoren:
Persönlicher Lebenslauf - Überprüfungen - psychische Probleme – Ausbildungsprobleme - fliegerische Probleme

Überlebensaspekte:
Fluchtwege - Verletzungsgrad - Rettungsmittel - Sicherheitseinrichtungen - Überlebenschancen - Verletzungsgrad - Verletzungs-/Todesart beim oder nach dem Unfall - Evakuierung - Hilfen von innen und außen - Verletzungen bei der Rettung oder Bergung - ärztliche Hilfe - Notfallschulung der Besatzung - Notausrüstung - Notvorschriften

3.2.2 Fachgruppe 2 - Wetter

Die Fachgruppe untersucht, inwieweit des Wetter Ursache oder beitragender Faktor bei dem Unfall waren.

Aufgaben :

Wetterberatung:
Vorhersagen - Flughafenwetter - aktuelles Wetter - Mindestbedingungen - SIGMET/ SNOWTAM - synoptische Wetterkarten

Streckenwetter:
Aktuelles Streckenwetter - Höhenwinde - Temperaturen - Tropopause - Jetstream/ Turbulenzen - Ausweichflughäfen/-strecken

Unfallort:
Aussagen der Besatzung - Zeugenaussagen - aktuelle Beobachtungen

Besonderheiten:
Vereisung/Turbulenzen - Starkwindfelder - Gewitter – Scherwinde

3.2.3 Fachgruppe 3 - Flugsicherung

Die Fachgruppe untersucht alle unfallrelevanten Aspekte in der Flugsicherung, deren Einrichtungen, des Flugsicherungspersonals, der Luftaufsicht und der Flughäfen und deren Anlagen.

Aufgaben:

Flugverlauf:
Radarbeobachtungen - Radaraufzeichnungen - Radarlotsen - Flugwegaufzeichnungen - Kontrollturm - sonstige Zeugen

Wetter:
ATIS - Wetteraufzeichnungen - Beobachtungen - Wetterwarten - Besonderheiten

Bodenanlagen:
Art der Anlagen - Betriebszustand - technische Prüfungen - Aufzeichnungen - Vermessungen - Veröffentlichungen

Funkverkehr:
Sprechverkehr mit dem Luftfahrzeug - Sprechverkehr intern - Tonaufzeichnungen - Betriebspersonal - Betriebsvorschriften

Flughafen:
Veröffentlichungen - Betriebszustand - Betriebsvorschriften - Betriebspersonal - Besonderheiten

3.2.4 Fachgruppe 4 - Zeugenaussagen

Die Fachgruppe hat die Aufgabe, Zeugen anzuhören, die den Flugverlauf oder den Unfall beobachtet haben oder Angaben machen können, die zur Aufklärung der Umstände beitragen, die zu dem Unfall geführt haben. Sie sammelt und erstellt Bildmaterial und Lagepläne und wertet diese aus.

Aufgaben :

Aussagen zu/durch:
Flugverlauf - Flugsicherungspersonal - Bodenpersonal - technisches Personal - Luftfahrtunternehmen - Luftaufsicht - Außenstehende

Besatzung:
Flugbetriebsleiter - Flottenchef - Checkpiloten

Betriebspersonal:
Dispatch - FS-Abfertigung - Wetterberater - technisches Personal

Luftfahrzeug:
techn. Prüfer - techn. Personal - Bodenpersonal - Lademeister - Fluggäste

Wetter:
WD-Berater - Dispatch - FS-Personal - Luftaufsicht - Augenzeugen

Brand:
Feuerwehr - Rettungseinheiten - Flughafenpersonal - Luftfahrzeugbesatzung - Augenzeugen

Überlebensmöglichkeiten:
Luftfahrzeugbesatzung - Feuerwehr - Polizei - Rettungseinheiten - Ärzte - Sanitäter - Außenstehende

3.2.5 Fachgruppe 5 - Flugschreiber

Die Fachgruppe wertet alle Informationen aus, die im Luftfahrzeug oder am Boden über den Flugverlauf und die Gespräche an Bord oder die Kommunikation mit den Bodenstellen aufgezeichnet werden.

Aufgaben :

Bergung:
Flugdatenschreiber - Cockpit Voice Recorder - Wartungsschreiber

Auswertung:
alle Datenträger und Sprachaufzeichnungen

Rekonstruktion:
Flugweg - Flugdaten - Technische Daten

Tonaufzeichnungen:
Cockpit Voice Recorder - Sonstige

3.2.6 Fachgruppe 6 - Flugzeugzelle

Die Fachgruppe untersucht das Wrack und alle technischen Komponenten, die mit der Struktur des Luftfahrzeugs in Verbindung stehen.

Gegenstand der Untersuchung:
Rumpf – Tragflächen – Triebwerksgondeln – Steuerflächen – Leitwerk – Ein-/Ausstiege

Aufgaben:
Identifizierung – Befunde – Vollzähligkeit – Wartungszustand – Belastungen – Versuche – Werkstoffe – Dimensionierung – Reparaturen / Änderungen – Sabotage.

3.2.7 Fachgruppe 7 - Triebwerk

Die Fachgruppe untersucht das Triebwerk oder die Triebwerke mit allen dazugehörenden Anlagen und Geräten.

Gegenstand der Untersuchung:
Propeller - Triebwerk - Triebwerksanlagen - Kraftstoffanlagen - Bedien- und Überwachungsanlagen - Schmierstoffanlage - Hilfsaggregate - Brandschutz

Aufgaben:
Identifizierung - Lageplan - Befunde - Bergung - Schäden - Störungen - Leistung - Belastungen - Versuche - Werkstoffe - Vorschriften - Wartungszustand - Reparaturen - Änderungen - Betriebszustand

3.2.8 Fachgruppe 8 - Flugzeugsysteme

Die Fachgruppe untersucht alle Systeme des Luftfahrzeugs, ihre Funktionsweise, Bedienungsmöglichkeiten und die Konstruktion, inwieweit diese ursächlich für den Unfall waren.

Gegenstand der Untersuchung :
Flugregler - Kommunikation - elektrische/elektronische Anlagen - Kabinen-/Frachträume - Steuerungssysteme - Hydraulikanlage - Eis-/Regenschutz - Fahrwerk - Beleuchtung - Navigationsanlagen - Klimaanlage - Brandschutzanlagen -Sauerstoff - Druckluft - Hilfsaggregate

Aufgaben:
Identifizierung - Befunde - Bergung - Einzeluntersuchungen - Versuche - Brand - Belastungen - Vorschriften - Werkstoffe - Wartungsarbeiten - Reparaturen - Änderungen

3.2.9 Fachgruppe 9 - Instandhaltung

Die Fachgruppe untersucht, inwieweit die Wartung oder Instandhaltung für den Unfall ursächlich waren, sowie die technischen Handbücher und sonstigen Betriebsaufzeichnungen.

Gegenstand der Untersuchung:
Betriebsstunden - Reparaturen - Lufttüchtigkeitsanweisungen - Änderungen - Beanstandungen - Urkunden - Dokumente - Betriebsaufzeichnungen – Betriebspersonal.

3.2.10 Fachgruppe 10 - Flugmedizin

Die Fachgruppe untersucht alle medizinischen Aspekte der Besatzungsmitglieder, inwieweit sie ursächlich für den Unfall oder beitragender Faktor waren.

Aufgaben :

Cockpitcrew:

Fundorte der Leichen und Verletzten - Positionen Flugbegleiter - Sitzposition - Evakuierung - Bergung - Identifizierung - Verletzungsart - Todesursache/-zeit - Fliegertauglichkeit - Obduktionsbefunde - toxikologische Befunde - Gesundheitliche Störungen - Übermüdung - Alkohol-, Drogen-, Medikamenteneinnahme - Aufenthalt an Bord und Tätigkeiten

Fluggäste:
Fundorte der Leichen und Verletzten - Lage - Sitzposition - Evakuierung - Bergung - Identifizierung - Verletzungsart - Todesursache/-zeit - Obduktionsergebnisse

Außenstehende:
Fundorte der Leichen und Verletzten - Lage - Bergung -Identifizierung - Verletzungsart - Todesursache/-zeit - Obduktionsergebnisse

Überlebensaspekte:
Überlebenschancen - Verletzungsgrad - Verletzungs-/ Todesart beim und nach dem Unfall - Evakuierung - Hilfen von innen und außen - Verletzungen bei der Rettung / Bergung - ärztliche Hilfe - Erste Hilfe

3.2.11 Fachgruppe 11 - Bergung/Rettung/Brandschutz

Die Fachgruppe untersucht die Überlebensaspekte bei einem Unfall und wie erfolgreich die Rettungs- oder Bergungsarbeiten an der Unfallstelle waren, oder warum sie es nicht gewesen sind; außerdem welche bordeigenen Rettungseinrichtungen des Luftfahrzeugs benutzt oder welche Rettungs- und Bergungsmittel oder Personal an der Unfallstelle eingesetzt wurden.

Aufgaben :

Einsatzberichte:
Polizei - Kripo - Feuerwehr - DRK - Ärzte - THW - Bergungskräfte - Katastrophenschutz - Flughafen - Gemeinden

Maßnahmen:
Alarmierung - Einsatzkräfte - Einsatzmittel - Organisation - Einsatzbeginn/-ende - interdisziplinäre Zusammenarbeit

Vorschriften:
Bundesbehörden - Landesbehörden - Gemeinden - Polizei - Feuerwehr - Katastrophenschutz - Rettungseinheiten – Flughafen.

3.2 Zusammenfassung

Die Beschreibung der Fachgruppen, deren Ziele und Aufgaben, beschränkt sich auf das Wesentliche und deckt die Anforderungen an den Einzelfall nicht ab. Sie soll einen generellen Überblick geben und damit Verständnis für die Aufgaben einer Untersuchungsbehörde an der Unfallstelle wecken. Die Kenntnisse über die Aufgaben sollen das gegenseitige Verständnis fördern und vor Ort eine möglichst effektive und reibungslose Zusammenarbeit mit den anderen Behörden, Organisationen sowie der Polizei ermöglichen. Die Maßnahmen und Untersuchungen an der Unfallstelle und in den Laboren werden stets von der tatsächlichen Situation abhängen und später von den Ergebnissen der Einzeluntersuchungen bestimmt werden. Die interdisziplinäre Zusammenarbeit wird möglicherweise über einen langen Zeitraum an der Unfallstelle und darüber hinaus erforderlich sein.

Die Fachgruppenleiter arbeiten sich unter der Leitung des Untersuchungsführers gegenseitig zu und erstellen abschließend einen Bericht über die Untersuchungsergebnisse (Fachgruppenberichte). Der Untersuchungsführer an der Unfallstelle muss nicht zwangsläufig der Untersuchungsführer für das gesamte Untersuchungsverfahren sein. Der Bericht sollte möglichst innerhalb von 12 Monaten nach dem Ereignis abgeschlossen sein. Wegen der komplizierten und komplexen Untersuchungen im In- und Ausland kann dies bei Großunfällen u.U. jedoch erheblich länger dauern.

Der Untersuchungsführer analysiert die Berichte der Fachgruppen, fordert ergänzende Untersuchungen und koordiniert die Arbeiten der Fachgruppen und sonstigen Experten. Er ist verantwortlich für die Kooperation mit den ausländischen Repräsentanten und Untersuchungsbehörden sowie deren Information über den Stand der Untersuchung. Er erstellt, nach der Auswertung und Vervollständigung aller Einzelberichte und deren Gesamtauswertung, den Abschlußbericht und legt ihn den Repräsentanten der an der Untersuchung beteiligten Staaten und dem Direktor der Bundesstelle vor.

Die Gliederung des abschließenden Untersuchungsberichtes ist durch den Annex 13, ICAO, vorgegeben.

4 Praktisches Krisenmanagement bei Flugunfällen

David Herriman

4.1 Allgemeines

Krisenmanagement ist die Fähigkeit, die Initiative vor, während oder nach einer Krise oder einem anderen Ereignis zu behalten.

Erfolgreiches Krisenmanagement nach einem Flugunfall setzt aber eine umfangreiche Vorbereitung voraus. Nur wer gut vorbereitet ist, hat eine Chance, das Ausmaß einer Krise zu beeinflussen und weiteren Schaden von sich oder Dritten abzuwehren.

Eine der wichtigsten Bedingungen bei der Planung eines erfolgreichen Krisenmanagements ist die Fähigkeit, von Anderen zu lernen. Das Rad muss nicht noch einmal erfunden werden!

Darüber hinaus ist es unerlässlich, die Aufgaben, Rechte und Pflichten aller Beteiligten zu kennen.

Seit dem Jahr 1945 werden Flugunfälle in einer Statistik festgehalten, die bis heute 2.808 Flugunfälle (mehrmotorige Flugzeuge mit mehr als 15 Passagiere) mit Todesfolge aufzeigt. Zwischen 1990 und 2000 gab es 519 Flugunfälle, in die tausende von Personen, Firmen und Behörden involviert waren. Die Erfahrungen, die dort gesammelt wurden, sind äußerst wichtig und sollten möglichst angewandt werden.

Diese Anleitung basiert auf Erkenntnissen und Erfahrungen von Personen und Firmen, die bereits einen Unfall oder ein anderes schweres Ereignis erfahren haben.

Wenn man an Flugunfälle denkt, denkt man meistens nur an den Ort des Geschehens. Tatsache ist, dass bei Flugzeugunfällen mit Passagieren neben dem eigentlichen Unfallort grundsätzlich zwei Flughäfen betroffen sind. Der Abflughafen und der Zielflughafen, an dem das Flugzeug hätte ankommen sollen. Dort versammeln sich nämlich Familien, Freunde, Abholer und auch Vertreter der Medien. Eine Tatsache, die bei allen Vorbereitungen Berücksichtigung finden muss.

4.2 Infrastruktur

Erfolgreiches Krisenmanagement hängt nicht nur von guter Planung und Vorbereitung ab. Die richtige Infrastruktur muss darüber hinaus vorhanden sein. Infrastruktur bedeutet Kommunikationseinrichtungen, Geräte und Fahrzeuge, aber auch die für den Krisenfall benötigten Räume und deren Ausstattung.

Leider zeigt die Praxis, dass häufig zuerst etwas passieren muss, bevor „man" bereit ist, in Krisenmanagement zu investieren. Schaut man sich die Unternehmen an, die über ein gutes Krisenmanagement verfügen, stellt man fest, dass bei den meisten ein Ereignis vorausgegangen ist.

4.2.1 Kommunikationseinrichtung

Die besten Pläne scheitern, wenn die Kommunikation untereinander nicht gewährleistet ist. Obwohl eigentlich selbstverständlich, zeigen verschiedene Ereignisse der jüngsten Vergangenheit - nicht zuletzt der Anschlag auf das World Trade Center in New York -, dass mangelhafte Kommunikation Leben kosten kann. Daher werden an dieser Stelle einige wichtige Punkte angesprochen.

Während der Rettungsarbeiten ist das Funkgerät das meist genutzte Kommunikationsmittel. Es reicht nicht aus, die korrekten Funkgeräte zu besitzen. Der Funkverkehr muss an potentiellen Einsatzorten getestet werden, um sicher zu sein, dass eine Kommunikation im Ernstfall an jedem Ort tatsächlich möglich ist.

Telefonlisten müssen regelmäßig überprüft werden, damit im Ereignisfall auch die richtige Stelle unter der angegebenen Telefonnummer zu erreichen ist. In der Regel sollen Telefonlisten alle sechs Monate getestet werden.

Für Stellen, die eine große Anzahl von Personen telefonisch erreichen müssen, sind mittlerweile gute technische Lösungen auf dem Markt. Alarmierungssysteme sind in der Lage, mehrere Personen gleichzeitig anzurufen und eine Nachricht zu übermitteln. Darüber hinaus wählt das System automatisch bei nicht Erreichen einen anderen Anschluss an (Beispiel: 1. Anruf zu Hause - bei nicht Erreichen – 2. Anruf im Büro) oder ruft einen Stellvertreter an.

Die Stelle (in der Regel die Einsatzleitung), die das Alarmierungssystem startet, erhält sofort eine Übersicht im PC, welche Personen Anrufe erhalten haben und welche nicht. Solche Einrichtungen entlasten die Arbeit in Einsatzzentralen enorm und schließen menschliches Fehlverhalten aus.

Die Bereitstellung von Funkgeräten und Telefonen alleine reicht nicht aus. Der Ausfall dieser Geräte muss Berücksichtigung finden. Die Bildung von Rückfallebenen ist erforderlich, sodass bei Ausfall der „normalen" Kommunikation weiterhin, wenn auch eingeschränkt, kommuniziert werden kann.

Gute Alternativen sind zum Beispiel die Verwendung des Internets oder die Nutzung von E-Mail. Keine gute Alternative ist der Einsatz von Mobiltelefonen. Warum? Gerade bei großen Schadenlagen wird häufig mit Mobiltelefonen kommuniziert, sodass das Netz schnell überlastet ist.

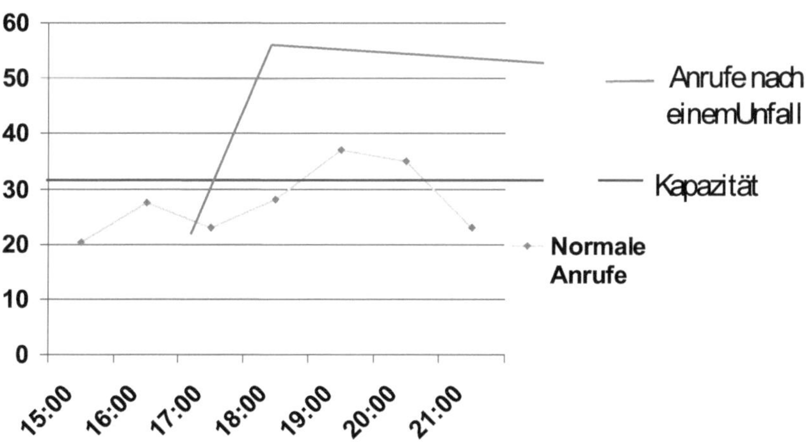

Abb. 4.1. Kapazitätsvorsorge der Handyanbieter (Grafik: D. Herriman)

Bei Ausfall anderer Mittel können auch Mitarbeiter als Boten eingesetzt werden und stellen somit eine zuverlässige Form der Kommunikation sicher.

4.3 Organisation

Bei einem Flugunfall sind neben Behörden auch verschiedene andere Stellen beteiligt. Um gut vorbereitet zu sein, ist es unerlässlich, damit man versteht, welche Aufgaben, Pflichten und Rechte die anderen involvierten Stellen haben. Dabei muss auch anerkannt werden, dass nicht alles gesetzlich geregelt ist. Dass es andere Dienste oder Unternehmen gibt, die ohne gesetzliches Mandat durchaus in der Lage sind, Behörden und andere „offizielle Stellen“ zu unterstützen, ist bewiesen.

Bei jedem Flugunfall sind grundsätzlich drei verschiedene Organisationen beteiligt:

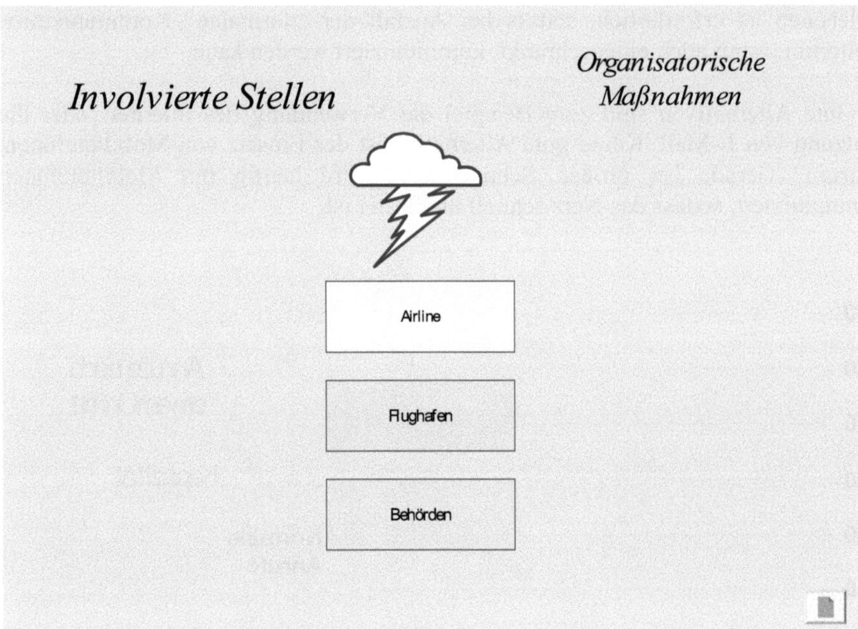

Abb. 4.2. Involvierte Stellen(Grafik: D. Herriman)

Obwohl diese drei Stellen verschiedene Interessen, Pflichten und Rechte haben, sind sie gezwungen, miteinander zu kooperieren. Infolgedessen ist es logisch, wenn jeder zumindest die Aufgaben des anderen kennt. Dieses muss jedoch in einer Vorbereitungsphase erfolgen, denn wenn es „kracht“, ist es zu spät.

Neben dem Nachschlagen in den entsprechenden Gesetzen und Verordnungen ist es empfehlenswert, Gespräche mit den anderen Beteiligten zu führen. Dabei werden die Aufgaben, die Rechte und die Pflichten geklärt. Auch das für eine reibungslose Zusammenarbeit benötigte Verständnis für die Aufgaben des Anderen, wird dabei entwickelt.

Verkehrsflughäfen sind aufgrund ICAO Vorschriften (siehe: Teil 1 Kap. 5 ICAO) verpflichtet, alle zwei Jahre Flugunfallübungen durchzuführen. Die meisten Übungsleitungen erlauben Fachzuschauern, die Übung zu beobachten. Hierbei kann vieles gelernt werden. Falls man nicht ohnehin an einer Übung beteiligt ist, sollte man sich einfach mit einem für sich interessanten Flughafen in Verbindung setzen und um eine Einladung zur nächsten Übung bitten.

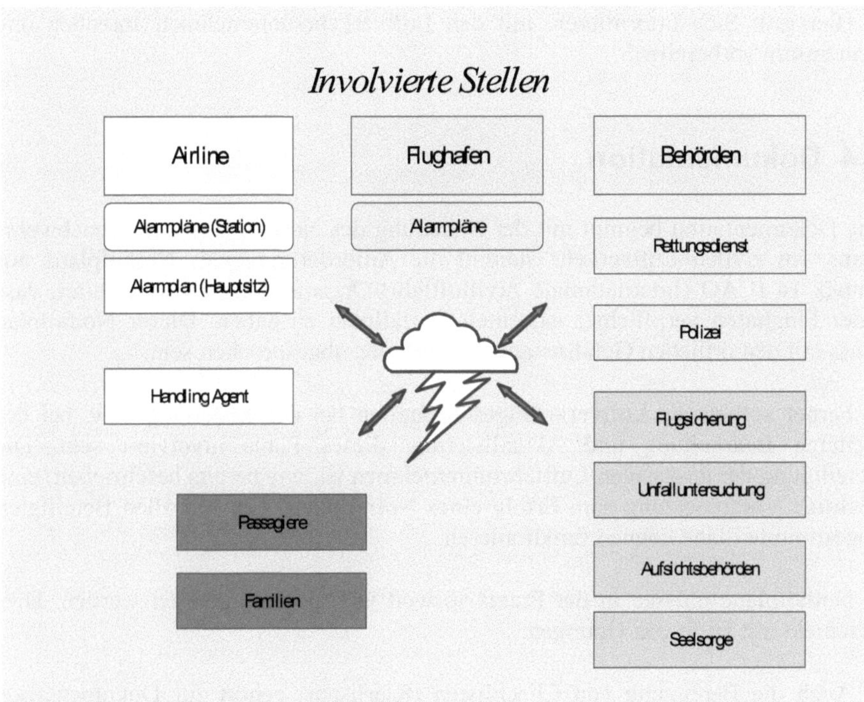

Abb. 4.3. Involvierte Stellen (Grafik: D. Herriman)

Die meisten Luftverkehrsgesellschaften sind aufgrund des amerikanischen Gesetzes zur Betreuung der Angehörigen (*Aviation Disaster Family Assistance Act* of 1996) gut auf einen Flugunfall vorbereitet (siehe Punkt 15.7 „Opferinformation und Angehörigenbetreuung"). Diese Vorbereitung bezieht sich hauptsächlich auf die Betreuung der Angehörigen sowie auf den Umgang mit den Medien und wird schwerpunktmäßig an dem Ort vollzogen, an dem die Luftverkehrsgesellschaft beheimatet ist. In den einzelnen Stationen der Luftverkehrsgesellschaften weltweit verlässt man sich häufig auf die örtlichen Behörden und/oder den Flughafen. Hinzu kommen die in den letzten Jahren durchgeführten Sparmaßnahmen in Zusammenhang mit den Personalkosten. Die Folge ist der zunehmende Einsatz von so genannten Handlingunternehmen. Handlingunternehmen, an Flughäfen meist Handlingsagenten genannt, übernehmen Aufgaben der Luftverkehrsgesellschaft, wie beispielsweise das Einchecken von Gepäck sowie die Betreuung der Passagiere. Größere Handlingunternehmen betreuen bis zu 15 verschiedene Luftverkehrsgesellschaften und müssen, zumindest in den ersten Stunden nach einem Flugunfall, die Aufgaben des Luftfahrtunternehmens übernehmen. Infolgedessen sind auch Handlingunternehmen bei der Vorbereitung zu berücksichtigen.

Hier gilt: Sich informieren, mit den Luftverkehrsunternehmen sprechen und gemeinsam vorbereiten!

4.4 Dokumentation

Die Dokumentation beginnt mit der Erstellung des Notfallplans/Gefahrenabwehrplans. Im zivilen Luftverkehr stammt die Anforderung eines Notfallplans aus Annex 14 ICAO (Internationale Zivilluftfahrt-Organisation). Dies bedeutet, dass jeder Flughafen verpflichtet ist, einen Notfallplan zu haben. Dieser Notfallplan muss mit den örtlichen Gefahrenabwehrbehörden abgesprochen sein.

Ferner sollten die Luftverkehrsgesellschaften bei der Erstellung bzw. bei der weiteren Bearbeitung und Aktualisierung dieses Plans involviert sein. Die Beteiligung der ansässigen Luftfahrtunternehmen ist, wie bereits beschrieben, eine wichtige Voraussetzung zum Erfolg eines Notfallplans. Nur mit allen Beteiligten abgestimmte Pläne können funktionieren.

Notfallpläne müssen in der Praxis so weit wie möglich getestet werden. Dies geschieht mit Hilfe von Übungen.

Auch die Benutzung von Checklisten (Klarlisten) gehört zur Dokumentation eines Krisenmanagements. Checklisten ermöglichen geschulten Mitarbeitern, in einer Ereignissituation, ihre Aufgaben in der richtigen Reihenfolge und ohne etwas zu vergessen, durchzuführen. Checklisten dienen ferner als Beweismaterial, dass die bereits im Notfallplan aufgeführten Aufgaben auch durchgeführt wurden.

Der Nachweis über Schulungsmaßnahmen sowie Protokolle von relevanten Entscheidungen und Besprechungen des Krisenmanagements sind wichtige Dokumentationen und dienen als Beweismittel bei der fachlichen und juristischen Aufbereitung des Unfalls. Es ist zu bedenken, dass alles was vor, während oder nach einem Ereignis getan oder entschieden wurde, unter Umständen später vor Gericht als Beweismittel dienen kann. Daher muss alles entsprechend dokumentiert werden. Eine gute Dokumentation der komplexen Maßnahmen und Entscheidungen vereinfacht die nachfolgenden Verfahren und kann die betroffenen Dienststellen entlasten.

4.5 Schulung

Auf der Suche nach einem optimalen Krisenmanagement besteht bereits die Möglichkeit aus Fehlern bei vergangenen Ereignissen zu lernen. Wenn man sich die Fehler der Anderen anschaut, stellt man fest, dass neben unzureichender Vorbereitung auch fehlende Mitarbeiterschulung eine große Rolle spielt.

Personalkosten spielen in der heutigen Zeit in fast jedem Unternehmen/Behörde eine übergeordnete Rolle. Die Neigung, Kosten durch Weglassen von Mitarbeiterschulung einzusparen, ist groß. Die Praxis verdeutlicht allerdings, wie wichtig der Einsatz von geschulten Mitarbeitern bei einem tatsächlichen Flugunfall ist. Der Einsatz ist ohne angemessene Vorbereitung unzumutbar. Die Auswirkungen eines unvorbereiteten Einsatzes reichen von späteren krankheitsbedingten Ausfällen bis hin zu Gerichtsklagen der sich falsch behandelt fühlenden Mitarbeiter.

4.6 Übungen

Wie bereits erwähnt, sind Flughäfen verpflichtet, zusammen mit den Beteiligten Flugunfallübungen abzuhalten. Übungen sind wichtig, um den Inhalt der Schulungen in der Praxis umzusetzen. Darüber hinaus sind die Erfahrungen, die jeder Teilnehmer unter Umständen durch eigene Fehler macht, ein wichtiger Bestandteil des Lernprozesses. (siehe: Teil 1 Kap. 10 – Erfahrungen aus ICAO-Übungen)

4.7 Opferinformation und Angehörigenbetreuung

Aufgrund der schnellen Berichterstattung der öffentlichen Medien über einen solchen Unfall, muss man damit rechnen, dass ggf. schon während der Lösch- und Rettungsarbeiten die ersten Familienmitglieder zum Flughafen bzw. zum Unfallort fahren. Dort angekommen, verlangen sie, neben den bereits angekommenen Reportern, Auskünfte über den Verbleib bzw. den Zustand der Passagiere. Insbesondere bei Flugunfällen, bei dem ein Teil der Passagiere nicht überlebt hat und andere zum Teil schwer verletzt sind, ist die schnelle Beschaffung dieser Information äußerst schwierig, jedoch dringend erforderlich.

4.7.1 Opferinformation und Datenerfassung

Die Bildung einer Personen- oder Kreisauskunftsstelle ist zwar in den FSHG der Länder vorgesehen, in der Regel jedoch ohne eine Beteiligung des betroffenen Luftfahrtunternehmens oder des Flughafen. Aufgrund des *Knowhows* sowie der meist vorhandenen technischen Infrastruktur einer Luftverkehrsgesellschaft, ist es ratsam, das betroffene Unternehmen an der Bildung einer Auskunftsstelle zu beteiligen. Je nach Ereignisort ist es sinnvoll, die Auskunftsstelle am Flughafen einzurichten.

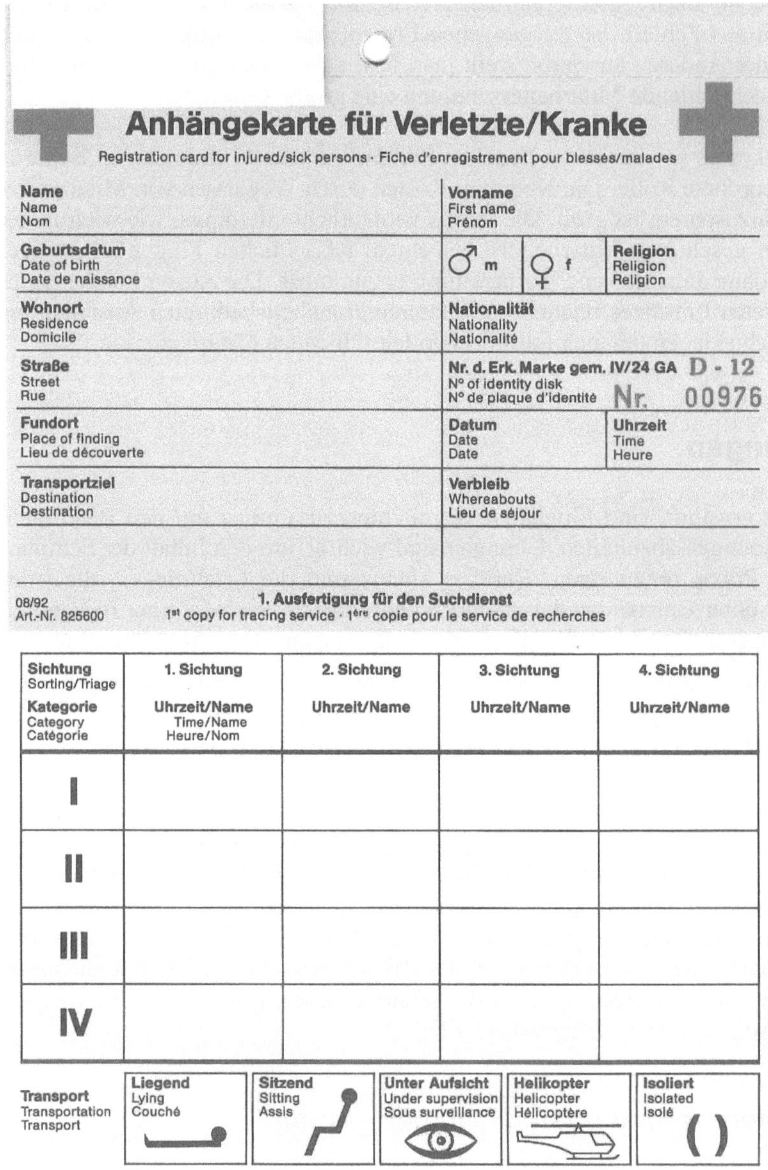

Anhängekarte für Verletzte/Kranke

Registration card for injured/sick persons · Fiche d'enregistrement pour blessés/malades

Name Name Nom	**Vorname** First name Prénom
Geburtsdatum Date of birth Date de naissance	♂ m · ♀ f · **Religion** Religion Religion
Wohnort Residence Domicile	**Nationalität** Nationality Nationalité
Straße Street Rue	**Nr. d. Erk. Marke gem. IV/24 GA** D - 12 N° of identity disk N° de plaque d'identité Nr. 00976
Fundort Place of finding Lieu de découverte	**Datum** Date Date · **Uhrzeit** Time Heure
Transportziel Destination Destination	**Verbleib** Whereabouts Lieu de séjour

08/92
Art.-Nr. 825600

1. Ausfertigung für den Suchdienst
1st copy for tracing service · 1ère copie pour le service de recherches

Sichtung Sorting/Triage **Kategorie** Category Catégorie	**1. Sichtung** **Uhrzeit/Name** Time/Name Heure/Nom	**2. Sichtung** **Uhrzeit/Name**	**3. Sichtung** **Uhrzeit/Name**	**4. Sichtung** **Uhrzeit/Name**
I				
II				
III				
IV				

Transport Transportation Transport

Liegend Lying Couché	**Sitzend** Sitting Assis	**Unter Aufsicht** Under supervision Sous surveillance	**Helikopter** Helicopter Hélicoptère	**Isoliert** Isolated Isolé ( )

Abb. 4.4. Verletztenanhängekarte

Eins steht fest: Es ist unbedingt erforderlich, dass sich die zuständigen Behörden, der Flughafen und die ansässigen Luftfahrtunternehmen zusammensetzen und das Problem der Opferinformation erörtern, bevor ein Unfall passiert.

Um dem Wunsch der Angehörigen nach einer schnellen Opferauskunft gerecht zu werden, ist eine geplante und koordinierte Vorgehensweise unerlässlich.

Obwohl die Polizei für die Ermittlung von Opferinformationen zuständig ist, muss man anerkennen, dass es eine Reihe anderer Stellen gibt, die in der Lage sind zu helfen. Angefangen von den Rettungsdiensten, die durch Vermerke auf der Verletztenanhängekarte wichtige Informationen liefern, über Mitarbeiter der Flughäfen und Luftfahrtunternehmen, die Namen von Abholern notieren, bis hin zu den Auskunftsstellen, die per Telefon Opferdaten erfassen.

Alle spielen eine bedeutende Rolle, aber die Informationswege müssen konkret definiert werden. Im Gegensatz zum allgemeinen Glauben verfügen Luftverkehrsgesellschaften nicht über sämtliche Daten der Fluggäste. Eine Passagierliste, wenn überhaupt verfügbar, besteht aus dem Nachnamen, dem ersten Buchstaben des Vornamens, einem M bzw. einem F für das Geschlecht sowie der Sitzplatznummer. Für die weiteren Ermittlungen sind nicht nur die Anschrift sondern auch die Einzelheiten über den Familienstand der Opfer wichtig. Da Auskünfte nur Angehörigen erteilt werden, müssen diese erst einmal bekannt sein. Aufgrund eines amerikanischen Gesetzes müssen amerikanische Bürger, die innerhalb der USA oder vom Ausland in die USA fliegen, der Luftverkehrsgesellschaft die notwendigen Angehörigendaten mitteilen. Diese Angaben ermöglichen bei einem Unfall eine viel schnellere Information an die Angehörigen.

Bis eine ähnliche Regelung in Deutschland eingeführt wird, müssen Information anderweitig beschafft werden.

Um schnellstmöglich einen Überblick über die Opfer zu erhalten, werden an den Flughäfen die dort eingetroffenen Abholer bzw. Angehörigen befragt. Diese Registrierung ist Bestandteil der durch ICAO verlangten Maßnahmen, die von den Flughäfen bzw. Luftfahrtunternehmen durchzuführen sind.

Entweder verfügen die Flughäfen oder die Luftfahrtunternehmen (oder sogar beide) über vorbereitete Registrierungsformulare. Obwohl die Datenerfassung zu den originären Aufgaben der Polizei gehört, wird die Registrierung meistens von den Flughäfen bzw. Luftfahrtunternehmen durchgeführt. Einige Flughäfen haben mit den zuständigen Dienststellen ein so genanntes „Gemeinsames Registrierungsformular“ entwickelt.

Nr: 00,000

Erfassung von Passagier und Abholer.
(gemeinsames Formular der Luftverkehrsgesellschaften, FDG, Rettungsdienste und
(Joint Form of Airlines, Airport, Rescue-Services and Police)

Aufnahme durch: / Registration by:

Name: Ggf. Dienstgrad/Personalnummer: Rank /staff number:	Organisation (LVG, FDG, Polizei) Organisation (Airline, Rescue Service etc.):	Datum / Zeit: Date / Time:
Angaben durch (ankreuzen / tick box) Details given by:	Passagier Passenger ☐	Abholer Meeter ☐

1. Passagier: /(Passenger:)

Familienname Surname:		Vorname(n): First name(s):	Geburtstdatum/Ort: Date & place of birth:
Geschlecht: Sex:	Fam. Stand: Marital status:	Nationalität: Nationality:	Religion: Religion:
Ständige Wohnanschrift: Permanent address:			Telefonnummer: Telephon number:
Derzeit erreichbar (falls von Wohnort abweichend): Tempory address (if different to above):			Telefonnummer: Telephon number:

2. Abholer: / (Meeter):

Familienname Surname:	Vorname(n): First name(s):	Geburtsdatum/Ort: Date & place of birth:
Ständige Wohnanschrift: Permanent address:		Telefonnummer: Telephon number:
Derzeit erreichbar (falls von Wohnort abweichend): Tempory address (if different to above):		Telefonnummer: Telephon number:
Beziehung zum Relationship to Passenger:		

3. Nächste(r) Angehörige(r) (wenn abweichend zur Abholer): Next of kin (if different to meeter

Familienname Surname:	Vorname(n): First name(s):	Geburtsdatum/Ort: Date & place of birth:
Ständige Wohnanschrift: Permanent address:		Telefonnummer: Telephon number:
Beziehung zum Relationship to Passenger:		

Von der Personenauskunftstelle auszufüllen: for PAS use only.

Name auf der Name on Passenger-Manifest	Ja/Nein Yes/No	Auf Karte übertragen durch: Transferred to Record-Card by:
Name nicht auf der Name not on Passenger-Manifest		Familie benachrichtigt Family contacted by:
Datum: Date:	Uhrzeit: Time:	Methode: Method:

Abb. 4.5. Beispiel: Erfassung von Verletzten und Abholern

Dieses Formular, welches meistens als 3-Blatt-Durchschreibsatz besteht, ermöglicht es mittels eines vorher abgesprochenen Datensatzes eine schnelle Erfassung der Personen am Flughafen. Die beteiligten Stellen (Polizei, Flughafen, Luftfahrtunternehmen) erhalten je eine Kopie und sind somit auf dem gleichen Wissensstand.

Die Registrierung ist aber nur der erste Schritt, der dazu beiträgt, die Angehörigen zu informieren. Es gibt vier Gruppen, die neben dem betroffenen Luftfahrtunternehmen Information über Opfer eines Flugunfalls liefern können:

Abholer und Angehörige, die am Flughafen auf Information warten sowie Passagiere, die den Unfall unverletzt überlebt haben, werden bei Rettungsdiensten und Krankenhäusern nachforschen, in die verletzte Passagiere eingeliefert wurden. Angehörige und Bekannte, werden sich per Telefon über den Verbleib und Zustand von Passagieren informieren.

Die Daten der Angehörigen/Abholer oder unverletzten Passagiere, die an den beiden Flughäfen durch Mitarbeiter des Flughafens, dem Luftfahrtunternehmen und Polizei mit Hilfe eines Registrierungsformulars erfasst werden, müssen an die zuständige Stelle, wie die Personenauskunftsstelle, weitergeleitet werden.

Informationen über verletzte Passagiere liefern Rettungsdienste und Krankenhäuser. Auch hier muss sichergestellt werden, dass diese Informationen schnell bei der zuständigen Personenauskunftsstelle ankommen.

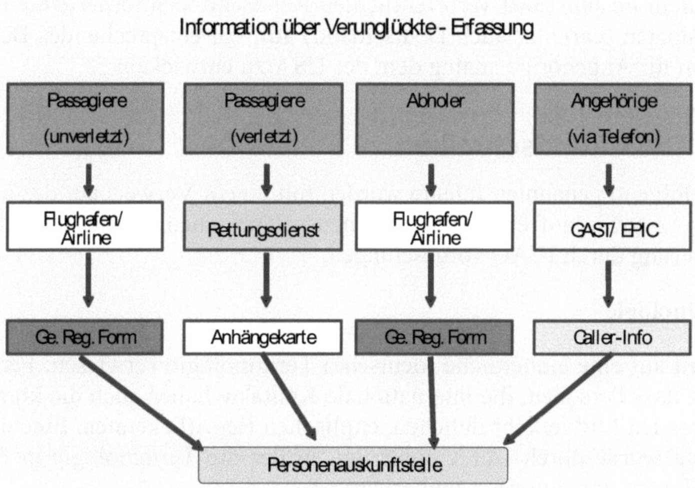

Abb. 4.6. Personenerfassung (Grafik: D. Herriman)

Die letzte Gruppe, die telefonische Informationen über den Verbleib und den Zustand von Passagieren erfragt, ist auch in der Lage, wichtige persönliche Information zu liefern.

Auf welche Weise diese Informationen der Personenauskunftsstelle zur Verfügung gestellt werden, muss geregelt werden. Insbesondere dann, wenn das Luftfahrtunternehmen ein eigenes *Telefon Enquiry Center* betreibt.

Nur wenn alle relevanten Informationen an einer Stelle vorliegen, kann eine optimale Auskunft erteilt werden. Ferner ist zu beachten, dass gute Informationen über Opfer für die Medien ein Maßstab sein können, an dem das Ereignis und dessen Verantwortliche bewertet werden (siehe Punkt 9 „Krisen PR“).

4.7.2 Angehörigenbetreuung

Die Betreuung von Angehörigen ist in den letzten Jahren aufgrund der Flug- und Eisenbahnunfälle in Deutschland und des durch das *National Transportation Safety Board (NTSB)* angewandten amerikanischen Gesetzes über die Angehörigenbetreuung in den Vordergrund getreten. Alle Luftverkehrsgesellschaften der Welt, die in die USA fliegen, sind verpflichtet ein Betreuungsprogramm für Angehörige einzurichten. Luftverkehrsgesellschaften sowie Flughäfen haben anerkannt, dass eine angemessene Betreuung der Angehörigen neben den menschlichen und moralischen Aspekten von der Öffentlichkeit erwartet wird.

Mit einem im Juni 2001 veröffentlichten Rundschreiben forderte die ICAO alle Mitgliedstaaten (darunter auch Deutschland) auf, ein entsprechendes Betreuungsprogramm für Angehörige analog dem der USA zu entwickeln.

4.7.3 ICAO-Rundschreiben

Die nachfolgend genannten Inhalte wurden mit einem Verweis auf das amerikanische Gesetz sowie auf einen Plan der neuseeländischen Polizei über die Opferidentifizierung durch ICAO vorgeschlagen.

Terminologie

Es wird auf eine einheitliche (deutsche) Terminologie verwiesen. Ferner ist zu beachten, dass Personen, die internationale Kontakte haben auch die korrekten, im internationalen Luftverkehr üblichen, englischen Begriffe kennen. Eine diesbezügliche Liste wurde durch IATA publiziert, in der die Terminologie in Bezug auf Flugunfälle zusammengefasst und erklärt ist.

Wem sollte Familienunterstützung zuteilt werden?

Es soll grundsätzlich geklärt werden, wer die Angehörigenbetreuung erhalten soll. Die oft in der Vergangenheit angewandte Einteilung basierte teilweise auf altmodische Konventionen, die heute nicht mehr aktuell sind. Hierzu zählten beispielsweise Paare, die im Sinne des Gesetzes nicht verheiratet waren. Dass dieser Lebenspartner genauso traumatisiert ist wie ein Ehepartner, wurde nicht berücksichtigt.

Art der Unterstützung von Familien

Das wichtigste für die Angehörigen nach einem erfolgten Unfall ist die Bestätigung, ob eine Person betroffen ist oder nicht. Dieses ist eine der schwierigsten Aufgaben der Beteiligten in der ersten Phase eines Unfalls (siehe auch Kapitel 2.7 „Telefon Enquiry Center").

Eine andere Art der Unterstützung ist eine Beratung sowie unter Wahrung der Intimsphäre der Familien und Angehörigen. Finanzielle Hilfe wird meistens durch die Luftverkehrsgesellschaft gewährt. Eine evtl. Hilfe bei Einreise- oder Zollformalitäten gehört ebenfalls dazu.

Obwohl der Besuch der Unglücksstelle als Bestandteil des Trauerprozesses wichtig ist, wird dies von Unbeteiligten oft als makaber oder gar als Sensationslust angesehen.

Dieses Recht soll im Angehörigenbetreuungsprogramm fest verankert werden.

Die Identifizierung, Aufbewahrung und Rückführung der sterblichen Überreste sowie der Schutz und die Rückgabe von persönlichen Gegenständen sollen im Plan ebenfalls Berücksichtigung finden.

Gedenkgottesdienste und Gedenkstätten müssen organisiert werden. Eine Rechtsberatung für Angehörigen gehört ebenfalls dazu.

Angehörigen-Vereine fordern, dass Mitschnitte aus dem Stimmaufzeichnungsgerät des Cockpits bei Bedarf ausgehändigt werden. Da dies nicht dem international üblichen Verfahren bei der Flugunfalluntersuchung entspricht, ist dies noch ein Streitpunkt.

Wann sollte Familienunterstützung gewährt werden?

Eine wichtige Bedingung in der Planung ist die Festlegung der Umstände, unter denen ein Staat in die Familienunterstützung einbezogen werden soll.

Die potentielle Notwendigkeit der den Familien angebotenen Unterstützung wird immer dann offensichtlich, wenn ein Flugzeugabsturz, der sich auf dem Territorium eines Staates ereignet, zu Todesopfern oder Verletzten unter den Passagieren oder Dritten führt, die unverschuldet betroffen wurden.

Die Notwendigkeit eines Staates, in dem sich der Unfall nicht ereignete, Familienunterstützung zu gewähren, kann aus einem Unglück resultieren, das in internationalen Gewässern stattgefunden hat, die an den Staat angrenzen, oder wenn der Staat, in dem sich der Absturzort befindet, um derartige Hilfe ersucht. Derartige Situationen sind anlässlich von einigen großen Schadensereignissen in internationalen Gewässern entstanden.

Ein Flugzeugunglück, bei denen zwei große Flugzeuge zusammenstoßen, oder das sich in einem stark bebauten Gebiet ereignet, kann bis zu 1.000 Opfer fordern. Bei weniger umfangreichen Unglückfällen werden der Flugzeugbetreiber und das normale Notfallteam des Staates über die Ressourcen verfügen, um die geeignete Unterstützung zu bieten. Der Punkt, an dem die normalen Notfallressourcen ergänzt werden müssen, bedarf der Festlegung. Manche Luftverkehrsgesellschaften gehen davon aus, dass ein Minimum von drei Betreuern pro Passagier ihres größten Flugzeugs die Planungsbasis sein dürfte, um zu gewährleisten, dass das Personal ersetzt werden und eine Zeitplanung vorgenommen werden kann.

Die oben aufgeführte Erklärung stammt aus dem ICAO-Text. In der Praxis muss bei allen Flugunfällen sowie allen anderen Unfällen mit Todesopfern ein Minimum an Angehörigenbetreuung bereitgestellt werden.

Wer stellt die Familienunterstützung zur Verfügung?

Nach den Vorstellungen von ICAO ist in erster Linie der Staat, auf dessen Gebiet das Unglück geschehen ist, zuständig.

Dieser hat eine Koordinierungsdienststelle und einen Koordinator zu benennen.

Die Bereitstellung der Familienunterstützung bindet viele Dienststellen und Behörden. Die Benennung eines Koordinators ist essentiell, um sicherzustellen, dass die zahlreichen Dienststellen miteinander funktionieren, um den Angehörigen und Überlebenden ein Optimum an Hilfe zukommen zu lassen.

Folgende Stellen sind involviert, obwohl es (noch) nicht gesetzlich geregelt ist. Ein Grund mehr, um die bereits mehrfach erwähnte Zusammenarbeit im Voraus zu klären.

Der Flugzeugbetreiber

Viele Luftverkehrsgesellschaften haben so genannte Special Assistance Teams ausgebildet, die im Falle eines Unfalls den Angehörigen allgemeine Hilfestellung geben können und als Verbindungspersonen fungieren. Jedem wird eine Familie zugeteilt. Hilfe kann neben finanzieller Hilfe auch die Unterstützung im Umgang mit Behörden oder bei der Beschaffung von Informationen sein. Die Aufgaben des Team-Mitglieds reichen meist bis hin zur Organisation der Beerdigung. Obwohl diese Team-Mitglieder ausgebildet wurden, sind sie selbst weder Seelsorger noch Psychologen. Sie sollten jedoch in der Lage sein, zu erkennen, ob professionelle Hilfe erforderlich ist und diese ggf. veranlassen.

Aufgrund weiter Entfernungen dauert die Anreise der meisten Special Assistance Teams mehrere Stunden, bis hin zu zwei Tagen. Für die ersten Stunden nach einem Flugunfall ist es wichtig, dass Angehörige wenigstens durch Mitarbeiter des

Luftfahrtunternehmens oder des Flughafens empfangen werden, die eine menschliche Betreuung in diesen ersten Stunden garantieren.

Gerade in den ersten Stunden, in denen keine konkreten Information, insbesondere über Einzelschicksale vorliegen, ist dies eine sehr schwere Aufgabe. Um diese Aufgabe zu erfüllen, ohne sich dabei selbst physisch in Mitleidenschaft zu ziehen, ist zumindest eine Vorbereitung unumgänglich. Es ist unverantwortlich, Mitarbeiter unvorbereitet in eine Situation zu schicken, in der sie Personen gegenüberstehen, die (zumindest glauben), ihre Familienmitglieder verloren zu haben. Ein Mitarbeiter-Seminar von beispielsweise einem Tag kostet nicht viel und gehört zu einer angemessenen Vorbereitung (siehe Punkt 2.5 „Schulung")

Luftverkehrsgesellschaften mit Hauptsitz im Ausland kennen unter Umständen die Mentalität und Gepflogenheiten in anderen Ländern nicht. Eine detaillierte Planung schafft auch hier Abhilfe.

Seit 1997 verfügen alle Luftverkehrsgesellschaften, die in die USA fliegen, über entsprechende Pläne mit der dazugehörigen Infrastruktur. Kleinere Luftverkehrsgesellschaften dagegen, die keine Flüge in die USA haben, sind nicht immer in der Lage, eine angemessene Angehörigen Betreuung zu leisten.

Die zuständige Behörde zur Ermittlung der Ursache des Flugunfalls

Die Aufgaben und Pflichten werden ausführlich an einer anderen Stelle dieses Buches besprochen.

Zuständige Behörde für die Identifizierung der Opfer

Die Polizei, Rechtsmediziner, Gesundheitsbehörden und die Luftverkehrsgesellschaft dürften jeweils eine wichtige Rolle bei der Identifizierung und im Umgang mit den sterblichen Überresten der Opfer spielen. Diese Verantwortung kann aufgeteilt werden, kann aber auch die alleinige Zuständigkeit einer einzelnen Behörde sein, abhängig von den Rechtsvorschriften des Staates, wo sich das Unglück ereignet hat. In der Folge der Identifizierung der Todesopfer müssen Vorkehrungen für die Überführung über internationale Grenzen hinweg getroffen werden sowie für die Bestattung der Opfer gemäß der kulturellen Besonderheiten der Angehörigen.

Die Polizei

In der Regel ist es die Polizei, die unter den ersten Kräften ist, die am Unfallort eintreffen. Bei der Verständigung von Angehörigen über ein Familienmitglied, welches von dem Unglücksfall betroffen ist, kann der Polizei eine bedeutende Rolle zukommen, ebenso im Bereich der Sicherheit und der Rückgabe von persönlichen Gegenständen. In manchen Staaten liegt die Zuständigkeit für die

Identifizierung von Opfern und die Verständigung der nächsten Angehörigen ausschließlich bei der Polizei.

Diplomatisches und konsularisches Personal

Die internationale Struktur des Luftverkehrs erfordert, dass diplomatisches und konsularisches Personal eine Verbindungs- und Koordinierungsrolle spielt, um die Betreuung von Angehörigen zu gewährleisten. Dies kann die Ausstellung von Reisedokumenten für den Notfall betreffen, die Versendung oder den Verzicht auf Visa sowie die Beziehung zwischen den eigenen Behörden, ihren Landsleuten und dem Staat, wo sich das Unglück ereignet hat.

Einwanderungs- und Zollbehörden

Diese Behörden des Staates, in dem sich der Flugunfall ereignet hat, spielen eine wichtige Rolle bei der Erleichterung der Einreise von Angehörigen, Überlebenden und der Überführung der sterblichen Überreste.

Hilfsorganisationen

Hilfsorganisationen verfügen über große Erfahrungen im Umgang mit Angehörigen und Überlebenden von Katastrophen und sind häufig in der Lage, Dienstleistungen zur Verfügung zu stellen, wie etwa Krisenberatung und Unterstützung für die Angehörigen der Opfer eines Unglücks. Das Angebot, auf das man zurückgreifen könnte, umfasst folgende Dienstleistungen:

1. Unterstützung bei der Bereitstellung von Räumlichkeiten für die Angehörigen, um dort in privater Atmosphäre zu trauern.
2. Zusammenkünfte mit Angehörigen, die zum Unglücksort gereist sind sowie Betreuung von Kindern, falls notwendig.
3. Angebot und Koordinierung von Dienstleistungen der Krisenberatung.
4. Kontaktaufnahme mit Angehörigen, die nicht in der Lage sind, zum Absturzort zu reisen und Krisenberatung für diesen Personenkreis sowie Unterrichtung der Angehörigen über die Rolle der Fluggesellschaft und der zahlreichen zuständigen Behörden, sowie Kontaktaufnahme mit diesen Dienststellen.

Autorisierte kommerzielle Unternehmen

Einige Regierungsdienststellen und Fluggesellschaften haben festgestellt, dass der Einsatz von hierzu ermächtigten kommerziellen Unternehmen oder Beratern eine effiziente Art und Weise sein kann, einige Arten der Familienbetreuung anzubieten.

Umfang der Familienunterstützung

Bei der Planung der Angehörigenbetreuung wird festzulegen sein, in welchem Umfang unter jedem Aspekt die Unterstützung gewährt wird, um die umfassenden Ressourcen zu bestimmen, die benötigt werden. In der Folge werden die wichtigeren Aspekte in Betracht gezogen.

Zeitspanne

Die Festlegung des Zeitraums, über den hinweg jegliche Art der Angehörigenbetreuung angeboten werden soll, ist eine wichtige Einschätzung im Rahmen des Planungsprozesses. Die geeignete Dauer der meisten Formen der Betreuung sollte selbstverständlich sein. Die Durchführung der Bestattungszeremonien für die Verstorbenen, Repatriierung der Verletzten, Rückgabe der persönlichen Gegenstände und Vorauszahlungen sind offensichtliche Meilensteine, die diesen Formen der Unterstützung natürliche Grenzen setzen.

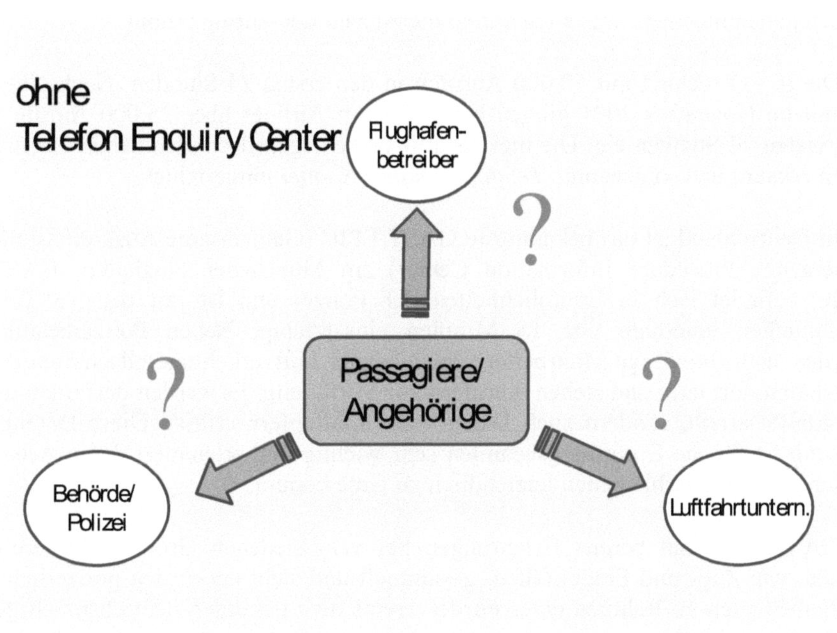

Abb. 4.7. Problem ohne Auskunftszentrum (Grafik: D. Herriman)

Finanzielle Folgen

Die oben aufgeführten Beispiele basieren auf Erfahrungen, die in den USA gemacht wurden. Vor Inkrafttreten des Gesetzes basierte die Betreuung auf einer moralischen Verpflichtung. Die dabei erstandenen Kosten wurden teilweise durch die Luftverkehrsgesellschaften bzw. Versicherungen und Hilfsorganisationen getragen. In dem Moment, wo ein Gesetz verpflichtet, ist damit auch die Kostenfrage geklärt. Wer nämlich verpflichtet ist, eine Leistung zu erbringen, muss auch die Kosten tragen.

4.8 Telefonauskunft

Neben den Angehörigen, die nach einem Unfall zum Flughafen fahren, greifen viele nach Bekanntwerden eines Flugunfalls (zuerst) zum Telefon. In der ersten Medienberichterstattung fehlen meistens wichtige Einzelheiten, wie Flugnummer etc., sodass entsprechend viele verunsicherte Personen eine telefonische Auskunft verlangen. Hinzu kommt, dass mehrere Familienmitglieder gleichzeitig Informationen haben möchten, was letztendlich die Anzahl der Anrufe erhöht.

Die ICAO rechnet mit 50.000 Anrufen in den ersten 24 Stunden. Nach einem Unfall im November 2001 gingen bei American Airlines über 25.000 Anrufe in den ersten 24 Stunden ein. Die meisten Luftverkehrsgesellschaften haben das Problem erkannt und so genannte *Telefone Enquiry Center* eingerichtet.

In Deutschland ist das bekannteste GAST/EPIC (Gemeinsame Auskunftsstelle/ Emergency Procedure Information Center) am Münchener Flughafen. GAST/ EPIC befindet sich in Räumlichkeiten der Polizei und ist mit den 18 Telefonleitungen innerhalb von 15 Minuten einsatzfähig. Neben Polizeibeamten werden auch freiwillige Mitarbeiter verschiedener Luftverkehrsgesellschaften und Flughäfen dort tätig und stehen Anrufern zur Verfügung. Es werden dort nicht nur Auskünfte erteilt, sondern auch Daten von Unfallopfern erfasst. Diese Datenerfassung ist für die Ermittlungsbeamten sehr wichtig und erleichtert deren Arbeit, welches den Hinterbliebenen letztendlich zu Gute kommt.

GAST/EPIC hat bereits Erfahrungen bei verschiedenen Großschadensereignissen, wie Zug- und Flugunfällen, gesammelt und steht neben den polizeilichen Aufgaben auch im Rahmen eines Fördervereins dem gesamten deutschsprachigen Raum zur Verfügung.

Es ist sehr wichtig, die Telefonnummer eines Telefon Enquiry Centers so schnell wie möglich zu veröffentlichen, sodass der Großteil der Anrufer nicht versucht die Luftverkehrsgesellschaft oder den Flughafen telefonisch zu erreichen. Dort stehen in der Regel nicht ausreichend viele Telefonleitungen bzw. Auskunftspersonen zur Verfügung, was neben der unbefriedigenden Situation für den Anrufenden, auch zu einem Zusammenbruch des Telefonnetzes führen kann.

4.9 Seelsorge

Die Notwendigkeit dieser Hilfe erstreckt sich konfessionsübergreifend von Betroffenen, die selbst jemanden verloren haben, über Personen, die dieses schreckliche Ereignis miterlebt haben, bis hin zu Feuerwehrmännern und Sanitätspersonal.

Die meisten Städte und Gemeinden verfügen über eine Seelsorge, die meistens aus dem kirchlichen Umfeld stammt. In vielen Städten sind Notfallseelsorger in Gruppen organisiert, die sich selbst Rufbereitschaften eingerichtet haben. Ebenfalls verfügen viele Flughäfen über eine so genannte Airportseelsorge, die neben ihren täglichen Aufgaben, bei Flugunfällen mit Fachkenntnissen zur Verfügung steht.

4.10 Krisen PR

Selbst die „Sicherheitslandung" (von den Medien meist „Notlandung" genannt) eines Flugzeuges ist für die Medien berichtenswert. Ein Flugunfall mit Todesfolge führt meistens dazu, dass Pressevertreter aus der ganzen Welt den Unfallort aufsuchen. Durch das Wachstum der Nachrichtensender, wie CNN und NTV, ist die Anwesenheit von Journalisten am Unfallort garantiert. Die Praxis zeigt, dass einige Journalisten schon vor den Rettungsdiensten am Ort des Geschehens eintreffen.

Bei dem Absturz der American Airlines in New York (November 2001) erhielt die Luftverkehrsgesellschaft um 08:30 Uhr die Nachricht über das verunglückte Flugzeug. Um 08:40 Uhr berichtete CNN live am Unfallort.

Krisen PR ist ein spezielles Gebiet und soll an dieser Stelle verdeutlichen, dass umfangreiche Vorbereitung notwendig ist.

Zur Vorbereitung zählt die Vorhaltung von vorgefertigten Pressemitteilungen sowie Internetseiten, die im Ereignisfall aktiviert werden können. Die meisten Luftverkehrsgesellschaften verfügen über vorbereitete Seiten, die neben den Fakten über den Unfall auch Daten über den beteiligten Flugzeugtyp liefern.

Auch hier gilt der Grundsatz: Vorher mit den möglichen Beteiligten sprechen und ein mit ihnen abgestimmtes Konzept über eventuelle Presseveröffentlichungen zu entwickeln! Es kann nur schaden, wenn am Unfalltag Vertreter verschiedener Behörden/Organisationen unterschiedliche Angaben machen.

4.11 Zusammenfassung

Ein Flugunfall ist ein kompliziertes Zusammenspiel von fast unendlich vielen Variablen. Beteiligt werden ebenfalls die verschiedensten Personengruppen, die unter Umständen noch nicht die gleiche Sprache sprechen. Ressourcen sind knapp. Deshalb ist es wichtig, der verschiedenen Abläufe noch mal in einer zeitlichen Anordnung zu sehen.

Um darüber hinaus ein mögliches Ausmaß zu verdeutlichen, folgt eine Zusammenfassung der tatsächlich benötigten Kräfte nach einem Flugunfall in Japan im Jahr 1985.

Unfall - JL 123, B747 / 12-8-85
524 Passagiere, davon 4 Überlebende

- Das Identifizierungsteam bestand aus 25 Gruppen mit je 10 Mitgliedern (Polizeibeamte, Gerichtsmediziner, Zahnärzte und Helfer)
- Die Arbeiten dauerten 135 Tage.
- Dabei fielen 41.912 Personenkontakte (Hinterbliebene, Auskunftspersonen u. a.) an.
- Insgesamt ergaben sich 67.631 polizeiliche Kontakte (Erhebungen, Abklärungen, Sachbearbeitung u. a.)
- Ferner waren beteiligt:

  1.086 Ärzte und 1.199 Zahnärzte
  80 Gerichtsmediziner von 12 Universitäten
  173 Gerichtszahnärzte von 5 Universitäten
  587 wissenschaftliche Hilfskräfte
  112.668 Personen waren an der Sachaufklärung beteiligt.

Erfolgreiches Krisenmanagement nach einem Flugunfall setzt eine unfangreiche Vorbereitung voraus. Nur wer gut vorbereitet ist und die Aufgaben der Anderen kennt, hat eine Chance, dass Ausmaß einer Krise zu beeinflussen und weiteren Schaden von sich oder Dritten abzuwenden.

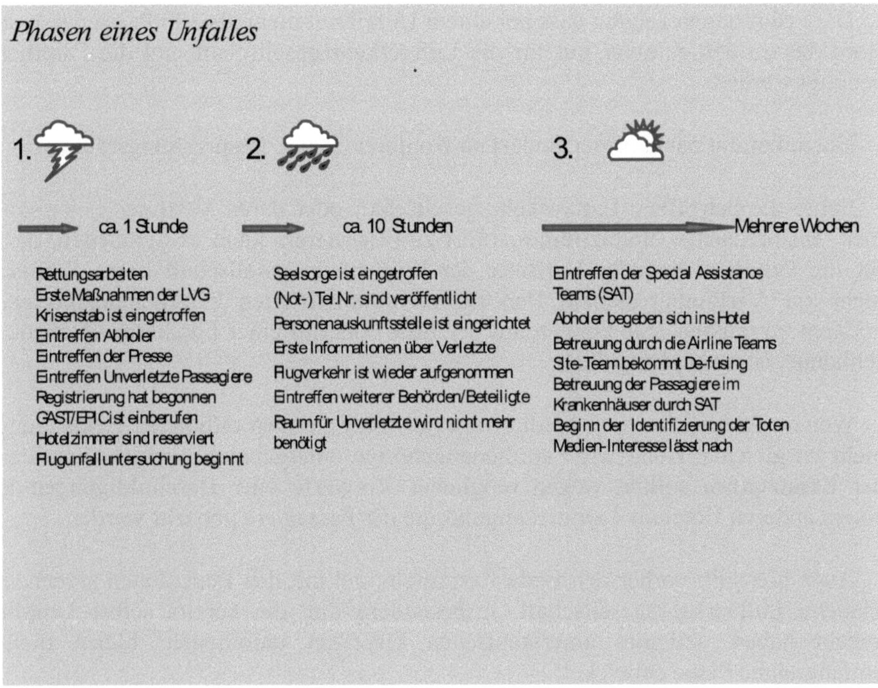

Abb. 4.8. Phasen eines Unfalls (Grafik: D. Herriman)

4.12 Hotels

Am Unfallort bzw. Flughäfen können sich zusätzliche Probleme ergeben, wenn der Bedarf an Übernachtungsmöglichkeiten für die Angehörigen nicht berücksichtigt wird.

Hunderte Reporter samt technischer Ausrüstung, Familienmitglieder, Teams der Luftverkehrsgesellschaft (LVG), Flugunfalluntersucher sowie verschiedene andere Beteiligte stellen fest, dass sie mehrere Tage oder gar Wochen an einem Ort bleiben müssen und versuchen Hotelzimmer zu bekommen.

Die Vertreter der Medien sind darin geübt. Es gibt weltweit und täglich Katastrophen, Kriege, Erdbeben und andere Ereignisse, bei denen solche Angelegenheiten organisiert werden müssen. Mit der Verbreitung des Internets ist es einfach, schnell Hotelzimmer zu reservieren. Darüber, dass die Medienvertreter diese für sich auch schnell organisieren, brauchen wir uns keine Gedanken zu machen. Aber wohin mit den anderen?

Die Erfahrungen zeigen, dass bei einem Unfall mit mehr als 300 Passagieren an Bord, bis zu 450 Zimmer nur für die Luftverkehrsgesellschaft und die Familien benötigt werden.

Hinzu kommt ein enormer Bedarf an Konferenz, bzw. Besprechungsräumen.

Sollte die betroffene Luftverkehrsgesellschaft oder deren Vertreter es versäumen, entsprechende Hotelzimmer sofort zu reservieren, kann es geschehen, dass für die Familien der oder Vertreter der Luftverkehrsgesellschaft keine Zimmer mehr zur Verfügung stehen. Den bereits traumatisierten Familienangehörigen erklären zu müssen „Sie können auf der Erde oder auf einer Flughafen-Sitzbank" schlafen", ist nicht akzeptabel.

Weitere Ansprüche sind: Medienvertreter sollten wegen möglicher Belästigung nicht im gleichen Hotel wie Familienangehörige untergebracht werden. Familien der Besatzungen sollten wegen möglicher Vorwürfe oder Beschuldigungen in einem anderen Hotel als Familienangehörige der Passagiere gebucht werden.

Auch hier gilt: vorher den Bedarf ermitteln und mit den Betroffenen sprechen. Manche Luftverkehrsgesellschaft, insbesondere die, die bereits selbst Unfälle gehabt haben und die amerikanischen Gesetzen unterliegen, haben meist umfangreiche Pläne entwickelt.

Ein Beispiel von United Airlines ist hier abgebildet:

ALARMIERUNGSSTUFEN

Anweisungen: Die Alarmierungsstufe beruht auf der Anzahl der Passagiere an Bord. Falls die genaue Zahl der Passagiere an Bord nicht vorhanden ist, basiert die Hauptalarmierung auf der Anzahl der Sitzkapazität.

Zum Beispiel, eine halbvolle 757 würde Alarmierungsstufe II bedeuten, obwohl sich die Kapazität in der Stufe III befindet.

Alarmierungsstufe	Passagiere an Bord	Sitzgelegenheitskapazitäten
Stufe I	50 oder weniger Passagiere	Beechcraft 1900..............19 Jetstream 1....................19 Jetstream41....................29 Embraer Brasilia..............30 Dash 8...........................37
Stufe II	51 bis 150 Passagiere	Bae ATP .... 64 BAe 146.....................100 Boeing 727..................147 Boeing 737..................115* Airbus 320.................. 144 * durchschnittlich
Stufe III	151 bis 200 Passagiere	Boeing 757...................188 Boeing 757......... ....191* *durchschnittlich

Auch Flughäfen in Deutschland, wie z.B. Düsseldorf International, haben Absprachen mit Hotels getroffen, um im Ereignisfall schnell und unbürokratisch eine geeignete Anzahl Hotelzimmer zu reservieren.

Um die Planung zu erleichtern, ist es mittlerweile im international Flugverkehr üblich, sogenannten Levels (Alarmierungsstufen) anzuwenden. Man unterscheidet zwischen vier mögliche Unfällen und deren Ausmaß.

Aufgrund gemachter Erfahrungen ist es möglich, Tabellen zu erstellen in denen zugrundegelegt ist, was erfahrungsgemäß nach einem Flugunfall benötigt wird. In der folgenden Tabelle kann man ablesen, wie viele Hotelzimmer voraussichtlich benötigt werden.

Ortsteam
Ausstattung, Infrastruktur & Material
Erfordernisse

Beschreibung	Stufe I	Stufe II	Stufe III	Stufe IV
Hotels und Autos hängen von diesen Passagierzahlen ab, die Zimmer müssen der aktuellen Zahl der Passagiere an Bord angepasst werden.	**50**	**150**	**200**	**300**
HOTEL Bemerkung: besser mehr Zimmer als zu wenig				
Familien und Überlebende	40 Zimmer	120 Zimmer	180 Zimmer	260 Zimmer
Spezielle Teamassistenten	25 Zimmer	60 Zimmer	80 Zimmer	100 Zimmer
Gesamtschlafräume	65 Zimmer	180 Zimmer	260 Zimmer	360 Zimmer
Besprechungsräume für 5 bis 10 Personen (mit Sitzgelegenheit, Tisch und Tel.)	4 Zimmer mindestens 67 qm	6 Zimmer mindestens 67 qm	8 Zimmer mindestens 67 qm	10 Zimmer mindestens 67 qm
Bankett, Ballsaal mit einer Kapazität von... (für Familieninformationsveranstaltungen)	mindestens 150 Sitzplätze	Mindestens 330 Sitzplätze	Mindestens 460 Sitzplätze	mindestens 650 Sitzplätze

4.13 Todesopfer

Neben den bereits angesprochenen ICAO–Forderungen hinsichtlich der Identifizierung von Todesopfern ist es wichtig ein Anzahl praktischer Aspekte zu berücksichtigen.

Zuerst muss ein Ort gefunden werden, an dem Leichen oder Leichenteile kurzfristig aufbewahrt werden können. Auf einem Flughafen ist dafür meist eine Flugzeughalle geeignet. Dort können die Expertenteams arbeiten.

Üblicherweise werden Kühlwagen angemietet, um die Aufbewahrung unter geeigneten Temperaturen sicherzustellen.

Im Gegensatz zu den meisten Unfällen mit Todesfolge findet man bei einem Flugunfall häufig keine Leichen. Sollte ein Flugzeug aus größere Höhe abstürzen bzw. bricht es in der Luft auseinander, sind die Folgen für einem menschlichen Körpers verheerend.

Bei einem Flugunfall in Pittsburg in 1985 sind alle 132 Passagiere ums Leben gekommen. Das Flugzeug stürzte aus 1700 Metern ab und prallte mit 493 km/h auf. Die Körperteile der Opfer wurden in Plastikbeutel verpackt und zur Identifizierung gebracht. Für 132 Passagiere wurden 1800 solcher Beutel benötigt.

Bei Flugunfällen wird in erste Linie die Zahnmedizin als eindeutige und schnelle Identifizierungsmethode gebraucht. Die zuständige Gerichtsmediziner lassen sich von die Zahnärzte der jeweiligen Opfer das Zahnbild geben. Jeder Mensch hat, genau wie ein Fingerabdruck, ein individuelles Zahnbild. Die Gerichtsmediziner können relativ einfach einen Vergleich anstellen und einzelne Person identifizieren. Wenn es erforderlich ist, können DNA-Untersuchungen eingeleitet werden, wenn andere Methoden nicht ausreichen. Eine solche Untersuchung ist eine unangenehme Belastung für die Familienangehörigen. Entweder muss eine fremde Person in die Intimsphäre des verstorbenen eindringen, um beispielsweise Haare aus einer Haarbürste zu entnehmen oder es muss ggf. eine Blutuntersuchung bei einem der nächsten Familienangehörigen durchgeführt werden.

Abb. 4.9. Behältnisse für Opfer

Erst nachdem der Tod durch einen Arzt durch Ausstellung eines Todesscheins bestätigt ist, gilt eine Person nach dem Gesetz als tot.

Diese Tatsache alleine ist eine weitere Hürde für die hinterbliebenen Familienmitglieder. Erst nachdem ein Totenschein ausgestellt worden ist, kann die Beerdigung organisiert werden. Die Beerdigung ist aber für den Trauerprozess ein ungemein wichtiger Zeitpunkt. Erst danach kann bei vielen Hinterblieben der Trauerprozess beginnen.

Bei einem Swissair Unfall in 1998, bei dem das Flugzeug in den Atlantik gestürzt ist, hat die Identifizierung lange gedauert. Viele Todesopfer sind erst nach ein Jahr den Unfall sind beerdigt worden.

Nach dem Unfall eines American Airlines Airbus in New York ist den Angehörigen mitgeteilt worden, dass alle Opfer identifiziert wurden und sie die Opfer beerdigen könnten.

Leider hat der zuständige Behörde nicht erwähnt, dass, obwohl alle Opfer identifiziert worden sind, nicht aber alle Leichenteile identifiziert, bzw. zugeordnet und freigegeben wurden.

Drei Wochen nach dem die meisten Opfer beerdigt worden waren, hat die zuständige Behörde erklärt: Wir haben jetzt die restlichen Leichenteile identifiziert und diese können jetzt ebenfalls beerdigt werden!

Ein weiteres Problem ist nach einem Unfall der Air France im Jahr 2000 deutlich geworden. Ohne Totenschein können viele Hinterbliebenen nicht an die Bankkonten der Opfer heran kommen. Auch Versicherungs-Gesellschaften verlangen einen Totenschein bevor die Versicherungssumme ausgezahlt wird.

Das bedeutet, dass unter Umständen neben der ohnehin schlechten psychischen Verfassung für manche Familie auch eine erhebliche finanzielle Belastung entstehen kann.

4.14 Persönliche Gegenstände

Persönliche Gegenstände wie Geldbörsen, Eheringe, Kleidungsstücke etc. haben für viele Angehörige eine für Außenstehende nur schwer vorstellbare Bedeutung.

Abgesehen von dem möglicherweise Fehlen einer Leiche und der damit fehlenden Möglichkeit Abschied nehmen zu können, ist die Rückgabe persönlicher Gegenstände wichtig.

Hierbei sollte auch unbedingt der Zustand dieser Gegenstände berücksichtigt werden. Beispielsweise müssen Blutreste oder Schmutz vor der Rückgabe entfernt werden. Nach den Unfall der US-Air in Pittsburgh, hat die Fluggesellschaft die gefundenen und teilweise blutbefleckten Geldscheine bei einer Bank vorher umtauschen lassen.

Eine Maßnahme, ohne allzu großen Aufwand für den LVG, die jedoch vom größter Bedeutung für die Angehörigen sein kann.

Es existieren weltweit Unternehmen, wie Keynons International, die sich auf das Gebiet der Angehörigenbetreuung spezialisiert haben. Diese Unternehmen stehen bei Luftfahrtunternehmen unter Vertrag und verpflichten sich, diesen Teil der Aufgaben nach einem Unfall zu übernehmen.

Abb. 4.10 Beispiel: Unfallort, Auffinden persönlicher Gegenstände

Wenn Ermittlungsbehörden persönliche Gegenstände als Beweismaterial für Gerichtsverhandlungen benötigen, kann die Wartezeit für eine Rückgabe an die Familienangehörigen lang sein.

Ein Teil des Gepäcks nach dem Lockerbie-Anschlag auf eine PanAm Jumbo-Jet wurde den Angehörigen erst dreizehn Jahre später zugestellt.

In der Praxis wird oft ein Fotoalbum der aufgefundenen Gegenstände angefertigt, das den Hinterbliebenen vorgelegt wird. Hier zeigt die Praxis aber auch, dass manchmal mehrere Familien behaupten, dass der gleiche Gegenstand im Eigentum ihres Angehörigen gewesen sei.

4.15 Kultureller Unterschiede

Flugzeuge transportieren die unterschiedlichsten Menschen durch die ganze Welt. Viele Flugzeuge überfliegen auch unsere Lufträume ohne in Deutschland zu landen. Demzufolge sind Personen fremder Nationalitäten an Bord, die weder unsere Sprache sprechen noch unsere Kultur und Gewohnheiten kennen.

Deshalb kann es geschehen, dass nach einem Flugunfall die Information und eine mögliche Betreuung von Menschen aus verschiedenen Kulturen erforderlich wird. Die verschiedenen Religionen spielen eine große Rolle, besonders dann, wenn wir es mit ihren toten Angehörigen zu tun haben.

Viele Luftverkehrsgesellschaften haben diese Probleme erkannt und verwenden Kataloge, in denen die wichtigsten kulturelle Unterschiede festgehalten sind. Dort findet man Hinweise das bei ein Islamische Beerdigung kein Essen oder Trinken verabreicht wird. Bei einer Sik-Bestattung tragen die Leidtragenden weiße Kleidung, bei den Protestanten dagegen, schwarz.

Ein Buddhist wird niemals begraben, sondern kremiert.

Manche Völker erwarten eine finanzielle Unterstützung, andere dagegen werden höchst beleidigt, wenn man Geld anbietet.

Die zuvor erwähnten *Special Assistance Teams* der LVG bestehen aus vielen jungen Damen. In manche Kulturen wird eine Betreuung durch eine 23 jährigen Frau als Entwürdigung gesehen.

Alles Dinge, die wir normalerweise nicht wissen können, die aber für Menschen, die Familienmitglieder verloren haben, unter Umständen sehr wichtig sind.

Neben den Vorbereitungen bei den Luftfahrtgesellschaften können auch die Botschaften der betroffenen Staaten hier Hilfe leisten.

4.16 Opfervereine

Opfer Vereine sind seit der Verbreitung des Internets seriös geworden. Die Hinterbliebenen eines Flugunfall können aus verschiedene Nationalitäten bestehen. Kontakt ist normalerweise unmöglich. Die Verwendung des Internets kann für jeden Betroffenen einen Kontakt zu anderen Gleichgesinnten aus allen Teilen der Welt ermöglichen.

Es gibt Opfervereine, die durch langjährige Gerichtsverhandlungen eine Luftverkehrsgesellschaft in Misskredit bringen können. Manche sorgen ständig für negative Berichterstattung über eine Luftverkehrsgesellschaft.

Man muss man jedoch anerkennen, dass viele Opfervereine positives dazu beigetragen haben, dass das amerikanische *Aviation Disaster Family Assistance Act* eingeführt wurde und dieses System gut funktioniert.

Mittlerweile fungieren Vertreter bestimmter Vereine als Berater der IATA und von Luftverkehrsgesellschaften. Deren Erfahrung und Beteiligung bei Problemlösungen ist sehr wertvoll und wird geschätzt.

5 Untersuchungsverfahren

Die Untersuchungsverfahren bei einem Flugunfall an der Unfallstelle gleichen zunächst der Befundaufnahme der Polizei, wie sie auch bei Unfällen mit anderen großen Verkehrsmitteln durchgeführt wird. Sie sind Basis für die späteren weiterführenden Untersuchungen, die erforderlich sind, um den Unfallhergang, die wahrscheinlichen Unfallursachen sowie die beitragenden Faktoren zu ermitteln. Der wesentliche Unterschied ist, dass bei der Untersuchung von Flugunfällen auf der Grundlage des *Chicagoer Abkommens, ICAO*, und der *Richtlinie der Rates der Europäischen Union* sowie des *Flugunfall-Untersuchungs-Gesetzes* kein Verschulden festgestellt und keine Haftungsfragen geklärt werden. Außerdem müssen akkreditierte Beobachter und deren Berater des Hersteller-, Entwicklungs-, Eintragungs- und Halterstaats beteiligt werden, wenn diese Staaten es verlangen. Die Beteiligung[9] an der Untersuchung von Flugunfällen im internationalen Luftverkehr ist im Annex 13 zum Chicagoer Abkommen (ICAO) für alle Mitgliedstaaten sowie im *Flugunfall-Untersuchungs-Gesetz (FlUUG)* verbindlich geregelt. Ein weiterer Unterschied ist die klare Trennung der fachlichen und juristischen Untersuchung.

Viele weiterführende Untersuchungen können nicht bei der Bundesstelle in Braunschweig und ebenfalls nicht in der Bundesrepublik Deutschland durchgeführt werden, da nicht immer für den Einzelfall benötigten Fachleute oder Untersuchungslabore zur Verfügung stehen. Der Untersuchungsführer bestimmt, in Abstimmung mit dem Direktor der Bundesstelle und den Fachgruppenleitern, welche Untersuchungen erforderlich sind, wo sie durchgeführt werden können und wer daran beteiligt werden soll. Er koordiniert die Aufgaben der Fachgruppen und legt die Untersuchungsziele fest. In der Regel wird der Fachgruppenleiter bei allen wichtigen Untersuchungen auch im Ausland anwesend sein. Ist das nicht möglich oder erforderlich, werden die im Ausland vorhandenen Untersuchungsstellen gebeten, für die BFU die Aufsicht über diese Teiluntersuchungen zu übernehmen und der Bundesstelle die Ergebnisse zur Verfügung zu stellen. Dadurch bleibt garantiert, dass die Untersuchungen im Sinne der ICAO und des FlUUG fachlich und unabhängig sind und die Ergebnisse vollständig vorgelegt werden. In seiner Fachgruppe ist der Fachgruppenleiter verantwortlich für die Erstellung und Vorlage aller Einzelberichte und einer zusammenfassenden Auswertung seiner Fachbereiche.

[9] §14 FlUUG Teilnehmer am Untersuchungsverfahren

5.1 Untersuchungskammer

Die Untersuchungskammer[10] ist ein Instrument der Bundesstelle für Flugunfalluntersuchung, die bei Unfällen und Störungen von besonderer Bedeutung die Ergebnisse der Untersuchung beurteilt, um einseitige Betrachtungsweisen oder Beurteilungen zu vermeiden. Sie dient im Wesentlichen dazu, in besonderen Fällen nach einer Anhörung die zusammengetragenen Fakten zu ordnen und zu bewerten. Als Kollegialorgan mit übergeordnetem, unabhängigem Beurteilungshorizont verfasst sie den abschließenden Untersuchungsbericht.

Die Untersuchungskammer kann auch bei einem Wiederaufnahmeverfahren[11] eingesetzt werden. Eine Wiederaufnahme einer Untersuchung kann auf Antrag von Betroffenen eingeleitet werden oder wenn neue Beweismittel vorgelegt wurden, die sich auf die festgestellte Unfallursache auswirken könnten.

5.2 Untersuchungsbericht

Die Gliederung des Abschlußberichts in der Form eines Gutachtens (Untersuchungsbericht) ist im Annex 13, ICAO, vorgegeben und somit international standardisiert. Er besteht aus einer Kurzfassung, den Tatsachenermittlungen, einer Analyse, der Ursachen sowie den beitragenden Faktoren. In der Regel sind Sicherheitsempfehlungen und andere Anlagen erforderlich. Der Entwurf des Untersuchungsberichts[12] einschließlich der Anlagen wird den am Untersuchungsverfahren beteiligten Staaten, Behörden und, wenn erforderlich, den Betroffenen zugesandt. Ergeben sich dabei neue Tatsachen, die Auswirkungen auf das Untersuchungsergebnis haben könnten, werden diese in den Abschlußbericht übernommen. Wird den Vorschlägen der beteiligten akkreditierten ausländischen Beobachtern nicht gefolgt, wird deren Stellungnahme dem Bericht als Anhang hinzugefügt. Der Untersuchungsbericht ist öffentlich. Er wird an die Personen, Behörden und Institutionen im In- und Ausland und die Fachpresse verteilt, die das Ergebnis der Untersuchung benötigen. Da der Bericht öffentlich ist, kann ihn jeder, der ein Interesse an den Untersuchungsergebnissen hat, nach der Veröffentlichung erwerben. Die meisten Berichte stehen inzwischen auch im Internet unter www.bfu-web.de zur Verfügung.

Da die Bundesstelle nur anhören darf, besteht die Möglichkeit, dass bestimmte Informationen durch die Betroffenen nicht zur Verfügung gestellt oder bewusst zurückgehalten wurden. Das ist in der Regel der Fall, wenn sich die Betroffenen durch ihre Aussagen selbst belasten würden. Wichtige Informationen gehen auch durch den Tod der Betroffenen oder Vernichtung der für eine Untersuchung erforderlichen Geräte,

10 FlUUG, Fünfter Abschnitt Untersuchungskammer, § 23 Zuständigkeit.

11 FlUUG, § 22 Wiederaufnahme eines Untersuchungsverfahrens.

12 FlUUG, § 18 Untersuchungsbericht.

wie z.B. Flugdatenschreiber, beim Unfall verloren. In solchen Fällen wird versucht, durch Ausschließen anderer Gründe die Ursache zu ermitteln (Ausschlussverfahren). Bringt auch dieses Verfahren keine sicheren Ergebnisse, wird der Bericht mit dem Vermerk „Ursache nicht feststellbar“ abgeschlossen.

Wenn zu einem späteren Zeitpunkt neue Beweismittel vorgelegt werden, die geeignet sind, den Unfallhergang anders darzustellen und Einfluss auf die Ursache haben könnten, kann eine Wiederaufnahme des Untersuchungsverfahren und gegebenenfalls die Änderung des Untersuchungsberichts beantragt werden. Aus den gleichen Gründen kann auch die Bundesstelle von sich aus ein Wiederaufnahmeverfahren einleiten.

Die Untersuchungsakten[13] werden bei Unfällen, bei denen Personen tödlich verletzt wurden 30 Jahre, alle anderen 20 Jahre aufbewahrt. Akteneinsicht wird in begründeten Fällen in den Räumen der Bundesstelle gewährt.

5.3 Sicherheitsempfehlungen/Sofortmaßnahmen

Wenn zu irgend einem Zeitpunkt während der fachlichen Untersuchung an der Unfallstelle oder während der weiterführenden Untersuchungen, Mängel, die den sicheren Betrieb von Luftfahrzeugen beeinträchtigt könnten, festgestellt werden, wird die Bundesstelle umgehend geeignete Maßnahmen zu deren Abstellung vorschlagen. Diese Sicherheitsempfehlungen[14] sind immer an ein bestimmtes Unternehmen, eine Behörde, Organisation oder Person gerichtet, sowie an die Stellen, die für die luftrechtlichen Genehmigungen, Zulassungs- und Überwachungsverfahren verantwortlich sind. Für die Durchführung der erforderlichen Maßnahmen sind die betroffenen Personen, Unternehmen oder Behörden verantwortlich.

Stellen sich während der Untersuchung oder Auswertung des Unfalls Mängel heraus, die den sicheren Betrieb von Luftfahrzeugen beeinträchtigen können, gibt die Bundesstelle für Flugunfalluntersuchung nach Abschluss der Untersuchung und mit der Veröffentlichung des Berichts Sicherheitsempfehlungen heraus. Bei diesen Sicherheitsempfehlungen handelt es sich um die Abstellung grundsätzlicher Mängel, bei denen keine unmittelbare Gefahr für einen sicheren Flugbetrieb besteht. Das Verfahren gleicht ansonsten dem der Sofortmaßnahme und ist ebenfalls immer an bestimmte Adressaten sowie die entsprechenden Aufsichtsbehörden gerichtet. Eine Sicherheitsempfehlung kann auch das Ergebnis einer Auswertung verschiedener auch internationaler Berichte über Unfälle oder Störungen beim Betrieb von Luftfahrzeugen (z.B. Störungen an bestimmten Triebwerken oder Steuerorganen) oder der Auswertung ausländischer Sicherheitsempfehlungen sein.

[13] FlUUG, § 27 Aufbewahrungs- und Löschungsfristen.

[14] FlUUG, § 19 Sicherheitsempfehlungen.

6. Interdisziplinäre Zusammenarbeit

Sobald die Bundesstelle für Flugunfalluntersuchung über den Unfall eines Luftfahrzeuges informiert wurde, wird ein Mitarbeiter als Untersuchungsführer bestimmt und das vorläufige Untersuchungsteam zusammenstellt, das sobald wie möglich zur Unfallstelle ausrückt. Die Bundesstelle wird die zuständige Polizeidienststelle umgehend darüber unterrichten, den Namen des Untersuchungsführers und die Zahl der Mitarbeiter bekannt geben, und mitteilen, wann und mit welchem Verkehrsmittel diese voraussichtlich an der Unfallstelle eintreffen werden. Gleichzeitig wird ein Beauftragter für Unfalluntersuchung alarmiert, der als Vorkommando für das Untersuchungsteam tätig werden soll. Diese Information wird ebenfalls an die zuständigen Polizeidienststellen weitergegeben. Zunächst sollte die Polizei, außer den Feuerwehren und den Rettungskräften, nur der Strafverfolgungsbehörde und den Mitarbeitern der Bundesstelle für Flugunfalluntersuchung Zugang zu der Unfallstelle und dem Wrack gewähren. Das setzt voraus, dass die Polizei frühzeitig geeignete Absperrmaßnahmen einleitet. Alle anderen Personen, gleichgültig mit welchen Motiven sie sich Zugang verschaffen wollen, dürfen, da das Wrack und die Unfallstelle nicht freigegeben sind, nur mit Zustimmung des Untersuchungsführers[15] der Bundesstelle und in Absprache mit der Strafverfolgungsbehörden Zutritt zur Unfallstelle, dem Wrack oder seinem Inhalt erhalten. Das betrifft im besonderen Vertreter des Eigners oder Halters des Luftfahrzeugs. Vertreter der Presse oder anderer öffentlicher Medien sowie Zuschauer, die in der Regel in einem sehr frühen Stadium an der Unfallstelle erscheinen, sollten in einem Sicherheitsbereich außerhalb der Gefahrenbereiche bleiben. Nach seinem Eintreffen am Unfallort wird der Untersuchungsführer sofort Kontakt zu der Einsatzleitung vor Ort aufnehmen, um dort die weiteren Verfahren zu besprechen.

Eine strenge Zugangsregelung sollte aber auch für alle Helfer an der Unfallstelle gelten. Zu Beginn der Rettungsarbeiten stehen in der Regel ausreichend Helfer zur Verfügung, die auch benötigt werden, da das Ausmaß der Katastrophe zu diesem frühen Zeitpunkt noch nicht eingeschätzt werden kann. Sobald die Löscharbeiten abgeschlossen und die Verletzten und sonstigen Überlebenden geborgen sind, entsteht eine Phase der Ruhe, in der die meisten Helfer vor Ort nicht mehr unmittelbar benötigt werden. Um den Unfallort zu entlasten und ungewollte Veränderungen zu verhindern, sollen alle Personen, die nicht mehr benötigt werden, die unmittelbare Unfallstelle verlassen und sich in Bereitstellungsräume zurückziehen.

---

[15] FlUUG, § 12 (1) Unfallstelle.

Die Erfahrungen aus Großübungen der Verkehrsflughäfen und Unfällen zeigen, dass bis zu zwei Stunden nach dem Ereignis immer noch alarmierte Feuerwehr- und Sanitätsfahrzeuge aus der Umgebung an der Unfallstelle eintreffen. Zu diesem Zeitpunkt ist das Feuer meistens bereits gelöscht und alle Verletzten sind geborgen worden. Der unnötige Zustrom an Fahrzeugen und Personal muss rechtzeitig unterbunden werden, damit die Schadensstelle nicht unnötig belastet wird. Die Zufahrtstraßen werden blockiert und der zügigen Abtransport der Verletzten wird behindert. Bei all diesen Aufgaben ist Führung unmittelbar an der Ereignisstelle gefragt, die nur durch eine optimal zusammengesetzte Einsatzleitung erreicht werden kann. Bei allen notwendigen Maßnahmen sollte bedacht werden, dass Spuren nicht unnötig zerstört und Beweismittel für die nachfolgenden Untersuchungen an ihrer Fundstelle belassen werden. Sie dient aber auch dem Schutz vor den Gefahren, die vom Wrack oder den Opfern ausgehen können.

Die Aufgabe der Bundesstelle für Flugunfalluntersuchung ist die fachliche Untersuchung eines Unfalls oder einer schweren Störung. Sie kann und darf, anders als die Strafverfolgungsbehörde oder die Polizei, weder ein Verschulden feststellen noch Haftungsfragen klären. Da sich jedoch Aufgaben an der Unfallstelle wie Vermessen, Dokumentieren, Photographieren, Sicherstellen usw. zum Teil mit den Aufgaben der Strafverfolgungsbehörden überschneiden, ist die dauerhafte Zusammenarbeit zwingend erforderlich. Entsprechende Regelungen findet man im *Flugunfall-Untersuchungs-Gesetz (FlUUG)*. Bei bestimmten Aufgaben an der Unfallstelle, wie z.B. der Regelung des Zugangs oder geeigneter Absperrmaßnahmen, kann der Untersuchungsführer nur im Konsens mit der Polizei wirksame Entscheidungen herbeiführen. Deshalb wird der Untersuchungsführer der Bundesstelle den ständigen Kontakt zum zuständigen Staatsanwalt und der Kriminal- und Schutzpolizei suchen und auch in der Einsatzleitung vor Ort präsent sein.

6.1 Aufnahme der Untersuchung

Ein gewisses Chaos an der Unfallstelle ist am Anfang nicht zu vermeiden. Vorschriften und Checklisten sind zunächst von untergeordnetem Wert. Sie helfen jedoch, gewisse Automatismen in Gang zu setzen und sind eine grobe Leitlinie für den Einzelfall. Sie ersetzen in keinem Fall eine straffe und klar erkennbare Führung der Einsatzkräfte an der Unfallstelle. Es fallen gleichzeitig eine Reihe von Aufgaben an, die man in der Theorie besprochen, jedoch in dieser Häufung in der Regel noch nicht in der Praxis erprobt hat. Die Unfallstelle und die Zu- und Abfahrtswege sind zu sichern, Menschenleben zu retten, Verletzte zu bergen, Feuer zu löschen, Wertsachen zu sichern und vergängliche Spuren vor Zerstörung zu bewahren. Gleichzeitig ist auf auslaufendes Kerosin und eventuell vorhandene gefährliche Güter zu achten. Die sofortige Koordination der vorhandenen Kräfte gehört zu den wichtigsten Führungsaufgaben, um einen Erfolg der Rettungs- und Sicherungsmaßnahmen und anderer nebeneinander ablaufenden Aktionen zu erreichen. Eine der primären Aufgaben der Polizei ist es, sofort durch geeignete Absperrmaßnahmen der Polizei den Zugang zur

Unfallstelle und dem Wrack zu regeln. Die zwangsläufigen Veränderungen an der Unfallstelle und dem Wrack durch Lösch- und Rettungsmaßnahmen erfordern es, diese von Beginn an durch Fotos, Videos und/oder auf andere Weise zu dokumentieren. Zur fachlichen Unterstützung der Einsatzleitung vor Ort und um die Forderungen der Flugunfalluntersuchung durchzusetzen, wird die Bundesstelle bemüht sein, frühzeitig einen Beauftragten für Flugunfalluntersuchungen als Vorkommando für den Untersuchungsführer an die Unfallstelle zu entsenden.

Zusätzlich entstehen Aufgaben am Rande der Unfallstelle, die man berücksichtigen muss. Besonders auf Flughäfen müssen außer den verletzen Unfallopfern, Angehörige und Abholer betreut werden. Viele von ihnen werden sich bereits während des Unfalls im Flughafenterminal aufhalten. Diese Aufgabe wird in der Regel sowohl vom Flughafenpersonal als auch vom betroffenen Luftfahrtunternehmen wahrgenommen. Gleichzeitig müssen Auskunftsstellen der Polizei und anderer lokaler Behörden eingerichtet werden. Die Abholer und Angehörigen müssen vor der Öffentlichkeit geschützt werden. Dazu sind besondere Räumlichkeiten erforderlich. Die Landesbehörden, die Polizei, die ansässigen Luftfahrtunternehmen sowie die Rettungseinheiten sollten sich durch geeignete und untereinander abgestimmte Alarmpläne und gemeinsame Übungen auf einen Großunfall vorbereiten. Eine gute Vorbereitung aller Beteiligten auf einen möglichen Flugunfall mit katastrophalen Ausmaßen ist dringend erforderlich, um den Unfall nicht nachträglich zur Katastrophe werden zulassen. Im internationalen Luftverkehr muss man immer mit Menschen unterschiedlicher Nationalitäten rechnen, die die deutsche Sprache nicht verstehen. Aus diesem Grund sollten ausreichend ausländische Mitarbeiter angeworben und geschult werden, die dann mit ihren besonderen Sprachkenntnissen zur Verfügung stehen. Sie müssen geschult werden, mit verzweifelten, unter Schock stehenden und schwerstverletzten Opfern umzugehen sowie den Angehörigen von Toten konfrontiert zu werden. Der Einsatz von Helfern an der Unfallstelle ohne ausreichende Vorbereitung ist leichtfertig und kann mehr Schaden als Nutzen für die Betroffenen, Opfern und auch bei den Helfern bringen. In vielen Fällen wird, auch bei einem ausreichenden Training für den Ernstfall, eine psychologische Nachbetreuung der Helfer erforderlich werden. In vielen Bundesländern bestehen Gruppen kirchlicher Vertreter und Psychologen, die bei einem Großunfall von sich aus oder auf Anforderung unterstützend tätig werden können.

Alle anwesenden Rettungs- und Sicherungskräfte werden zunächst für erste Maßnahmen an der Unfallstelle benötigt. Nach dem Löschen des Brandes und dem Retten von Menschenleben, sobald sich die Aktivitäten an der Unfallstelle reduzieren, ist es sinnvoll, die nicht unmittelbar benötigten Kräfte in Bereitstellungsräume außerhalb der Unfallstelle zurückzuziehen. Dadurch verhindert man auch, dass wertvolle Spuren, die der Aufklärung der Unfallursache dienen können, ungewollt verändert oder vernichtet werden. Diese Maßnahme dient auch der persönlichen Sicherheit der Hilfskräfte vor Ort, da die meist heißen und scharfkantigen Wrackteile eine Vielzahl von Verletzungsmöglichkeiten bieten. Der Aufenthalt zwischen Wrackteilen ist immer gefährlich. Durch auslaufendes Kerosin, andere Betriebsstoffe, Sauerstoff oder gefährliche Güter, toxische Gase, Feuer und Explosionen können immer wieder neue und unerwartete Gefahren auftreten. Die nicht mehr benötigten Helfer vor Ort könnten unter Umständen den Fortgang der Untersuchungen behindern. Hat das Wrack gebrannt, muss man zusätzlich mit ständig neuaufflackernden Flammen rechnen und es muss durch die Feuerwehr gesichert werden. Außer der Feuerwehr sollte sich niemand zwischen den Wrackteilen aufhalten, bis diese den Untersuchungskräften das Betreten der Unfallstelle oder des Wracks erlaubt und keine unmittelbare Gefährdung mehr vorhanden ist. Durch die Feuerwehr muss umgehend festgestellt werden, ob und welche gefährlichen Güter an Bord sind und ob von diesen Gefahren ausgehen. Informationen darüber können über den Betreiber des Flugzeugs oder den Luftfrachtführer eingeholt werden.

6.2 Eintreffen der Mitarbeiter der Bundesstelle

Die Bundesstelle für Flugunfalluntersuchung ist am Flugplatz in Braunschweig-Waggum beheimatet. Das bedeutet, dass bis zum Eintreffen der Mitarbeiter an der Unfallstelle in der Regel mehrere Stunden vergehen können. Die Anreise wird in der Regel mit Einsatzfahrzeugen (ausgerüstet mit Blaulicht, Martinshorn und Telefon) durchgeführt. Die Unfallstelle soll bis zum Eintreffen der Mitarbeiter der Bundesstelle möglichst unverändert bleiben, wobei Retten, Löschen und Sichern selbstverständlich Vorrang vor allen anderen Maßnahmen haben. Für die Untersuchung der Überlebensaspekte ist es erforderlich zu wissen, welche Insassen wo gesessen oder wo sich Besatzungsmitglieder während des Unfalls aufgehalten haben. Sollte es zwingende Gründe geben weit außerhalb der Unfallstelle liegende Opfer sofort zu bergen, müssen diese und die Fundstelle ausreichend dokumentiert und fotografiert werden. Die Forderung der Flugunfalluntersuchung die Opfer zunächst an der Fundstelle zu belassen, erzeugt gelegentlich Konflikte mit den Rettungskräften vor Ort, die sofort mit der Bergung beginnen möchten. Gelegentlich können Probleme mit den Strafverfolgungsbehörden entstehen, weil diese die Opfer zu einem frühen Zeitpunkt von der Unfallstelle bergen und damit aus dem Blickfeld der Öffentlichkeit entfernen möchten. Die Lage und Sitzposition der Opfer gibt jedoch oft nützliche Hinweise für die fachliche Untersuchung für Fragen, wer wo gesessen oder wer das Flugzeug gesteuert hat oder welche Tätigkeit ein Besatzungsmitglied in der Passagierkabine zum Unfallzeitpunkt ausgeführt hat.

Um die Zeit bis zum Eintreffen der eigenen Mitarbeiter zu überbrücken, wird die Bundesstelle bemüht sein, einen Beauftragten für Unfalluntersuchung, der in der Nähe wohnt, so früh wie möglich an die Unfallstelle zu entsenden. Aufgabe des Vorkommandos ist es, die Bundesstelle zu informieren, vergängliche Spuren zu sichern, Verbindung mit der Einsatzleitung des Katastrophenschutzes vor Ort und den Rettungs- und Sicherungskräften aufzunehmen und diese, falls dies erforderlich wird, fachlich zu beraten. Er hat außerdem dafür zu sorgen, dass die Unfallstelle bis zum Eintreffen des Untersuchungsführers der BFU möglichst unverändert bleibt oder die durch die Bergung zwangsläufigen Veränderungen ausreichend dokumentiert wurden.

Unmittelbar nach dem Eintreffen am Ereignisort wird sich der Untersuchungsführer mit der Einsatzleitung an der Unfallstelle, den Strafverfolgungsbehörden und Rettungskräften in Verbindung setzen, um sich über den Stand der Dinge zu informieren. Danach sollte er die Unfallstelle und das Wrack besichtigen und mit der Einsatzleitung das weitere Vorgehen besprechen.

6.3 Einsatz von Experten

Der Untersuchungsführer der Bundesstelle wird, sobald er sich einen Überblick verschafft hat, Fachgruppen bilden. Die Fachgruppen setzen sich aus den Fachgruppenleitern, die die Bundesstelle stellt, und Experten zusammen, die der Untersuchungsführer in Absprache mit dem Leiter der Bundesstelle für diese Aufgabe verpflichtet. Die Fachgruppenleiter erarbeiten Berichte über die durchgeführten Untersuchungen. Die Teilberichte werden vom Untersuchungsführer ausgewertet und zu einem Gesamtbericht zusammengefasst. Die Arbeit der Fachgruppe beginnt je nach Aufgabenstellung an der Unfallstelle oder in Braunschweig und endet mit der Erstellung des Untersuchungsberichtes. Der Leiter der Bundesstelle kann jederzeit zusätzliche Experten verpflichten, die fachliche Beiträge zur Untersuchung der Unfallursache einbringen können. Er kann auch andere Fachgruppen oder externe Experten als die im Kapitel 3 beschriebenen einsetzen, wenn es für das Untersuchungsergebnis dienlich ist. Dies gilt bei Bedarf auch für Experten des Hersteller-, Halter- oder Eintragungsstaats.

6.4 Gegenseitige Unterrichtung

Die Erfahrungen bei der Untersuchung von Unfällen mit großen Luftfahrzeugen haben gezeigt, dass es erforderlich ist, alle an der Untersuchung an der Unfallstelle beteiligten Behörden sowie die anwesenden bevollmächtigten Vertreter anderer Staaten laufend über den Fortschritt der Untersuchungen zu informieren. Der Untersuchungsführer muss täglich vor Beginn der Untersuchungstätigkeiten mit den Leitern der anderen Behörden und sonstigen Dienststellen die Aufgaben festlegen und zum Abschluss des Tages die erledigten Arbeiten der bisherigen Untersuchungen besprechen. Dabei sollten die noch ausstehenden Aufgaben mit den anderen Beteiligten diskutiert werden, um neue Zielsetzungen für die nächsten Tage festzulegen.

6.5 Vertreter der Unternehmen und technische Repräsentanten

Spätestens zwei Tage nach Bekannt werden eines Unfalls werden Vertreter des Halters des Luftfahrzeugs und technische Repräsentanten der Hersteller von Flugzeugkomponenten an der Unfallstelle eintreffen und auf direkten Zugang zur Unfallstelle und dem Wrack bestehen. Sie sind in der Regel keine Bevollmächtigten der Staaten, die berechtigt sind, an der Untersuchung beteiligt zu werden. Grundsätzlich besteht für sie als indirekt Betroffene keine Rechtsgrundlage für eine Beteiligung, es sei denn, sie sind gleichzeitig als Berater des bevollmächtigten Vertreters eines Staates benannt. Das Interesse der meisten technischen Repräsentanten ist es, einen wirtschaftlichen Schaden für das eigene Unternehmen so gering wie möglich zu halten (Beispiel: Produkthaftung). Aus diesem Grunde werden sie versuchen, so schnell wie möglich Zugang zu Flugzeugkomponenten, den Flugschreibern oder anderen Unterlagen für eigene Auswertungen zu erhalten. Sie machen dabei meist besondere Sachkenntnisse geltend oder verweisen auf die Nutzung eigener technischer Untersuchungs- und Auswertemöglichkeiten. Sie versprechen dabei großzügig, die Ergebnisse ihrer Untersuchungen der Polizei und der Flugunfalluntersuchungsstelle zügig zur Verfügung stellen zu wollen. Der Halter des Luftfahrzeugs oder seine Vertreter haben als mittelbar Betroffene keine Verfügungs- oder Untersuchungsrechte bis die Untersuchungen an der Unfallstelle abgeschlossen wurden und das Wrack, oder dessen Teile, durch die Bundesstelle für Flugunfalluntersuchung *und* die Strafverfolgungsbehörden freigegeben sind. Eine Beteiligung des Betreibers des Flugzeugs an der Untersuchung ist grundsätzlich sinnvoll, muss jedoch in jedem Falle mit dem Untersuchungsführer abgestimmt werden. Der Zugang der Vertreter des Luftfahrtunternehmens zur Unfallstelle darf nur unter der Aufsicht von Mitarbeitern des Untersuchungsführers der Bundesstelle erfolgen. Die Personen, die eine Berechtigung zum Betreten der Unfallstelle erhalten, müssen für die Zeit des Zuganges zur Erkennung eine Armbinde oder andere geeignete Kennzeichnung sichtbar tragen. Diese sind beim Verlassen des Unfallortes abzugeben.

Ähnlich werden einige technischen Repräsentanten der Systemhersteller (Triebwerk, Fahrwerk, Zelle, usw.) auf freien Zugang zur Unfallstelle bestehen. Auch diese haben keine Rechte, eigene Untersuchungen an der Unfallstelle durchzuführen. Sie haben gemäß Annex 13, ICAO, und dem FlUUG das Recht auf Information, die sie durch den Untersuchungsführer der Bundesstelle erhalten werden. Der Zugang zur Unfallstelle wird, falls im Einzelfall erforderlich, wie bei den Vertretern des Halters geregelt.

6.6 Bevollmächtigte Vertreter anderer Staaten

Nach den Richtlinien und Empfehlungen des Annex 13, ICAO sowie des FlUUG, haben der Eintragungs-, Halter-, Hersteller- und der Entwicklungsstaat das Recht, bevollmächtigte Vertreter und deren Berater an die Unfallstelle zu entsenden und den Ereignisstaat zu ersuchen, diese an der Untersuchung zu beteiligen. Diesem Ersuchen wird entsprochen, besonders wenn diese Repräsentanten sachkundig sind, was in der Regel der Fall ist. Bevollmächtigte Vertreter der oben genannten Staaten können verlangen, dass die Unfallstelle bis zu ihrem Eintreffen unverändert bleibt. Voraussetzung ist, dass sie in einer angemessenen Frist an der Unfallstelle eintreffen können (siehe Kapitel 13, Annex 13 - ICAO). Sollte das der Fall sein, wird die Bundesstelle die eintretende Verzögerung mit den Strafverfolgungsbehörden abstimmen. Die bevollmächtigten Vertreter ausländischer Staaten und deren Berater erhalten durch den Untersuchungsführer der Bundesstelle uneingeschränkten Zugang zur Unfallstelle, den Beweismitteln und Untersuchungsergebnissen. Sie sind berechtigt, an Besprechungen teilzunehmen und eigene Untersuchungen und Anhörungen von Zeugen und Betroffenen vorzuschlagen.

Der Untersuchungsführer kann andere Personen, z. B. Vertreter anderer ausländischer Untersuchungsstellen, als Beobachter bei der Untersuchung zulassen. Die Rechte dieser Personen sind eingeschränkt und werden im Einzelfalle durch den Untersuchungsführer festgelegt.

6.7 Verhalten gegenüber öffentlichen Medien

Die Presse hat grundsätzlich das Recht[16], sich aus allgemein zugänglichen Quellen ungehindert zu unterrichten. Die Landespressegesetze regeln die Rechte und Pflichten für ihrem Zuständigkeitsbereich. Grundsätzlich sind Behörden verpflichtet, Auskünfte an die Presse und andere öffentliche Medien zu erteilen. Eine progressive Zusammenarbeit zwischen den Medien und der an der Unfallstelle vertretenen Behörden kann zu einer wahrheitsgemäßen und nicht spekulativen Berichterstattung beitragen. Sie verhindert insbesondere negative Schlagzeilen und Berichte, die aufgrund fehlender Informationen, geäußerten Vermutungen oder eines möglichen Verschweigens von Fakten angestellt werden könnten.

Die Pressearbeit sollte nur von dafür geschulten Personen durchgeführt werden. Jede Behörde hat in der Regel einen Pressesprecher. Bei einem Flugunfall ist es sinnvoll, diese Aufgabe der Staatsanwaltschaft oder einem dazu bestimmten Sprecher der Strafverfolgungsbehörde zu überlassen. In jedem Fall sollte eine mit allen Beteiligten abgestimmte Presseerklärung vorbereitet werden, die solange Gültigkeit hat, bis neue Erkenntnisse ein Update erfordern. Auskünfte über Personen sollten ausschließlich durch die Staatsanwaltschaft bzw. die Polizei gegeben werden. Eine Absprache darüber, wer die Pressearbeit übernimmt, sollte unbedingt rechtzeitig zwischen den Leitern der anwesenden Behörden erfolgen. Der betroffene Flughafen und das Luftfahrtunternehmen haben eigene Pressesprecher, die unabhängig von den betroffenen Behörden ihrer eigenen Auskunftspflicht nachkommen werden.

In der Regel wird die Bundesstelle für Flugunfalluntersuchung bei Großunfällen keine eigenen Pressekonferenzen abhalten, sondern sich, wenn erforderlich, an denen der Strafverfolgungsbehörden oder ggf. des betroffenen Flughafens beteiligen. Auskunftsberechtigt bei der Bundesstelle ist ausschließlich der Untersuchungsführer sowie der Direktor der Bundesstelle für Flugunfalluntersuchung. Sie werden grundsätz-

[16] Grundgesetz, Art. 5 Meinungsfreiheit.

lich nur zu festgestellten Tatsachen und nicht zu möglichen Ursachen Stellung nehmen. Die akkreditierten Vertreter anderer Staaten sind ohne Zustimmung der Untersuchungsführers nicht berechtigt, Auskünfte über die Ergebnisse der Untersuchung zu geben. Eine Missachtung kann zum Ausschluss von der Untersuchung führen. Pressesprecher der Unternehmen oder Behörden sollten grundsätzlich keine Gespräche zwischen Journalisten und Mitarbeitern der Bundesstelle vermitteln oder sich selbst zu Unfallursachen äußern.

Mit einem frühen Erscheinen von Vertretern der Presse und anderer Medien sollte man ebenso rechnen, wie mit dem unvermeidlichen Auftauchen vieler Schaulustiger an der Unfallstelle. Von dem Unfall des El Al-Jumbo (B747) in Amsterdam berichtete die niederländische Polizei, dass noch in der ersten Nacht über 100 und am nächsten Tage mehr als 1 000 Medienvertreter an der Unfallstelle waren. Besonders auf großen Flughäfen ist zu beobachten, dass die Journalisten durch deren Pressebeauftragte teilweise bis zur Unfallstelle vorgelassen werden oder weit hinter den Absperrungen filmen oder Interviews aufnehmen dürfen. Auch wenn das öffentliche Informationsbedürfnis groß ist und die Presse ein Recht auf freie Berichterstattung hat, darf das nicht dazu führen, dass die Arbeiten der Rettungskräfte, der Polizei und der Untersucher der Bundesstelle gestört oder Wrackteile und Spuren an der Unfallstelle verändert oder vernichtet werden. Grundsätzlich muss zusätzlich für die Sicherheit der Personen gesorgt werden, die sich der Unfallstelle oder dem Wrack nähern wollen.

Bei Kontakten mit Journalisten sollte man beachten, dass jedes, auch ein sogenanntes privates Gespräch, wie ein Interview betrachtet werden muss. Man sollte sich hüten, allgemeine Botschaften zu verbreiten, und ausschließlich bei den festgestellten Tatsachen bleiben. Diese sollten auch nicht ausgelegt werden und die Kommentare nicht länger als notwendig ausfallen. Lange, besonders nicht fundierte Monologe bieten immer Angriffsflächen, die letztlich den Interviewten schaden oder zu nicht geplanten Aussagen verleiten. Journalisten werden immer selbst entscheiden, was sie als wichtig und berichtenswert erachten. Ein zu vertraulicher Umgang ist, auch wenn man den Journalisten persönlich kennen sollte, weder angebracht noch der Situation angemessen. Gute Journalisten werden immer eine eindeutige und fachlich fundierte Information der Medien durch einen kompetenten Sprecher zu schätzen wissen. Offenheit ist die Basis jeder vernünftigen Information, sie endet aber dort, wo die Spekulation beginnt. Es schadet einem Pressesprecher nicht, wenn er erklärt, dass er etwas nicht oder noch nicht weiß und gegebenenfalls auf die nächste Pressekonferenz verweist. Man sollte unbedingt beachten, dass eine gute Pressearbeit hilfreich für den gesamten Verlauf der Untersuchungen und der Beteiligten und Betroffenen sein kann. Sie reduziert öffentliche Spekulationen, erspart unnötige Rückfragen und animiert die Journalisten nicht, die gewünschten Auskünfte bei Dritten einzuholen. Es hat sich als absolut falsch herausgestellt, eine Zusammenarbeit mit der Presse oder anderen öffentlichen Medien abzulehnen, da keine oder nur bruchstückhafte Informationen in der Regel eine negative Resonanz erzeugen, die später kaum reparabel ist. Die Öffentlichkeit hat ein Recht auf Information – Spekulationen schaden letztlich allen.

6.8 Umgang mit Schaulustigen

Schaulustige sind an jeder Unfallstelle schnell vor Ort. Sie drängen an die Unfallstelle, blockieren Zufahrten, behindern die Helfer, reagieren aggressiv, sammeln Souvenirs und sie werden von den Kräften an der Unfallstelle häufig als zusätzlicher Stress empfunden. Neugierde und Sensationslust sind sehr menschliche Attribute. Es ist schon etwas Besonderes, einen Unfall aus nächster Nähe zu sehen und nicht nur im Fernsehen zu betrachten. Das ist ja auch ein Grund, weshalb Menschen so gern zu Autorennen oder Flugschauen gehen. Dabei gibt es die Kaltblütigen, die sofort einen Fotoapparat oder eine Videokamera zur Hand haben und alles im Bild festhalten. Oft ist damit die Hoffnung verbunden, das Bildmaterial für horrende Summen an die Medien verkaufen zu können. Einzelne Neugierige kann man leicht hinter eine Absperrung verweisen. Anders ist das bei großen Menschenmassen, die wie ein Block stehen und auf Argumente, wie z.B. „Es ist gefährlich dort zu stehen", nicht reagieren. Auf solch allgemeine Argumente folgt meist nur ein allgemeines Gemurmel oder sogar Aggression, wie: „Wollen Sie mich etwa vertreiben?" oder „Dies ist öffentliches Gelände, ich darf hier stehen!". Meist fühlen sich die Helfer vor Ort stärker belästigt als die Opfer. Da es keine Möglichkeit gibt das Auftauchen Neugieriger und von Gaffern zu verhindern, muss man sie tolerieren, solange sie nicht stören, die Sicherheit nicht beeinträchtigen oder selbst gefährdet werden könnten und wenn sie sich in einem akzeptablen Abstand zum Geschehen aufhalten.

Es gibt verschiedene Möglichkeiten, diese Störungen durch einfache Maßnahmen in Grenzen zu halten. Hilfreich, aber bei Großunfällen schlecht durchführbar, ist auch das Aufstellen von Sichtblenden. Die einfachste und wirksamste Methode ist eine konsequente innere und äußere Absperrung der Unfallstelle[17] durch die Polizei. Dabei ist eine deutliche Markierung der Zugangsbegrenzungen durch Flatterband, Fahrzeuge und Personal sehr wirkungsvoll. Eindringende Personen müssen sofort energisch zurückgewiesen werden.

Bei Unfallstellen außerhalb von Flughäfen oder auf anderem gesperrten Gelände können Schaulustige auch durch Übernahme bestimmter Aufgaben, wie z.B. die Unterstützung der Absperrkräfte, sinnvoll beschäftigt werden. Wenn man Menschen in der Masse gezielt, höflich aber bestimmt zur Unterstützung bei der Betreuung von leicht Verletzten auffordert, werden diese sich nicht verweigern. Oft melden sich danach auch Freiwillige und bieten ihre Hilfe an. Gute Erfolge im Umgang mit Schaulustigen gab es auch durch Hinzuziehung der in der Nähe wohnenden Zuschauer zur Unterstützung der eingesetzten Kräfte. So wurden Anwohner erfolgreich gebeten, für die Rettungskräfte, die schon seit Stunden im Einsatz waren, z.B. heiße Getränke bereitzustellen. Meist schlägt die Neugierde der angesprochenen Personen in Hilfsbereitschaft um, viele wollen plötzlich etwas Nützliches beitragen. Die Zuschauer fühlen sich in das Geschehen eingebunden und übernehmen freiwillig Verantwortung. Das wirkt sich auch positiv auf andere Zuschauer aus. Aggressionen nehmen ab und

---

[17] FlUUG, § 12 (1) Unfallstelle.

man begibt sich freiwillig wieder hinter Absperrungen, da das Geschehen nicht mehr ausschließlich von den anwesenden Ordnungskräften diktiert wird. Diese Aufgaben sollten nur von dafür geschulten Polizisten oder Polizeipsychologen übernommen werden. Sie sind eine wirksame Maßnahme, das Umfeld einer Unfallstelle zu beruhigen.

6.9 Zeugenanhörung durch die Bundesstelle

Die Mitarbeiter der Bundesstelle dürfen Zeugen nicht vernehmen sondern nur anhören. In vielen Fällen bringt eine rein fachliche Anhörung, die nicht der Strafverfolgung dient, bessere Ergebnisse für die Ursachenfindung. Die Anhörungen der Flugunfalluntersuchungsbehörden werden, da sie einer fachlichen Diskussion gleichkommen und nicht in jedem Falle wörtlich protokolliert werden müssen, grundsätzlich nicht strafrechtlich gegen die Angehörten verwendet. Schriftliche Protokolle über Anhörungen werden immer der Untersuchungsakte beigefügt und stehen somit bei Anforderung der Akte auch dem Gericht zur Verfügung. Die Betroffenen sind *vor* der Protokollierung darauf hinzuweisen. Soweit es sich bei der Anhörung um direkt oder indirekt Betroffene handelt, sollte die Bundesstelle zusätzlich zu der polizeilichen Vernehmung die Zeugen allein anhören. Die notwendige polizeiliche Vernehmung muss dann zu einem anderen Zeitpunkt durchgeführt werden. Selbstverständlich werden die Mitarbeiter der Bundesstelle in jedem Fall bereit sein, die Polizei bei der Formulierung der Fragen und der Erläuterung fachlicher Begriffe zu unterstützen.

Die Anhörungen von Augenzeugen und sonstigen nicht betroffenen Personen können in Absprache mit der Polizei gemeinsam oder von dieser allein durchgeführt werden. In der Regel werden sich diese Zeugen bei der Polizei melden. Die örtliche Polizei verfügt normalerweise auch über die besseren personellen, logistischen und technischen Möglichkeiten bei der Einvernahme und Protokollierung der Aussagen.

6.10 Sicherstellung von Beweismitteln/Amtshilfe

Die Mitarbeiter der Bundesstelle für Flugunfalluntersuchung oder die Beauftragten sind nicht berechtigt, das Flugzeug, Flugzeugteile, Unterlagen aus dem Wrack oder an anderer Stelle zum Zwecke einer weiterführenden Untersuchung zu beschlagnahmen. Grundsätzlich wird dem Halter sowie den Strafverfolgungsbehörden mitgeteilt, welche Teile oder Unterlagen für weiterführende Untersuchungen benötigt werden, und wohin diese zu diesem Zwecke transportiert werden. Bei gelegentlich auftretenden Problemen mit dem Halter kann der Untersuchungsführer die Polizei oder den Staatsanwalt um Amtshilfe bei der Sicherstellung[18] wichtiger Beweismittel zum Zwecke einer weiterführenden Untersuchung ersuchen.

---

[18] FlUUG, § 11 (3) Untersuchungsbefugnisse.

6.11 Flugschreiber und Aufzeichnungen der Flugsicherungsdienste

Flugdatenschreiber sind ein Hilfsmittel der Flugunfalluntersuchung. Sie liefern wichtige Informationen bei der Untersuchung aller flugbetrieblichen Störungen und Unfälle. Aufgezeichnet werden Parameter wie Flugleistungsdaten, Triebwerksverhalten, Systemfunktionen und Belastungen. Mit der Erfassung dieser Daten können allerdings auch gleichzeitig die Einhaltung vorgeschriebener Verfahren sowie das Pilotenverhalten kontrolliert werden. Viele Luftfahrtunternehmen nutzen diese legale Möglichkeit zur Überwachung des Flugbetriebs.

Der erste Versuch, Flugdatenschreiber (FDR) in der gewerblichen Luftfahrt in den Vereinigten Staaten von Amerika einzuführen, wurde bereits im Jahr 1941 in eine Vorschrift gefasst. Allerdings wurde diese Vorschrift 1944 wieder aufgehoben. 1947 erfolgte der zweite Versuch, der mangels geeigneter zuverlässiger Geräte 1948 wieder aufgehoben wurde. Erst im Jahre 1958 wurden dann endgültig weltweit Flugschreiber für alle Flugzeuge mit einem Höchstabfluggewicht von mehr als 12 500 Pounds (lbs) und Jets, die höher als 25 000 Fuß fliegen konnten, vorgeschrieben.

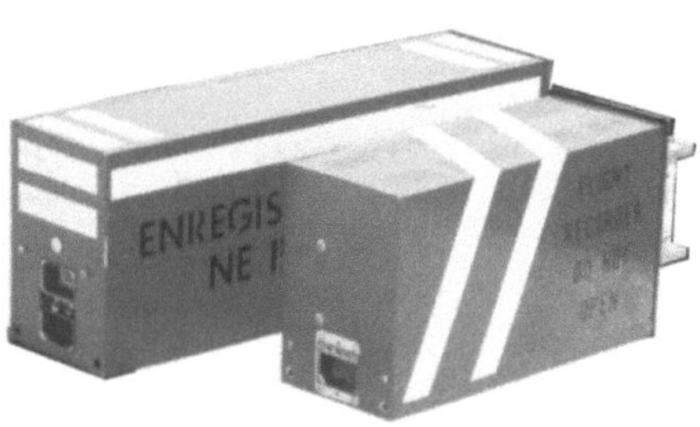

Abb. 6.1. Flugdatenschreiber FDR – Cockpit Voice Recorder (CVR)

Die ersten analogen Flugschreiber konnten fünf Parameter (Richtung, vertikale Beschleunigung, angezeigte Fluggeschwindigkeit, Druckhöhe und eine Zeitmarkierung) aufzeichnen. Die Aufzeichnungsmedien waren Metallfolien, Fotopapier oder Plastikbänder. Die Datenübertragung erfolgte pneumatisch-mechanisch oder elektromechanisch. Die Datenaufzeichnung erfolgte z.B. mit Hilfe von kleinen Sticheln auf einer Metallfolie oder mittels Fotozellen. Die Auswertung war aufgrund der Ungenauigkeiten großen Fehlermöglichkeiten bei der Aufzeichnung, der problematischen Justierung und der begrenzten Lesbarkeit sehr zeitaufwendig und schwierig. Die Wartungskosten dieser Geräte waren erheblich.

Seit 1969 wurden die ersten Digitalen Flugdatenschreiber (DFDR), mit der Möglichkeit größere Datenmengen aufzuzeichnen, eingeführt. Es konnten bis zu 300 Parameter aufgezeichnet werden. Die Speichermedien waren in der Regel Plastikbänder, ähnlich wie in einem Tonbandgerät. Die Aufzeichnungsdauer beträgt 25 Stunden. Zusätzlich wurde ein Tonaufzeichnungsgerät (Cockpit Voice Recorder – CVR) in großen Flugzeugen vorgeschrieben. Die Aufzeichnungsdauer beträgt 30 Minuten. Neuere CVR zeichnen 2 Stunden lang auf. Recorder müssen einen Aufprall mit 3 400 G für 6,5 Millisekunden aushalten können, einem Feuer von 1 100 Grad für 30 Minuten widerstehen, einen Wasserdruck in einer Tiefe von 20 000 Fuß aushalten und über einen Unterwassersender verfügen, dessen Batterie 30 Tage funktionstüchtig bleiben muss. Da der gesamte Recorder diese Spezifikationen nicht erfüllen konnte, wurde der Datenträger in eine Kapsel eingebettet, die diese Eigenschaften hat.

Abb. 6.2. Flugdatenschreiber (FDR) – Fairshild F-800 – geschlossen (Quelle: Hersteller)

Abb. 6.3. ARING 542 Configuration – Plastic Tape – geöffnet (Quelle: Hersteller)

Um eine ordnungsgemäße Wartung der Flugzeuge zu gewährleisten und mögliche technische Störungen, z.B. der Triebwerke, rechtzeitig zu erkennen, wurden optional zusätzliche Aufzeichnungsgeräte (Quick Access Recorder - QAR) installiert, die ein schnelles Auslesen wichtiger technischer Daten ermöglichten. Diese ausschließlich für die Wartung bestimmten Recorder waren mechanisch nicht vor den Folgen eines Unfalls geschützt, lieferten jedoch, wenn der Datenträger nach einem Unfall noch auslesbar war, weit mehr Informationen als die gesetzlich vorgeschriebenen 16, bzw. 32 Parameter.

Im Jahre 1991 wurden die ersten Halbleiterspeicher für Flugdatenschreiber (Solid State Flight Data Recorder – SSFDR) zugelassen. Sie werden mehr und mehr Standard in allen neueren Verkehrsflugzeugen. Sie können mehrere hundert Parameter teilweise im Sekundentakt aufzeichnen. Das Aufzeichnungsmedium ist ein Speicherchip. Es gibt keine beweglichen Teile. Der Wartungsaufwand wird dadurch erheblich verringert. Für die Umrüstung älterer Flugzeuge bestehen teils erhebliche Fristen, teilweise ist eine Umrüstung nicht möglich[19].

Flugschreiber gewinnen im Zeitalter der Elektronik, die natürlich auch vor den Flugzeugen nicht Halt gemacht hat, immer größere Bedeutung bei der Untersuchung eines Unfalls sowie der Feststellung der möglichen Ursachen. Begriffe, wie „Fly-by-Wire" und „Glas-Cockpit", füllen die Fachpresse. Die Steuerflächen werden nicht mehr über Kabel, sondern elektrisch-hydraulisch betätigt. Die vielen mechanischen Fluginstrumente sind aus dem Flugzeugführerraum verschwunden und haben Bildschirmen Platz gemacht. Flugwege, Flughäfen, Funkfeuer und Verfahren werden genau so wie technische Systeme und Checklisten elektronisch angezeigt. Die Zahl der Informationen, die angezeigt oder abgerufen werden kann, nimmt ständig zu. Nach einem Unfall sind diese Aufzeichnungen an Bord in den meisten Fällen noch auswertbar und liefern wichtige Hinweise für die Unfalluntersuchung sowie die Unfallursache.

Abb. 5.4. Solid State FA2100 Cockpit Voice and Data Recorder Family, (Quellen: L3 Communications)

Als Flugschreiber werden im Annex 13 ICAO alle elektronischen und mechanischen Geräte bezeichnet, die in einem Flugzeug eingebaut sind, und mit denen Daten über den technischen Zustand des Flugzeugs, den Flugweg oder andere Parameter sowie Sprach- oder Tonaufzeichnungen aus dem Führerraum auf Datenträgern gespeichert werden. Die technischen und flugmechanischen Aufzeichnungen und die Tonaufzeichnungen werden in der Regel in getrennten Geräten aufgezeichnet. Diese sind immer durch eine auffällige Farbe, meist rot, erkennbar und mit **Flight Data Recorder** oder **Cockpit Voice Recorder** und dem Hinweis **Do not open** beschriftet. Nach einem Flugunfall berichtet die Presse gern, dass die Flugschreiber gefunden wurden

[19] siehe : JAR-OPS 1 – Abschnitt K 1.715/1.725.

und damit die Unfallursache gefunden sei. Das stimmt in der Regel nicht. Die Flugschreiber liefern allerdings eine Vielzahl von Daten über den Flugverlauf und den technischen Zustand des Flugzeuges, so dass die Auswertung dieser Daten in Verbindung mit den Aufzeichnungen der Flugsicherung, den Zeugenaussagen, Betriebsaufzeichnungen, technischen Untersuchungen, den Auswertungen der Wettererscheinungen und anderer wichtige Informationen ein sehr genaues Bild darüber entsteht, wie es zu dem Unfall kommen konnte. Grundsätzlich können auch beschädigte Flugschreiber ausgewertet werden, solange der besonders geschützte Datenträger erhalten geblieben ist.

Nicht alle Luftfahrzeuge, die gewerblich betrieben werden, sind mit Flugschreibern ausgerüstet. Mehrmotorige turbinengetriebene Flugzeuge mit 10 und mehr Fluggästen, die vor dem 31. März 1998 zugelassen wurden, oder mehrmotorige Flugzeuge mit einer Höchstabflugmasse von mehr als 5 700 kg[20], die nach dem 1. April 1998 zugelassen wurden, müssen mit einer Flugschreiber- und Tonaufzeichnungsanlage ausgerüstet sein.

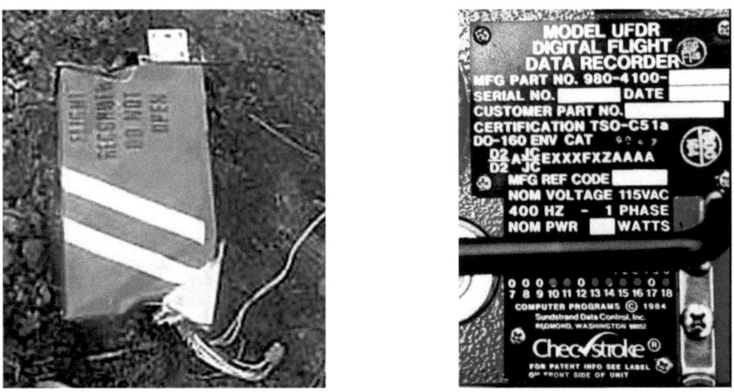

Abb. 6.5. Links: Ein FDR nach einem Unfall am Fundort - Rechts: Label an der Frontplatte enthält alle technischen Informationen über den Recorder

Flugschreiber müssen die letzten 25 Betriebsstunden speichern können. Sie müssen außerdem gegen Stoß und Hitze gesichert und mit einer Ortungseinrichtung ausgestattet sein, die das Auffinden unter Wasser bis zu einer Tiefe von 6 000 m ermöglicht und 30 Tage in Betrieb bleiben muss. Die exakten Voraussetzungen für den Betrieb in einem Luftfahrtunternehmen finden sie wenn erforderlich in JAR-OPS 1 soweit in Deutschland nicht noch die LuftBO zutrifft.

> Die Aufzeichnungen der Flugschreiberanlage dienen insbesondere dem Zweck der behördlichen Untersuchung von Unfällen und sonstigen Störungen, die einer besonderen Anzeigepflicht unterliegen.

[20] JAR-OPS 1, Subpat K 1.705 – 1.710 Cockpit Voice Recorder, 1.715 – 1.125 Flight Data Recorder.

Die Aufzeichnungen der Tonaufzeichnungsanlage (Cockpit Voice Recorder - CVR) dienen **ausschließlich** der behördlichen Untersuchung !

Alle Aufzeichnungen, die bei einem Flug im Flugzeug oder am Boden gemacht werden, müssen der fachlichen Untersuchung uneingeschränkt zur Auswertung zu Verfügung stehen. Dazu gehören sowohl die im Flugzeug befindlichen verschiedenen Aufzeichnungsgeräte, Flugschreiber und Cockpit Voice Recorder als auch die Aufzeichnungen der Flugsicherungsdienste über Funkverkehr oder Flugweg und den Tonträgern der Flugplätze und die der Flugdurchführung. Eine Auswertung dieser Datenträger erfordert spezielle Auswertestationen, Unterlagen und Fachkenntnisse, die nur in den staatlichen Flugunfalluntersuchungsstellen, bei den Herstellern und. Betreibern des Flugzeugs vorhanden sind. Die Bundesstelle für Flugunfalluntersuchung hat die Möglichkeit, fast alle modernen Flugschreiber, einschließlich der in Osteuropa hergestellten, im eigenen Labor auszuwerten.

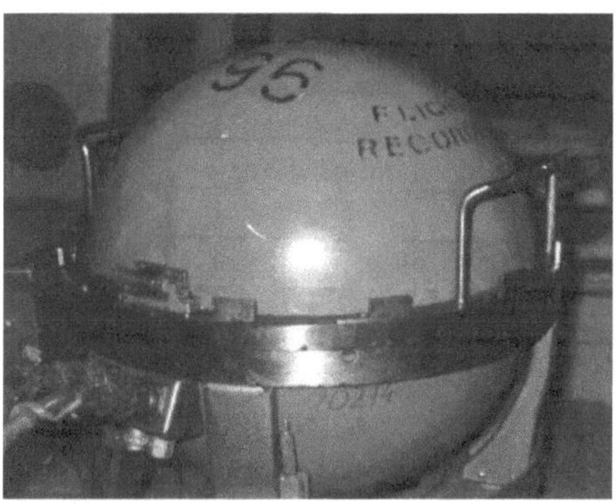

Abb. 6.6. MSPR-12 - Flight Data Recorder russischer Bauart

Flugschreiber sollten nach einem Unfall ausschließlich von dazu qualifiziertem Fachpersonal ausgebaut und gesichert werden. Eine Sicherstellung von Flugschreibern durch die Polizei macht grundsätzlich wenig Sinn, da schon die nicht fachgerechte Entnahme und der nicht sachgemäße Transport der Aufzeichnungsgeräte den Datenträger beschädigen oder zerstören, und damit für eine Auswertung unbrauchbar machen können. Es sollte in jedem Falle dafür gesorgt werden, dass diese Geräte bis zum Eintreffen der Mitarbeiter der Flugunfalluntersuchung unberührt bleiben. Auf Anordnung der Strafverfolgungsbehörden können Vertreter der Polizei oder der Staatsanwaltschaft jederzeit am Ausbau, am Transport und der Auswertung beteiligt werden. Das Verfahren und der Verbleib der Geräte sollte von den Untersuchungsführer mit den Strafverfolgungsbehörden abgestimmt werden.

Das gleiche gilt für die Aufzeichnungen der Flugsicherungsdienststellen, deren Ton- und Datenträger teils auch in der BFU nicht ausgewertet werden können, da die benötigten Auswertegeräte nicht zur Verfügung stehen. In Absprache mit der BFU sammelt die Zentralstelle der DFS[21] bei einem Unfall automatisch alle zur Verfügung stehenden Daten und Unterlagen der Lotsen auf den Flughäfen, in den Beratungsstellen und Bezirkskontrollstellen sowie die Radaraufzeichnungen ein und hält diese für eine spätere Auswertung unter Verschluss.

Bei vielen Untersuchungen von Flugunfällen mit katastrophalen Ausmaßen, wie z.B. einer MD-11 der SwissAir, die am 2. September 1998 bei Halifax, Kanada, brennend ins Meer stürzte und 229 Menschenleben forderte, oder einer Boeing 767, der EgyptAir, die am 31. Oktober 1999 vermutlich durch ein Besatzungsmitglied zum Absturz gebracht wurde und 217 Menschen mit in den Tod riss, ergaben sich, trotz der Aufzeichnungen durch FDR und CVR, eine Menge unbeantworteter Fragen. Recorder können eben nur Daten oder Geräusche aufzeichnen und keine Reaktionen oder das Verhalten der Flugzeugbesatzung widerspiegeln. Man kann auch Brandquellen nicht sehen und die Rauchausbreitung nur vermuten - aber nicht beweisen. Häufig sind Daten verloren gegangen, weil im entscheidenden Moment die Elektrik ausfiel oder ausgeschaltet wurde, und damit keine Aufzeichnung möglich war. Um einen Ausfall zu vermeiden, ist der Einbau flugzeugunabhängiger Batterien in die Recorder vorgesehen.

Eine weitere und weitaus bessere Information bieten Aufzeichnungs- und Auswertemöglichkeiten durch Videokameras im Flugzeug, besonders im Cockpit. Das amerikanische NTSB sandte bereits am 11. April 2000, auf der Basis der Agenda 3 der ICAO-Arbeitsgruppe FLIREP/2[22], sowie in Übereinstimmung mit der Working Group WG 50 der EUROCAE[23], an die amerikanische Luftfahrtbehörde[24] mit der Aufforderung die Voraussetzungen für die Einsetzung eines unfallgeschützten Video-Aufzeichnungssystem zu schaffen. Es besteht weltweit Einigkeit darüber, dass ein solches System zusätzlich wertvolle Aufschlüsse über das Geschehen bei einem Unfalls geben könnte. Die Pilotenverbände würden den Einbau von Video-Kameras in Flugzeugen grundsätzlich akzeptieren, da sie auch die Möglichkeit eröffnen würden, die Passagierkabine oder die Laderäume jederzeit visuell überwachen zu können. Sie wehren sich allerdings verständlicherweise gegen den Einbau von Kameras im Cockpit, solange durch die Staatengemeinschaft nicht sichergestellt werden kann, dass die dort gewonnenen Daten tatsächlich ausschließlich für die Untersuchung von Unfällen und schweren Störungen beim Betrieb von Luftfahrzeugen weltweit durch dafür qualifizierte und unabhängige Untersuchungsstellen genutzt werden dürfen und ein Missbrauch der Daten ausgeschlossen ist.

---

[21] Deutsche Flugsicherungs-GmbH (DFS).

[22] International Civil Aviation Organisation (ICAO), Flight Recorder Panel second meeting (FLIREP/2).

[23] European Organisation for Civil Aviation Equipment (EUROCAE).

[24] Federal Aviation Administration (FAA).

Abb. 6.7. Der Datenträger (Metall Folie) dieses FDR konnte ausgewertet werden

6.12 Elektronische Anzeigegeräte und Platinen in elektronischen Geräten

Die Cockpit-Anzeigen moderner Flugzeuge unterscheiden sich wesentlich von denen älterer Bauart. Die runden mechanischen Geräte sind verschwunden und durch Bildschirme ersetzt worden (Glas-Cockpit). Der Vorteil dieser elektronischen Anzeigen liegt in der Verbesserung und größeren Genauigkeit der Anzeigen, der Nutzung von Datenbanken und der geringeren Wartung. Die große Zahl einzelner Anzeigegeräte in älteren Flugzeugen wird reduziert und mehrere Anzeigen auf einem Bildschirm zusammengefasst. Es werden nur noch die Informationen angezeigt, die für die Flugphase benötigt werden. Für die Flugzeugführer bedeutet das eine wesentliche Erleichterung der Arbeit. Gleichzeitig wird dadurch die Sicherheit der Flüge erhöht. Der Nachteil für die Untersuchung der Unfallursache liegt in den Auswertungsmöglichkeiten der Anzeigen bei Zerstörung oder Beschädigung. Es kam ebenso vor, dass die Anzeige auf dem Bildschirm unterschiedlich zu den Datenaufzeichnungen des Flight Recorders waren. Die früher typischen Schlagmarken und stehen gebliebenen Zeiger gibt es nicht. Dafür hat man jetzt die Möglichkeit, die Speicher der Computer und die BITE´s (Build-in Test Equipment) auszuwerten. Eine wesentliche Voraussetzung dafür ist das möglichst vollständige Auffinden der Geräte und die richtige Zuordnung der zugehörigen Platinen und Datenträgern. Solche Geräte sollten ebenfalls nur von dafür qualifizierten Fachleuten geborgen und für weitere Untersuchungen verpackt und abtransportiert werden, da sonst der Verlust wichtiger Daten und Informationen die zwangsläufige Folge sein kann.

6.13 Dokumentation von Spuren

In der Absicht, eine vollständige und beweiskräftige Vermessung der Spuren und der Unfallstelle zu erhalten, werden in der Regel Planquadrate eingerichtet. Diese werden mit Hilfe von Flatterbändern über der Unfallstelle festgelegt, die einzeln Zellen werden fotografiert und dokumentiert. Diese Methode entspricht im Prinzip der Flugunfalluntersuchung und sollte weitgehend gemeinsam mit der Polizei durchgeführt werden, da es sonst zu Doppelarbeiten kommen kann, die zeitraubend und unnötig sind. Aus der unterschiedlichen Aufgabenstellung der Polizei und der Bundesstelle ergeben sich an der Unfallstelle gelegentlich Probleme. Bei großen Schadensstellen kann sich das Auslegen von Quadraten als nicht ausreichend oder nicht möglich erweisen.

Abb. 6.8. Einmessen der Unfallspuren – Zuordnung durch 10 m Quadrate

Gelegentlich werden leere Planquadrate oder Streugut eingemessen, die für den Fortgang der Flugunfalluntersuchungen keine Bedeutung haben und auch später keine neuen Erkenntnisse für die der Aufklärung der Unfallursache bringen. Da die fachliche Kompetenz bei der Polizei in der Regel nicht vorhanden ist und auch nicht zu sein braucht, werden die Mitarbeiter der Bundesstelle dann um Zuordnung oder Identifizierung der aufgefundenen Teile gebeten. Manchmal werden unwichtige Fundstücke mehrfach, wichtige Beweisstücke für die Flugunfalluntersuchung jedoch nicht erfasst. Es ist für alle Beteiligten besser, einen Plan abzustimmen, nachdem gemeinsam vorgegangen werden soll.

Die meisten Spuren an der Unfallstelle sind eine Folge des Aufpralls des Wracks und damit, wie die gesamte Wrackverteilung, eher zufällig. Sie sind eine Folge des Aufprallwinkels, der Aufprallgeschwindigkeit und der Hindernisse am Unfallort. Sie sind häufig ein Indiz für die Bewegungsrichtung und den Zerstörungsgrad. Für die Aufklärung der Unfallursache haben sie oft nur geringe Aussagekraft. Ersten Spuren, die vielfach weit entfernt vor der Endlage des Wracks liegen, sind meist von wesentlich größerer Bedeutung. Diese werden manchmal nicht gesucht oder nicht ausreichend beachtet und dokumentiert.

6.14 Spurenerfassung aus Hubschraubern

Ein gutes Hilfsmittel zur Spurenerkennung und -erfassung sind Übersichtsaufnahmen aus Hubschraubern oder von erhöhten Standpunkten, wie z.B. Feuerwehrleitern oder Hebebühnen. Bei den Aufnahmen aus Hubschraubern ist der Pilot zu informieren, welche Spuren zu suchen bzw. zu fotografieren sind. Er ist außerdem darauf hinzuweisen, beim Flug einen ausreichenden Sicherheitsabstand zum Wrack und zu den Menschen am Boden einzuhalten. Ein Überfliegen der Unfallstelle in niedriger Höhe hat keinen praktischen Sinn. Durch die Abwinde der Rotoren werden leichtere Teile am Boden, Schmutz, Löschmittel und möglicherweise wichtige Papiere aufgewirbelt. Sie gehen verloren, werden zerstört oder in ihrer Lage verändert; zusätzlich werden Menschen am Boden unnötig gefährdet. Bei einer großen Wrackverteilung oder weit auseinanderliegenden Spuren hat die Bundesstelle in früheren Fällen erfolgreich die Hilfe durch Aufklärungsflugzeuge der Bundeswehr in Anspruch genommen.

6.15 Identifizierung und Obduktionen der Opfer

Bei Unfällen in der Bundesrepublik wird die Obduktion der Opfer auf Antrag der BFU generell durch den Staatsanwalt veranlasst. Der Untersuchungsführer ist im Einvernehmen mit den Strafverfolgungsbehörden befugt, eine Autopsie der sterblichen Überreste von Besatzungsmitgliedern und anderen Insassen anzuordnen[25], wenn er dies für erforderlich hält. In jedem Falle sollte die Obduktion der Cockpitbesatzung veranlasst werden. Es soll festgestellt werden, ob körperliche Einschränkungen zu dem Unfall beigetragen haben oder möglicherweise die Ursache waren. Dabei sollten nach Möglichkeit qualifizierte Fachärzte beteiligt werden, die Erfahrung mit Opfern bei Flugunfällen haben und die gleichzeitig als Gerichtsmediziner tätig sind. Außerdem sollten sie über ausreichende Erfahrungen verfügen, um z.B. durch Feststellung typischer Brüche an Händen und Füßen Aussagen darüber machen zu können, welcher Flugzeugführer das Flugzeug zum Zeitpunkt des Unfalls gesteuert hat. Grundsätzlich muss untersucht werden ob, die medizinische Tauglichkeit der Flugzeugführer vorhanden war. Mit Einverständnis der zuständigen Strafverfolgungsbehörde zieht die Bundesstelle zu diesem Zweck, soweit wie möglich, Fachärzte des Flugmedizinischen Institutes der Luftwaffe in Fürstenfeldbruck hinzu. Die BFU hat inzwischen langjährige Erfahrungen in der Zusammenarbeit mit dieser hochqualifizierten militärischen Dienststelle.

[25] FlUUG - §11(2) Untersuchungsbefugnisse.

Die BFU arbeitet seit vielen Jahren sehr erfolgreich mit der *Identifizierungskommission (IDKO)* des *Bundeskriminalamtes (BKA)* zusammen. Es bestehen Absprachen mit der IDKO über eine Zusammenarbeit, besonders bei Unfällen deutscher Luftfahrzeuge im Ausland, wenn die Bundesstelle dort tätig wird. Dies trifft zu, wenn das verunglückte Flugzeug in der Bundesrepublik eingetragen, betrieben oder hergestellt wurde, oder wenn eine erhebliche Anzahl der Opfer deutsche Staatsangehörige sind. An der Identifizierung der Opfer selbst ist die Bundesstelle nicht beteiligt.

6.16 Koordination mit den Strafverfolgungsbehörden

Eine Zusammenarbeit der Bundesstelle für Unfalluntersuchung und den Strafverfolgungsbehörden ist im Flugunfall-Untersuchungs-Gesetz (FlUUG) geregelt. Die BFU führt eine ausschließlich fachliche Untersuchung durch, bei der weder ein Verschulden festgestellt werden darf noch Haftungsfragen geklärt werden. Darüber hinaus gibt es eine Reihe von Aufgaben, wie z.B. die Regelung des Zugangs zur Unfallstelle, Vermessung der Unfallstelle, Anfertigung von Fotos und Filmmaterial, Anordnungen von Obduktionen sowie die spätere Freigabe des Wracks und der Unfallstelle usw., die nur im Konsens erledigt werden können. Bereits im Annex 13, ICAO, wird vorgeschlagen, bei Bedenken der Strafverfolgungsbehörden an dem fachlichen Untersuchungsverfahren, z.B. Bergung und Auswertung der Flugschreiber (Beweismittel), deren Vertreter direkt an den Untersuchungen der BFU zu beteiligen.

6.17 Such- und Rettungsdienst

Der Such- und Rettungsdienst (SAR)[26] für Luftfahrzeuge wird in Deutschland durch die Bundeswehr wahrgenommen. Er hat die Aufgabe, in Not befindliche Luftfahrzeuge innerhalb des Hoheitsgebietes der Bundesrepublik Deutschland und in den durch den ICAO-Regionalplan für die Flugsicherung zugewiesenen Seegebieten der Nord- und Ostsee sowie auf Anforderung durch andere Such- und Rettungsdienste im übrigen Nord- und Ostseegebiet zu suchen, deren Insassen zu retten und, wenn möglich, Post und Fracht zu bergen.

Die Verfahren für die Durchführung des *Such- und Rettungsdienstes (SAR – Search and Rescue)* werden zwischen dem Bundesminister für Verkehr-, Bau- und Wohnungswesen und dem Bundesminister für Verteidigung abgestimmt. Der Festlegung der Verfahren sowie der Zusammenarbeit der Behörden dient der SAR-Koordinierungsausschuss. Er setzt sich aus Vertretern des Luftwaffenamtes, der Deutschen Flugsicherung (DFS) und der Bundesstelle für Flugunfalluntersuchung zusammen. Die Bundesstelle für Flugunfalluntersuchung entscheidet bei zivilen Luftfahrzeugen über die Beendigung einer ergebnislosen Suchaktion. Die Grundsätze da-

[26] ICAO, Artikel 25, Luftfahrzeuge in Not.

für sind in den *Gemeinsamen Richtlinien des Bundes und der Länder zur Durchführung des Such- und Rettungsdienstes für Luftfahrzeuge* und in der Verwaltungsvereinbarung zwischen dem Bundesminister der Verteidigung und dem Bundesminister für Verkehr über die Zusammenarbeit auf dem Gebiet des Such- und Rettungsdienstes für Luftfahrzeuge (SAR) geregelt.

Viele kleine Luftfahrzeuge (Höchstabflugmasse < 5700 kg) sind mit einem Notsender[27] ausgerüstet, der bei einem Aufprall auf dem Boden automatisch ausgelöst wird und ein Notsignal sendet. Dieses Notsignal werden über Satelliten in Toulouse/ Frankreich empfangen. Beim Empfang eines Notsignals werden die nationalen Such- und Rettungsdienste umgehend informiert und können eine Suche nach einem vermissten Luftfahrzeug einleiten. Bei Unfällen geschieht es häufig, dass das ELT noch lange nach dem Auffinden des Luftfahrzeugs eingeschaltet bleibt und sendet. Der Sender muss dann von qualifiziertem Personal gesucht und abgeschaltet werden, da er sonst sendet, bis die Batteriekapazität zur Neige geht.

Luftfahrtunternehmen sind verpflichtet[28], Aufzeichnungen zu führen, nach denen sie jederzeit in der Lage sind, den Organen des Such- und Rettungsdienstes unverzüglich für jedes im Betrieb befindliche Luftfahrzeug Angaben über Art, Zahl und Beschaffenheit der mitgeführten Not- und Rettungsausrüstung zu machen. Die Bundesstelle wirkt beim Such- und Rettungsdienst mit[29], indem sie die notwendigen Informationen beschafft, an den SAR weitergibt und ihn berät. Unterstützt wird die Suche nach einem vermissten Luftfahrzeug durch die Radaraufzeichnungen der Deutschen Flugsicherung (DFS) und gegebenenfalls durch die Polizei bis hin zu Rundfunkaufrufen an die Bevölkerung.

[27] Emergency Locator Transmitter (ELT).

[28] LuftBO, Betrieb von Luftfahrzeugen in Luftfahrtunternehmen, § 51 Such- und Rettungsdienst.

[29] FlUUG, § 29 Beteiligung am Such- und Rettungsdienst.

7. Internationale Zusammenarbeit

Untersuchungen von Unfällen und schweren Störungen mit großen Flugzeugen werden auf der Basis des *Annex 13 ICAO*[30], der *Richtlinie des Europäischen Rates* und des *Flugunfall-Untersuchungs-Gesetzes (FlUUG)*[31], von Repräsentanten ausländischer Staaten und deren Beratern begleitet. Die staatlichen Untersuchungsstellen können, wenn sie es für richtig erachten, ihrerseits Unterstützung bei den Staaten anfordern, die berechtigt sind Repräsentanten zu entsenden.

Zusätzlich können Repräsentanten von Staaten zur Unfallstelle kommen, wenn eine große Zahl ihrer Staatsangehörigen zu Schaden gekommen sind. Sie haben gegenüber den regulären Repräsentanten eingeschränkte Befugnisse. Unmittelbar nach der Unterrichtung[32] der betroffenen ausländischen Staaten werden diese der untersuchenden Behörde (Ereignisstaat), in Deutschland der Bundesstelle für Flugunfalluntersuchung, mitteilen, ob und welche Repräsentanten und Berater zur Unfallstelle reisen und wann sie dort eintreffen werden. Da der Umfang sowie die Dauer der Untersuchung zu diesem Zeitpunkt noch nicht absehbar ist, muss der Untersuchungsführer für entsprechende und ausreichende Unterkünfte und Versammlungsräume für die Beteiligten an der Untersuchung in der Nähe der Unfallstelle sorgen. Bei der Bereitstellung von Hotelunterkünften können die Flughafenbeauftragten oder die örtliche Polizei vom Untersuchungsführer um Unterstützung gebeten werden. Eine gegebenenfalls prophylaktische Hotelbelegung für mindestens ein bis zwei Wochen auch für die Mitarbeiter der BFU sollte unmittelbar nach bekannt werden eines Unfalls erfolgen, da sonst damit gerechnet werden muss, dass die Hotels schnell von Medienvertretern und Angehörigen der Opfer belegt sind und nicht mehr zur Verfügung stehen.

Der untersuchende Staat stellt sicher, dass die Repräsentanten und deren Berater der an der Untersuchung zu beteiligenden Staaten soweit wie möglich in die Untersuchung eingebunden und über den Sachstand informiert werden. Das bedeutet die umgehende Festlegung des Status jedes einzelnen Teilnehmers an der Untersuchung. Für den geordneten Zugang ist eine eindeutige und für alle erkennbare Kennzeichnung der Personen durch sichtbar zu tragende Ausweise oder Armbinden erforderlich. Der Ausweis sollte außer dem Logo der ausgebenden Stelle, den Namen und den Her-

---

[30] ICAO, Annex13, 5.18 to 5.27.

[31] FlUUG, § 14 Teilnehmer am Untersuchungsverfahren.

[32] FlUUG, § 6 Unterrichtung ausländischer Staaten und der Internationalen Zivilluftfahrt-Organisation.

kunftsstaat, sowie den Hinweis „Representative“ (z.B. **R** oder **REP** für die Repräsentanten eines Staates) oder „Consultant“, (z.B. **C** oder **CONS** für die Berater) enthalten. Regelungen für die Abholung und Unterbringung an der Unfallstelle sowie Zugang zu den Besprechungen der Unfalluntersuchung sollten ebenfalls sofort getroffen werden.

Die Repräsentanten, deren Berater, Sachverständige und Helfer müssen vor Aufnahme der Tätigkeit über ihre Rechte und Pflichten[33] bei der Untersuchung belehrt werden. Sie sind z.B. nicht berechtigt, sich ohne ausdrückliche Zustimmung des Untersuchungsführers zu dem Stand der Untersuchung oder einzelnen Ergebnissen zu äußern. Bei Verstößen können sie von der Untersuchung ausgeschlossen werden.

Zusätzlich zu den offiziellen Vertretern eines betroffenen Staates werden eine große Zahl technischer Repräsentanten der unterschiedlichsten Hersteller von Flugzeugkomponenten zur Unfallstelle kommen. Bei diesen entscheidet der Untersuchungsführer, ob und in wie diese an der Untersuchung beteiligt oder davon ausgeschlossen werden.

Gleich zu Beginn der Untersuchung sollte der Untersuchungsführer für ausreichend großen Besprechungsräume sorgen. Diese Räume, in denen die sich die Beteiligten treffen können, Zeugen und Betroffene gehört und erste Auswertungen vorgenommen werden, sind ausschließlich den an der Untersuchung beteiligten vorbehalten. Die Räume sollten strikt von der Öffentlichkeit und Journalisten abgeschirmt sein, um ungestört arbeiten zu können. Weiter sollten ausreichend Räume zur Verfügung stehen, in denen alle anderen, die ein qualifiziertes Interesse an einer Unterrichtung haben (Behörden, Medienvertreter, Angehörige und Abholer) über den Unfallhergang informiert werden können. Diese Unterrichtungen sollten grundsätzlich nur in enger Zusammenarbeit und Absprache mit den Strafverfolgungsbehörden und den Geschäftsführungen der Flughäfen geplant werden.

Die untersuchende Behörde wird bemüht sein, ihre eigenen Untersuchungen durch vergleichende Analysen, wie z.B. bei der Auswertung von Flugdatenschreibern, bei anderen nationalen Untersuchungsstellen zu verifizieren. Damit wird sichergestellt, dass die Untersuchungsergebnisse von höchstmöglicher Qualität und für die Sicherheit in der Luftfahrt nützlich sind. Dazu wird bei Bedarf um Unterstützung durch andere nationale Untersuchungsstellen ersucht, die, auf der Basis der Gegenseitigkeit, in der Regel kostenlos gewährt wird. Die an den Untersuchungen beteiligten Staaten sowie der Hersteller und Betreiber und andere, erhalten, den Entwurf des abschließenden Untersuchungsberichts zur Stellungnahme[34].

[33] FlUUG, § 14 (6;7;8) Teilnehmer am Untersuchungsverfahren.

[34] FlUUG, § 17 Anhörung vor Abschluss eines Untersuchungsberichts.

8 Untersuchung menschlicher Faktoren

Die Untersuchungen von Flugunfällen in der Vergangenheit ergaben, dass mehr als 80 Prozent aller Faktoren, die zu Unfällen geführt haben, sogenannte menschliche Faktoren gewesen sind.

Was sind eigentlich menschliche Faktoren? Für die öffentlichen Medien ist die Sache meist sehr einfach - der Pilot hat Schuld. Luftfahrtunternehmen und andere mögliche direkt oder indirekt beteiligte Unternehmen und manchmal auch Behörden, sind mit dieser Interpretation meist sehr zufrieden und widersprechen nicht. Wird dadurch doch ein Verschulden schnell auf ein anderes Ziel gelenkt und, falls die Besatzung des Flugzeugs nicht überlebt hat, kann sie nicht mehr widersprechen. Damit erübrigt sich jede weitere Diskussion. In den nächsten Tagen ist in den Zeitungen nichts mehr über den Unfall zu lesen und im Fernsehen gibt es keine Bilder mehr. Es war ja so einfach, hängt den Dieb, auch wenn es der Falsche war, wen interessiert das schon. Menschliche Faktoren sind jedoch nicht mit Schuldfragen gleichzusetzen. Eine Schuld kann nur dann vorliegen, wenn die Betroffenen bewusst von Verfahren oder Regeln abgewichen sind und dabei einen möglichen Unfall billigend in Kauf genommen haben. Die Untersuchungen menschlicher Faktoren betreffen auch nicht, wie häufig dargestellt, nur die Flugzeugbesatzung, sondern alle Personen, die an der Flugdurchführung direkt oder indirekt im *Gesamtsystem Luftfahrt* beteiligt sind. Also alle die dazu beitragen, das Flugzeug sicher vom Abflugort A zum Zielort B fliegen zu lassen. Der Zusammenstoss zweier Flugzeuge am Bodensee 2002 zeigt deutlich, dass menschliche Faktoren, genau wie andere beitragende Faktoren bei der Untersuchung eines Unfalls, nicht nur auf die Flugzeugbesatzungen begrenzt werden können. In diesem Fall ergab die Untersuchungen der menschlichen Faktoren bei den Fluglotsen der Schweizer Flugsicherung, als beitragender Faktor für das Unfallgeschehen, sicherlich von großer Bedeutung war. Natürlich sind die Piloten die ersten an der Unfallstelle und damit ein wesentlicher Teil des Geschehens - aber eben nur ein Teil des Gesamtsystems. Bei der Untersuchung menschlicher Faktoren sollte man nicht vergessen, dass hinter jeder Person auch eine Organisation oder ein Unternehmen steht, deren Management ebenfalls einen erheblichen Teil der Verantwortung trägt. Das Management erstellt die Regeln für die Arbeitsabläufe, es wählt das Personal aus und schult und überwacht dieses.

Die Untersuchung menschlicher Faktoren litt in der Vergangenheit über viele Jahre unter der komplizierten Beweisführung. Sie war vielen einfach suspekt, da es keine Stellschrauben, Anzeigegeräte, Schalter, Spuren oder sonstige auswertbare stichhaltige Nachweise gibt. Es hatte eine Reihe von schweren Unfällen gegeben, die nicht mit technischen Ursachen erklärt werden konnten. Dass Menschen Fehler machen war zwar bekannt, wurde in den meisten Fällen jedoch einfach als gegeben hingenommen. Erst in den letzten zehn bis zwölf Jahren wurde das Verhalten von Besatzungsmitgliedern bei Unfällen so weit erforscht, dass mit den Untersuchungsergebnissen die Flugsicherheit wesentlich verbessert werden konnte. Die neuen Flugzeuge benötigen nur noch zwei Besatzungsmitglieder im Cockpit. Es hatte sich schnell gezeigt, dass neue Technologien allein nicht ausreichend waren den Sicherheitsstandard zu erhalten und, da wo es möglich ist, zu verbessern. Um die Sicherheit nicht zu gefährden wurden neue Konzepte erforderlich und es wurde wichtiger denn je, den Menschen in den Mittelpunkt des Geschehens zu rücken. Flugzeuge gelten statistisch als sehr sichere Verkehrsmittel, und das soll so bleiben. Die Untersuchungen menschlichen Verhaltens brachten Ergebnisse, die in alle Bereiche von der Flugzeugkonstruktion bis zum Betrieb von Flugzeugen eingeflossen sind. Heute wird keine Untersuchungsstelle darauf verzichten, den Faktor Mensch bei allen großen Flugunfällen intensiv zu betrachten und die Untersuchungsergebnisse zu veröffentlichen, um anderen die Möglichkeit zu eröffnen, die Sicherheit im Luftverkehr zu erhalten.

Eine Ereigniskette der zu untersuchenden „menschlichen Faktoren“ beginnt grundsätzlich bereits mit der Auswahl und der Schulung des Personals, der Bereitstellung von Betriebsunterlagen sowie der Überwachung des Betriebes, also bei den Verantwortlichen eines Unternehmens - dem Management. Dabei ist es gleichgültig, ob es sich um die Flugzeugführer eines Luftfahrtunternehmens, die Techniker eines luftfahrttechnischen Betriebs, Personal der Flugsicherung oder anderen an der Flugdurchführung direkt oder indirekt Beteiligten handelt. Die Frage eines Verschuldens ist für die Untersuchung von Flugunfällen und Störungen beim Betrieb von Luftfahrzeugen durch eine staatliche Untersuchungsstelle nicht relevant, schon deshalb, da diese weder Schuld feststellen noch Haftungsfragen klären darf. Diese Aufgabe bleibt den Strafverfolgungs- und ggf. den Luftfahrtbehörden vorbehalten, die für die Zulassung, Genehmigung und Beaufsichtigung zuständig sind. Natürlich haben bei den menschlichen Faktoren auch Eigenschaften, wie Persönlichkeit, Charakter, Bildung, persönliche Verhältnisse, Kommunikations- und Integrationsfähigkeit, Umgang mit Anderen, privater Ärger, Tagesform, Gesundheit und viele andere Faktoren einen nicht unerheblichen Einfluss auf das Geschehen. Das *National Transportation Safety Board (NTSB/USA)* versucht deshalb bei Flugunfällen eine 72-Stunden-Anamnese der Besatzungen zu erstellen. Dabei werden Ehegatten, Bekannte und Menschen aus dem persönlichen Umfeld, die mit den Verunglückten vor dem Unfall oder mit der Besatzung Kontakt hatten, über ihre Eindrücke oder Kenntnisse befragt, um ein Persönlichkeitsbild über die Beteiligten zu erhalten.

Bei einem Unfall wurde selbstverständlich irgend etwas falsch gemacht, sonst wäre ja nichts geschehen. Grundsätzlich unterscheidet man zwei verhaltensabhängige Fehlhandlungen. Zum Einen gibt es das Fehlverhalten, also ein bewusst herbeigeführtes oder beabsichtigtes Abweichen von Regeln oder Normen. Kürzt beispielsweise ein Flugzeugführer ein vorgeschriebenes Anflugverfahren ab, um noch schnell vor einem anderen Flugzeug landen zu können. Eine mögliche Folge ist, dass das Flugzeug zu hoch und zu schnell angeflogen wird, das wiederum zu einem späten Aufsetzen auf der Landebahn führt. Das Flugzeug muss stark abgebremst werden, wobei es zum Abkommen von der Bahn und dadurch zu einer Beschädigung der Bremsen oder Reifen kommen kann. Es kann eine Ereigniskette entstehen, die, wenn sie nicht unterbrochen wird, zur Katastrophe führt. Da es meist gelingt einen Unfall gerade noch zu vermeiden, werden solche Vorfälle von den Besatzungen gern verschwiegen. Vielfach werden die Konsequenzen des eigenen Fehlverhaltens bewusst ignoriert, und die logischen Schussfolgerungen werden nur unzureichend oder gar nicht beachtet. Bei der Untersuchung muss also auch festgestellt werden, ob der Pilot einen einzelnen Fehler gemacht hat, oder ob er bereits früher aufgefallen ist oder wegen eines fliegerischen Fehlverhaltens abgemahnt wurde. Folgende Fragen sind zu stellen: War er ausreichend geschult und überwacht, und wie wurde das Training durchgeführt? Fliegt er gelegentlich außerhalb vorgegebener Limits? Ist das Unternehmen seiner Aufsichtspflicht nachgekommen? Je nach Ereignis könnte die Liste der Fragen beliebig bis zum Management oder auch zu den Aufsichtsbehörden weitergeführt werden.

Die Ursache für einen Unfall ist stets eine Reihe von Ereignissen und beitragenden Faktoren, die für die Beteiligten irgendwann zu einer unüberschaubaren oder ausweglosen Situation geführt haben.

Häufig ist ein Übervertrauen in das eigene Können oder in die Technik eines Flugzeugs der Ausgangspunkt eines nicht angepassten Handelns. Bei modernen Flugzeugen mit ihren elektronischen Assistenzsysteme, die den Flugzeugführern Routinearbeiten abnehmen, aber auch System- oder Verfahrensfehler zum Teil automatisch korrigieren, neigen einige Piloten dazu, ein kritikloses Vertrauen in die Maschine zu entwickeln. In Notsituationen verlässt man sich dann mehr auf die Automation als auf das eigene Können. Sich ständig wiederholende Routineverfahren, wie beispielsweise bei Anflügen das Ausfahren der Fahrwerke oder Landeklappen, können vergessen werden. Wenn solche Routineereignisse nicht einer ständigen Kontrolle z.B. durch Lesen von Checklisten oder gegenseitiger Überwachung, innerhalb der Besatzungen unterliegen, sind Fehlhandlungen oder Unterlassungen vorprogrammiert.

Die zweite Gruppe der Fehlhandlungen sind Schnitzer oder auch Patzer, also Vorkommnisse, die einfach geschehen. Sie sind ungeplante, plötzlich und unerwartet eingetretene Ereignisse, die den Handelnden überraschen und die eine sofortige Korrektur der Situation erfordern. Die Konsequenzen eines bewussten Fehlverhaltens oder eines Schnitzers sind häufig die gleichen. Wenn Fehler nicht rechtzeitig erkannt und umgehend geeignete Maßnahmen zur Abhilfe getroffen werden, können auch sie mit einem Unfall enden.

Bei allen technischen Systemen können sowohl in der Hardware als auch in der Software Fehlfunktionen oder Ausfälle auftreten. Wichtige Systeme sind deshalb zwei- oder mehrfach vorhanden. Mehrfachfehler von untereinander unabhängigen Programmen sind für die heutigen Computer meist schwer beherrschbar. Systembedingte, nicht erklärbare Fehlerzustände, die plötzlich und unerwartet auftreten, können die Handelnden schnell überfordern. Eine wirkungsvolle Mensch/Maschine Interaktion setzt gute visuelle Zustandsanzeigen und eindeutige Fehlerwarnungen voraus. Die Darstellung auf den Bildschirmen muss geeignet sein, die Piloten, besonders bei Systemfehlern, jeder Zeit ausreichend über den technischen Zustand des Flugzeugs zu informieren. Die Computer sollten die Besatzung bei Gefahren rechtzeitig und eindeutig warnen und gegebenenfalls geeignete Problemlösungen vorschlagen oder automatisch eine Notschaltung einleiten. Das System darf trotz seiner technischen Perfektion und scheinbaren funktionellen Überlegenheit den Menschen nicht aus dem Regelkreis ausgrenzen, sondern sollte ihm die Handlungskompetenz lassen. Ein Nachteil computergestützter Flugzeuge ist, dass der Mensch oft nur noch in begrenzten Bereichen Einfluss nehmen kann, da die starren Vorgaben von Verfahren und die Grenzwerte in der Software nicht ohne weiteres übersteuert werden können. Computer können nicht intelligent oder kreativ handeln. Sie folgen starren Regeln und vorgegebenen Programmen. Diese meist voll automatisierten Programmabläufe sollten dabei für den Piloten durchschaubar bleiben und ihm die Handlungskompetenz lassen - leider tun sie das nicht immer. Unvorhersehbare Ereignisse kann der Computer nicht oder nur schwer verarbeiten, wenn sie nicht programmiert sind. Im Gegensatz dazu ist der Mensch nahezu unbegrenzt flexibel. Er kann schnell auf unvorhersehbare Ereignisse reagieren, in großen Datenblöcken abstrakt denken und entsprechen. In einer außergewöhnlichen, nicht vorhersehbaren Situation kann der Mensch folgerichtig handeln. Hier zeigt sich auch die Schizophrenie der modernen Automatik. Beim Ausfall aller computergestützten Systeme und bei gleichzeitigem Ausfall anderer technischer Systeme, muss der Mensch befähigt sein, ein nur noch eingeschränkt funktionstüchtiges Flugzeug, ggf. auch beim gleichzeitigen Ausfall des zweiten Flugzeugführers, sicher zur Landung zu bringen. Man muss bedenken, dass ein Airbus A340 oder eine Boeing B747-400 nur von zwei Piloten geflogen werden. Aus diesem Grund kommt dem Ausfall eines Flugzeugführers bei einer Zwei-Mann-Crew eine besondere Bedeutung zu, deren Ursache untersucht werden muss. Zusätzlich müssen Verfahren festgelegt werden, die den verbleibenden Piloten unterstützen und ihn so weit entlasten, dass eine sichere Flugdurchführung jederzeit möglich bleibt.

Fehlhandlungen entstehen auch durch konstruktive Mängel am Luftfahrzeug oder in dessen Systemen. Häufig werden diese Mängel erst beim laufenden Betrieb festgestellt. Da technische Änderungen teuer sind, werden sie in den meisten Fällen durch operationelle Verfahren kompensiert. Für die Flugzeugbesatzung sind solche Verfahren eine zusätzliche Belastung, die dauerhaft vorhanden ist. Besonders in Flugphasen, wie beim Start oder der Landung auf einem verkehrsreichen internationalen Flughafen, können die normalen Belastungen bereits sehr hoch sein. Kommen Systemausfälle oder schwierige Wetterbedingungen hinzu, kann die Summe der Stressoren die Flugzeugführer an ihre physische oder psychische Leistungsgrenze bringen. Dann genügt der berühmte Tropfen, um das Fass zum überlaufen bringen. Viele Konstruktionsmängel könnten durch eine frühe Einbeziehung von Piloten und Technikern aus Luftfahrtunternehmen bereits bei der Entwicklung der Flugzeuge verhindert werden. Das Vermeiden konstruktiver Mängel würde nicht nur mehr Sicherheit bedeuten, sondern auch permanente Belastungen der Flugzeugbesatzungen beim Betrieb verringern. Gleichzeitig bedingen notwendige technische Änderungen Ergänzungen der Betriebsunterlagen und zusätzliche Schulungen des Betriebspersonals, die stets kostenintensiv sind. Bei der Untersuchung der menschlichen Faktoren darf man die möglichen zusätzlichen Belastungen aufgrund konstruktiver Mängel nicht außer Acht lassen.

Menschliche Fehlhandlungen kann man nicht völlig ausschließen. Durch geeignete Maßnahmen können Fehlerquellen stark verringert werden. Grundlage aller Sicherheitskonzepte ist eine sorgfältige Auswahl und Schulung des Personals. Es müssen geeignete Betriebsunterlagen, wie Handbücher, Formblätter und Checklisten zur Verfügung stehen, die alle normalen und abnormalen Verfahren abdecken und der Flugzeugbesatzung helfen, Gefahren abzuwenden. Diese Betriebshandbücher müssen bei neuen Erfahrungen oder Änderungen der vorgesehenen Abläufe revidiert und auf dem neusten Stand gehalten werden. Durch regelmäßige Überprüfungen des Betriebspersonals wird das Weiterbestehen der Eignung festgestellt. Bei Verkehrsflugzeugführern ist das durch spätestens alle sechs Monate stattfindende Überprüfungen, wenn die Erlaubnisse und Berechtigungen ablaufen, sichergestellt. Durch eine theoretische Prüfung, einen Checkflug im Simulator oder im Flugzeug und eine flugmedizinische Untersuchung müssen die Qualifikationen der Verkehrsflugzeugführern nachgewiesen werden. Die Flugbesatzungen werden zusätzlich in der Anwendung eines *Crew-Coordination-Concept (CCC)* und *Cockpit-* bzw., *Crew-Resource-Management (CRM)* unterwiesen. In wirklichkeitsnahem *Line-Orientated-Flight-Training (LOFT)* werden Alltags- oder Notsituationen im Simulator nachgestellt und die Handlungen der Flugzeugführer anschließend mit einem Fluglehrer diskutiert. Trainingsunterlagen und Durchführung der Schulung werden ebenso wie bestimmte Flüge durch die Aufsichtsbehörde kontrolliert. Diese Maßnahmen dienen der Vermeidung menschlichen Fehlverhaltens besonders in Gefahrensituationen und damit natürlich der Erhöhung der Flugsicherheit.

Einige Luftfahrt-Unternehmen unterhalten darüber hinaus eigene Überwachungssysteme. Einzelne Besatzungsmitglieder können, ohne Sanktionen befürchten zu müssen, Vorkommnisse, die keiner Meldepflicht unterliegen, an eine neutralen Stelle weitergeben. Der Sinn dieser *Confidential-Reporting-Systems* ist es, dem Unternehmen ein Bild über das tatsächliche Geschehen während des Betriebs ihrer Flugzeuge zu geben, um ggf. rechtzeitig korregierend eingreifen zu können. Diese Meldesysteme sollen nicht dazu dienen, einzelne Piloten zusätzlich zu überwachen, sondern ihnen die Möglichkeit eröffnen, aktiv an der Verbesserung der Flugsicherheit mitzuwirken. Durch all diese Maßnahmen werden große Anstrengungen unternommen, Störungen oder Unfälle nach Möglichkeit zu verhüten, und sie helfen aber auch, die Handlungen der Besatzungen zu verstehen (Warum tut der Mensch, was er tut?).

Die Aufgabe der staatlichen Flugunfalluntersuchung ist die Verhütung von Unfällen und schweren Störungen beim Betrieb von Luftfahrzeugen. Da menschliche Faktoren mehr als 80 Prozent aller Unfallfaktoren ausmachen, muss die Untersuchung in diesem Bereich einen wesentlich breiteren Raum als bisher einnehmen. Die Untersuchungen der letzten Jahre ergaben auch, dass Fehlhandlungen verstärkt auf einen

Mangel in der Ausbildung oder bei der Überwachung der Mitarbeiter des Unternehmens zurückzuführen waren. Die Luftfahrt lebt mit ständigen Veränderungen von neuen Flugzeuggenerationen bis zu neuen Navigationssystemen. Das bedeutet jedoch auch, dass auch das Problem Mensch/ Maschine immer wieder neu bewertet werden muss, und somit dem Auftrag der Unfallverhütung gerecht zu werden. Der Mensch muss in die Lage versetzt werden, alle technischen Abläufe des Fluggerätes zu überschauen, und somit folgerichtig handeln zu können. Bei dem Unfall der MD 11 der Swissair bei Halifax/Canada wurde dies besonders deutlich. Die Piloten hatten bis zum tödlichen Absturz ins Meer vom Cockpit aus keine Möglichkeit eine Ursache für die Rauchentwicklung im Cockpit zu finden. Sie konnten das Feuer nicht lokalisieren und dessen Auswirkungen auf die Weiterführung des Fluges damit nicht erkennen. Alle Insassen des Flugzeugs kamen ums Leben. Die Unglücksursache wurde erst nach mehr als zwei Jahren intensiver Untersuchungen gefunden. Eine engere Zusammenarbeit der Untersuchungsstellen mit den Genehmigungsbehörden, Luftfahrtunternehmen und Herstellern von Flugzeugen oder deren Komponenten ist bei der Entwicklung dringend erforderlich, um mögliche Fehlerquellen bei der Konstruktion rechtzeitig zu erkennen und zu beheben. Dabei sollte der Mensch wieder bewusst in den Mittelpunkt und nicht an die Peripherie der technischen Abläufe gerückt werden.

9 Erfahrungen aus ICAO-Übungen

Die Internationale Zivil Luftfahrt-Organisation (ICAO) fordert periodisch wiederkehrende Flugunfallübungen auf den Verkehrsflughäfen der Mitgliedstaaten. Die Verkehrsflughäfen der Bundesrepublik Deutschland sind verpflichtet, alle zwei Jahre eine Übung durchzuführen, an der nach Möglichkeit alle Behörden und Organisationen teilnehmen sollen, die bei einem Flugunfall beteiligt werden müssen.

Abb. 9.1. ICAO-Notfallübung Airport Stuttgart

Übungen haben eine Reihe von Vorteilen, so kann man z.B. rechtzeitig Planungs- und Kommunikationsfehler erkennen und abstellen, gleichzeitig kann die interdisziplinäre Zusammenarbeit überprüft und ggf. optimiert werden. Ein nicht zu unterschätzender Faktor ist das gegenseitige Kennenlernen der anderen Beteiligten, deren Vorgehensweise sowie das Wissen über deren Aufgaben und Ziele. Gleichzeitig ist eine solche Übung natürlich auch immer ein wenig eine Selbstdarstellung des Flughafens für die Öffentlichkeit und die Medien. Das schmälert jedoch nicht den Erfolg der

Übung, solange die Selbstdarstellung nicht zum Selbstzweck wird. Der Öffentlichkeit kann dadurch bewusst gemacht werden, welche Anstrengungen und Vorbereitungen erforderlich sind, um den täglichen Flugbetrieb sicher abzuwickeln und wie effektiv bei einem Ernstfall gehandelt wird. Die erwartete Zunahme des Luftverkehrs in den kommenden Jahren bedeutet auch, dass in den nächsten Jahren noch größere Anstrengungen als bisher erforderlich sein werden, um den derzeitigen Sicherheitsstandard in der Luftfahrt, besonders im Hinblick auf die nächste Flugzeuggeneration, wie Airbus A380 mit mehr als 500 Passagieren, zu halten. Wenn jedoch ein Unfall geschieht, ist es erforderlich ausreichend vorbereitet zu sein.

Der letzte große Unfall in der Bundesrepublik Deutschland am 1. Juli 2002 am Bodensee, bei dem eine TU 154 und eine Boeing B757 zusammenstießen und 71 Insassen ihr Leben verloren, beweist wieder einmal, dass es auch im generell als sicher geltenden europäischen Luftverkehr keine absolute Sicherheit gibt. Er zeigt auch, dass Unfälle immer überraschend, zu den ungünstigsten Zeiten und an jedem Ort geschehen können. Gleichzeitig beweist dieser Fall, dass Flugunfälle nicht ausschließlich auf technische Ursachen oder nur auf die Flugzeugbesatzungen zurückzuführen sind. Bei mehr als 80 Prozent der Unfälle sind die Ursachen oder beitragenden Faktoren bei den so genannten menschlichen Faktoren zu finden, die nicht nur die Piloten sondern das Gesamtsystem Luftfahrt, also alle an der Flugdurchführung beteiligten Personen, einschließen.

Die Flughäfen selbst werden durch den normalen Luftverkehr täglich mit der Möglichkeit eines Unfalls konfrontiert. Es gibt auch ständig kleine Unfälle und Störungen, die nicht durch Luftfahrzeuge verursacht wurden, die den Einsatz der Feuerwehr und anderer Sicherheitskräfte erfordern. Das reicht von kleinen Sach- oder Personenschäden bis hin zu schwer verletzten Personen oder Beschädigungen an Fahrzeugen, Gebäuden oder Geräten. Damit ist eine generelle Inübunghaltung gewährleistet. Ein internationaler Verkehrsflughafen ist wie eine kleine Stadt mit meist hohem Verkehrsaufkommen, saisonbedingt unterschiedlichen Menschenmassen und dadurch einem ständigen hohen Unfall- und Sicherheitsrisiko. Die Flughafenfeuerwehren sind dafür trainiert, wie im *Airport Service Manual*[35] vorgeschrieben, innerhalb von zwei, maximal drei Minuten an jeder Stelle des Flughafens einsatzbereit zu sein. Sie werden ständig für den Notfall geschult, bei dem der Flugunfall selbstverständlich Priorität hat. Für Übungen stehen inzwischen mobile Übungsgeräte zur Verfügung, an denen man jede Art eines Brandes in oder an einem Flugzeug demonstrieren und das Feuer bekämpfen kann. Zusätzlich wurden an vielen Verkehrsflughäfen eine große Zahl von Mitarbeitern zu Ersthelfern geschult, die befähigt sind, bei einem Flugunfall die ersten Maßnahmen der Feuerwehr zu unterstützen. Die Alarmordner werden ständig auf dem aktuellen Stand gehalten und den verantwortlichen Behörden vorgelegt. Es werden geeignete Räume für die Katastrophenstäbe, die Untersuchungsbehörden, aber auch für Familienangehörige und Abholer sowie die Medien bereitgehalten. Dadurch sind die Übungen für den Verkehrsflughafen meist nur eine Überprüfung der Funktion der bestehenden Rettungs- und Sicherheitsvorschriften

35 Airport Service Manual – Part I Rescue and Fire Fighting – 2.7 Response Time.

und der eigenen Regularien. Zu den nicht ansässigen Rettungs- und Sicherungskräften kommen Geistliche unterschiedlicher Konfessionen, Psychologen sowie eine Reihe von Hilfsorganisationen. Außer an Christen muss man bei den Betroffenen an andere Glaubensrichtungen, wie z.B. Muslime denken. Eine Kontaktaufnahme mit in Deutschland lebenden türkischen und arabischen Ärzten und Psychologen sowie Religionsführern (Imamen) sollte rechtzeitige eingeplant werden. Für alle trifft zu, dass sie sich nicht nur um die Opfer des verunglückten Flugzeugs kümmern müssen, sondern ebenfalls für alle Personen zuständig sind, die direkt oder indirekt durch den Unfall betroffen wurden, wie z.B. Angehörige und Abholer. Es werden Mitarbeiter benötigt, die die Sprache der verunglückten Passagiere und deren Angehörigen verstehen.

In der Bundesrepublik Deutschland haben viele Behörden und Organisationen (von Strafverfolgungsbehörden, Sanitäts- und Unterstützungskräften, wie dem Technischen Hilfswerk, Bundesgrenzschutz, ggf. der Bundeswehr, bis zu den Wasserbehörden und Forstämtern) eine durch Gesetz oder Verordnung geregelte mögliche Aufgabe an einer Unfallstelle zu erfüllen. Wie die Erfahrungen zeigen, wissen die meisten Sachbearbeiter wenig oder nichts von dieser Aufgabe und erscheinen erst nach Anforderung vor Ort. Sie sind normalerweise auch nicht bei Übungen anwesend und haben dadurch einen natürlichen Abstand zu dieser besonderen Aufgabe innerhalb ihres Arbeitsbereiches.

Die Anforderungen, die bei einem Unfall auf den Flughafenbetreiber, das betroffene Luftfahrtunternehmen, die Polizei, Sicherungs- und Sanitätskräfte zukommen, sind äußerst vielfältig. Sie reichen vom Retten, Löschen und Bergen über die Betreuung von Betroffenen und Angehörigen bis zur der Identifizierung und Rückführung eventueller Opfer. Dabei sollte nicht vergessen werden, dass es durch den Abflugort, den Ankunftsort und einer möglichen Unfallstelle außerhalb von beiden, immer mindestens zwei oder mehr Flughäfen oder Ereignisorte gibt, die betroffen sind. An der Unfallstelle müssen eventuell Insassen des Flugzeugs gesucht werden, dazu sind Hundestaffeln mit erfahrenen Hundeführern erforderlich. Gleichzeitig muss man mit einer erheblichen Zahl von Neugierigen und Zuschauern rechnen. Die Vertreter der verschiedenen Medien werden schnell am Unfallort eintreffen. In kürzester Zeit müssen geschützte Aufenthalts- und Besprechungsräume sowie ausreichende Kommunikationsmöglichkeiten für die untersuchenden Behörden, die ausländischen Repräsentanten, die Presse und die Angehörigen bereitgestellt werden.

Vollübungen sind eine teure Angelegenheit und würden erfordern, dass der Flughafen für mehrere Stunden ganz oder teilweise nicht mehr funktionstüchtig ist. Ebenso kommt es aus den verständlichen Gründen zu einer Reihe Übungskünstlichkeiten, die mit einem realen Unfall wenig zu tun haben. Es kann kein realistisches Feuer entzündet werden, da Umweltschutzbehörden sofort Einspruch erheben würden. Bei den meisten Übungen steht auch kein geeignetes Flugzeug als Übungsobjekt zur Verfügung. Angemietete Luftfahrzeuge erfüllen den Übungszweck nur bedingt, da diese keine Rutschen ausfahren können und sie selbstverständlich weder beschmutzt noch beschädigt werden dürfen. Häufig stehen sie auch nur für einen kurzen Zeitraum zur

Verfügung, da sie dann wieder regulär im Luftverkehr eingesetzt werden müssen. Verletzte werden durch entsprechend geschminkte Schauspieler oder Laien dargestellt. Selbstverständlich sind Übungskünstlichkeiten in Kauf zu nehmen und es gibt auch keine bessere Lösung dafür. Der Zweck der Übung kann, wie es sich in vielen erfolgreichen Fällen gezeigt hat, bei einem realitätsnahen Drehbuch und ernsthafter Durchführung durch alle Beteiligten trotzdem erreicht werden.

Abb. 9.2. ICAO-Unfallübung – Streugut – Flughafen Stuttgart

9.1 Teilübungen

Aus Kostengründen werden die meisten ICAO-Übungen nur als Teilübungen durchgeführt. Das bedeutet, dass nur wenige der vielen Behörden, Organisationen und Personen, die bei einem Unfall gebraucht werden, anwesend sind. Es macht wenig Sinn, wenn ausschließlich die Flughafenfeuerwehr mit den Notärzten und einigen Sanitätern eine Übung durchführt. Bei solchen Teilübungen fehlen in der Regel die wichtigsten Beteiligten bei einem Unfall. Beginnend mit der sofortigen und konsequenten Absperrung des Unfallortes und der Regelung des Verkehrs durch die Polizei, der Sicherung vergänglicher Spuren, der Organisation der Unfallstelle, dem Umgang mit den anderen Beteiligten bis hin zur Pressearbeit und dem Umgang mit Angehörigen,

Abholern und Neugierigen, können wichtige Abläufe nur unzureichend dargestellt und geübt werden. Die Zusammenarbeit der im Ernstfall beteiligten Behörden und anderen Organisationen sowie der gesamte Ablauf eines Unfallgeschehens werden unrealistisch. Tatsache ist, dass die Nichtbeteiligten keine Gelegenheit erhalten sich mit den Verhältnissen und Besonderheiten eines Großflughafens vertraut zu machen. Sie haben dadurch auch keine Möglichkeit ihre eigenen Alarm- und Einsatzpläne in der Praxis zu überprüfen und zu vervollständigen. Sie lernen unter diesen Umständen auch nicht die Ansprechpartner, Meldewege und Führungsstrukturen kennen. Wenn man bedenkt, dass die meisten örtlichen Feuerwehren und das technische Hilfswerk zum größten Teil aus Freiwilligen bestehen, entgehen diesem Personenkreis praxisnahe Schulungsmaßnahmen für das eigene Verhalten bei Flugunfällen.

9.2 Technische Einsatzleitung

Unmittelbar nach Eintreffen an der Unfallstelle bildet in der Regel die Flughafenfeuerwehr eine technische Einsatzleitung zu der, schon aus Platzmangel, andere Behörden oder Dienste nur schwer Zugang erhalten. Diese hat die Aufgabe, die ersten Lösch- und Rettungsmaßnahmen vor Ort zu leiten und zu koordinieren. Dazu verfügen die Flughäfen über geeignete großräumige Fahrzeuge, die mit den erforderlichen Kommunikationsmitteln ausgerüstet sind. Die verfügbaren Plätze in diesen Fahrzeugen sind in der Regel fest vergeben und lassen die Beteiligung anderer nicht zu. Auf allen Verkehrsflughäfen ist die Bundesstelle für Flugunfalluntersuchung durch die Beauftragten für Flugunfalluntersuchungen (Flughafenbeauftragte) vertreten. Diese freiwilligen und geschulten Mitarbeiter des Flughafens sind mit den ersten Feuerwehrfahrzeugen an der Unfallstelle. Sie melden sich bei der Einsatzleitung und bieten ihre fachliche Unterstützung an. Sie sind für die Information der BFU zuständig. Zusätzlich sind sie verantwortlich für die Sicherung vergänglicher Spuren, ggf. technischer Geräte und Unterlagen sowie die erste Dokumentation der Unfallstelle. In Vertretung des Untersuchungsführers der BFU veranlassen sie gemeinsam mit der Polizei oder dem Bundesgrenzschutz die notwendigen Absperrmaßnahmen und die Zugangsregelung zum frühest möglichen Zeitpunkt. Dazu ist es sinnvoll, in der Einsatzleitung an der Unfallstelle vertreten zu sein, um im Informationskreis zu bleiben und erforderliche Maßnahmen schnell umsetzen zu können. Das Gleiche gilt natürlich auch für die Polizei und den leitenden Notarzt. Häufig war auf Übungen zu beobachten, wie verschiedenen Gruppen sich unter ihrer eigenen Leitung zusammenfanden und nur gelegentlicher Kontakt zur Einsatzleitung vor Ort zustande kam. Damit sind Missverständnisse und Mängel in der Koordination im Ernstfall vorprogrammiert.

Ein weiterer Mangel wird beim Eintreffen der örtlichen Feuerwehren sichtbar. Häufig sieht man mehrere Fahrzeuge mit der Aufschrift „Einsatzleitung", die mit der technischen Einsatzleitung der Flughafenfeuerwehr nichts zu tun haben. Die Feuerwehren untereinander kennen offensichtlich das Problem und kommen damit in der Regel zurecht. Das gilt jedoch nicht für die anderen Einsatzkräfte, die oft nicht wissen, wohin sie sich wenden sollen oder wer die tatsächliche Leitung ausübt. Hinzu kommt, dass sich die Basis der technischen Einsatzleitung zu Beginn der Übung positioniert. Kurz danach wird diese häufig mehr und mehr von anderen eintreffenden Fahrzeugen zugestellt. Da in vielen Fällen eine geeignete, weit sichtbare und wetterfeste Kennzeichnung fehlt, leidet die Erkennbarkeit für die ortsfremden Beteiligten erheblich.

Abb. 9.3. Verletztensammelstelle und erste Hilfe unmittelbar neben dem Wrack

Jede Übung beginnt, ähnlich wie bei einem Unfall mit einer so genannten Chaosphase, in der jeder, der alarmiert wurde, möglichst schnell an der Unfallstelle erscheint und versucht zu helfen, so gut er kann. Um diese Chaosphase so kurz wie möglich zu halten, ist eine eindeutige Organisationsstruktur mit einer deutlich erkennbaren Einsatzleitung erforderlich. Der Einsatzleiter sollte die Koordination aller Anwesenden ohne Ausnahme übernehmen. Auf den Verkehrsflughäfen ist es anfangs immer der Einsatzleiter der Flughafenfeuerwehr. Dieser ist schon deshalb am besten geeignet, da er den Flughafen kennt und mit den Besonderheiten beim Betrieb von Luftfahrzeugen, Flughafenanlagen sowie dem Flughafenbetrieb vertraut ist. Er kennt die Zu- und Abfahrtswege und die geeigneten Sammelplätze für die eintreffenden Fahrzeuge, zum Aufbau von Verletztensammelstellen usw.. Es ist immer wieder zu beobachten, dass Verletztensammelstellen unmittelbar neben dem Übungswrack aufgebaut werden, ohne zu bedenken, dass das Flugzeug im Ernstfall brennen oder gefährliche Güter mit sich führen kann. Ein Betreten der Unfallstelle sollte, bevor irgendwelche Untersuchungs- oder Rettungsmaßnahmen ergriffen werden, mit der Einsatzleitung abgesprochen werden, um sich nicht selbst zu gefährden.

Ein weiterer bei Übungen immer wieder zu beobachtender Schwachpunkt ist die Kennzeichnung der Personen, die berechtigt sind, die Unfallstelle zu betreten. Es gibt erstaunlich viele Menschen, die sich ermächtigt fühlen, überall dabei sein zu müssen. Sie gehen offensichtlich davon aus, dass man sie und ihre Bedeutung kennt und erscheinen häufig ohne Uniform, Kennzeichnung oder geeignete und angemessene Schutzbekleidung. Wenn man sich die Mühe macht, diese „Zivilisten" bei ihren Rundgängen im Übungsgebiet zu beobachten, stellt man schnell fest, dass sie den Übungsablauf überall dort behindern, wo sie nicht bekannt sind. Man fragt sich gegenseitig, wer das sein könnte, um dann in den meisten Fällen einfach festzustellen: Das wird schon seine Richtigkeit haben. Hier sollten die Absperrmaßnahmen greifen, die bei einem Unfall ohnehin zwingend erforderlich sind. Um die Ernsthaftigkeit der Übungen zu dokumentieren und nicht zu gefährden, sollten sich alle Beteiligten bestrebt sein die gesteckten Ziele der Flugunfallübung besonders in der Zusammenarbeit mit anderen Dienststellen zu erreichen.

Abb. 9.4. Feuerwehr-Übungsgerät auf dem Frankfurter Flughafen

Teilübungen haben leider immer auch nur einen Teilerfolg. Es macht wenig Sinn, wenn die ohnehin für einen Unfall mit katastrophalen Ausmaßen gut trainierten und vorbereiteten Einsatzkräfte, wie Feuerwehren, Notärzte und Sanitätskräfte gemeinsam üben, die vielen anderen, bei einem Großunfall benötigten Behörden und Organisationen weder eingeladen werden noch eine Möglichkeit haben, sich einzubringen. Aus diesem Grunde verlieren viele Übungen ihren Wert und werden auch meist auch von den Beteiligten nicht hinreichend ernst genommen. Die Nichtteilnehmenden haben das Gefühl ausgegrenzt zu sein und werden ihre Vorbereitungen auf einen Ernstfall auf ein Minimum begrenzen.

Auf vielen Flughäfen erfordern die länderbedingten Gesetze oder Vorschriften, dass die Einsatzleitung der Flughafenfeuerwehr an einen vorher bestimmten höheren Vertreter der Landesfeuerwehr, nach dessen Eintreffen am Ereignisort, übergeht. Dieser muss in die Lage, auf einem ihm oft nur flüchtig bekannten Flughafen, eingewiesen werden. Außerdem muss er die Führungsstrukturen seines Vorgängers übernehmen oder diese neu ordnen. Bei Übungen konnte dabei festgestellt werden, dass dieser Vorgang bis zu 20 Minuten dauern kann, in denen „Leerlauf" herrscht. Diese Übergabezeremonie fällt meist noch in die so genannte Chaosphase. Das erschwert die Arbeit der Kräfte vor Ort, da in der zwangsläufig eintretenden Übergabezeit keine oder nur wenige Entscheidungen getroffen werden.

Abb. 9.5. Feuerwehr-Übungsplatz in Frankfurt

Anders als bei realen Unfällen, existiert bei einer Übung ein vorgegebener Zeitrahmen von wenigen Stunden, der dafür vorgesehen ist. In der Realität eines Großunfalls, können allein die erforderlichen Untersuchungen vor Ort mehrere Tage in Anspruch nehmen. Eine Übergabe der Einsatzleitung von dem Leiter der Flughafenfeuerwehr an eine andere Person, falls erforderlich, frühestens zu einem Zeitpunkt erfolgen, an dem die erste Ruhephase eintritt, damit es nicht zur Unterbrechung der Gesamtleitung kommt. Eine gleitende Übergabe setzt voraus, dass mögliche Einsatzleiter rechtzeitig auf ihre Aufgaben bei einem Flugunfall vorbereitet werden und mit den besonderen Anforderungen auf einem Flughafen vertraut sind.

Im Verlauf der Übung werden alle alarmierten Feuerwehren und Sanitätskräfte versuchen, die Unfallstelle auf dem schnellstmöglichen Wege zu erreichen. Das Feuer ist jedoch innerhalb der ersten halben Stunden gelöscht und die Zahl der Verletzten ist begrenzt. Häufig ist zu beobachten, wie noch Stunden nach Beginn der Übungen rote und weiße Fahrzeuge eintreffen und die Zu-, und Abfahrtswege und die Unfallstelle unnötig blockieren. Auf einigen Flughäfen ist eine sinnvolle Regelung eingeführt worden, bei der alle Einsatzfahrzeuge bereits vor dem Flughafen durch Ordnungskräfte abgefangen und in Bereitstellungsräume geleitet werden, um das zu verhindern. Es erweist sich offensichtlich als schwierig, Einsatzfahrzeuge während der Anfahrt zu informieren, ob sie noch benötigt werden. Es ist auch verständlich, auf die meist freiwilligen Helfer Rücksicht nehmen zu wollen, da sie nun mal alarmiert wurden und sich nachträglich ausgeschlossen fühlen könnten. Es ist eine realistische Annahme, dass das Feuer beim Eintreffen der örtlichen Feuerwehren bereits gelöscht ist und diese in der Regel nicht mehr in den Übungsverlauf eingreifen können.

Abb. 9.6. Unfallübung Hannover Flughafen - Bereitstellung eintreffender Hilfskräfte

9.3 Gesamteinsatzleitung

Innerhalb kurzer Zeit nach dem Unfall wird eine übergeordnete Einsatzleitung gebildet, die in den verschiedenen Ländern der Bundesrepublik Deutschland unterschiedlich bezeichnet werden. Sie setzt sich in der Regel aus Mitgliedern der Landesbehörden, örtlichen Verantwortungsträgern, dem Leiter des Katastrophenschutzes, Vertreten der Polizei, des Flughafens und des betroffenen Luftfahrtunternehmens zusammen. Die Zusammensetzung ist bei Bedarf beliebig veränderbar. Diese Einsatzleitung tagt an einem vorher festgelegten Ort in einem Flughafengebäude, in dem auch ausreichende Kommunikationsmittel zu Verfügung stehen. Nach festgelegten Plänen werden die in Anweisung festgelegten Aufgaben eines übergeordneten Katastrophenmanagements, bis hin zur Information der Medien und der Öffentlichkeit über eventuelle Gefahren für die Anlieger, wahrgenommen. In vielen Fällen übernimmt diese Einsatzleitung auch die Aufsicht und Entscheidungsgewalt über die Unfallstelle und die dort eingesetzten Kräfte.

Abb. 9.7. Mobile Einsatzleitung - Flughafen-Feuerwehr Frankfurt

Die Räume der gemeinsamen Einsatzleitung liegen, wie auch die Übungen zeigen, oft weit von der Unfallstelle entfernt. Eine erstaunlich große Zahl der Anwesenden sind mit dem Flughafen, dem Flughafenbetrieb sowie den allgemeinen örtlichen Gegebenheiten vor Ort nur wenig vertraut. Normalerweise ist aufgrund der großen Entfernung zu der Unfallstelle kein Sichtkontakt möglich. Der Erfolg gegebener Anweisungen oder eingeleiteter Maßnahmen kann nicht unmittelbar überprüft werden. Oft ist nicht klar, ob die Weisungen ihren Adressaten erreicht haben und ob diese vollständig angekommen sind. Rückmeldungen werden meist verifiziert, indem ein Mitglied der Einsatzleitung direkt an die Unfallstelle fährt. Missverständnisse und Zeitverlust sind die normale Folge und stören den Gesamtablauf. Bei einem Unfall mit katastrophalen Ausmaßen sollten sich die übergeordneten Einsatzleitungen nicht mit der Durchführung der Lösch- und Rettungsmaßnahmen am Wrack zusätzlich belasten. Sie sollten sich auf ihre übergeordneten Kompetenzen beschränken und die Einsatzkräfte vor Ort nach besten Kräften unterstützen. Es gibt genügend andere Aufgaben, durch die sie den Einsatzleiter an der Unfallstelle entlasten können. Das beginnt mit der Pressearbeit und geht über der Beantwortung von Anfragen der Ministerien, des Bundes und der Länder und von Angehörigen, bis hin zur Organisation der Bereitstellung von Krankenhausbetten für Brandverletzte. Es zeigt sich immer wieder, dass dringend notwendige Entscheidungen nur verzögert oder nach mehrfacher Rückfrage zu den Ausführenden gelangen, wenn die Verantwortung für die Unfallstelle den dort eingesetzten Kräften entzogen wird. Manche Entscheidungen, die aus der Entfernung getroffen wurden, waren an der Unfallstelle praktisch nicht durchführbar. Es sollte eine klare Aufgabentrennung und Kompetenzverteilung der beiden Einsatzleitungen bereits in den Alarmplänen festgelegt sein. Die Beurteilung der Ereignisse vor Ort und die erforderlichen Entscheidungen sollten von der dortigen Einsatzleitung allein geregelt werden. Darüber hinaus muss in Betracht gezogen werden, dass die Aufgabe an einer realen Unfallstelle eben nicht nach wenigen Stunden beendet sind, sondern Tage oder Wochen andauern können. Das bedeutet, dass auch die Personen in den Führungsstäben, aber auch die vor Ort eingesetzten Kräfte, zwangsläufig mehrfach auswechselt werden müssen. Eine vorausschauende Kompetenzabgrenzung der Führungsaufgaben wirkt sich positiv auf die interdisziplinäre Zusammenarbeit aus, stärkt die Einsatzleitung an der Unfallstelle und beugt Missverständnissen und Führungsmängeln vor.

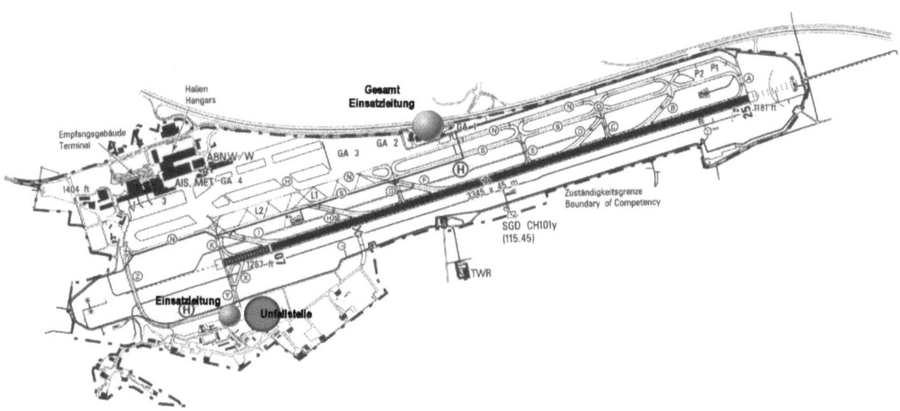

Abb. 9.8. Beispiel: Stuttgart-Flughafen - mögliche Unfallstelle, Einsatzleitung vor Ort und Gesamteinsatzleitung

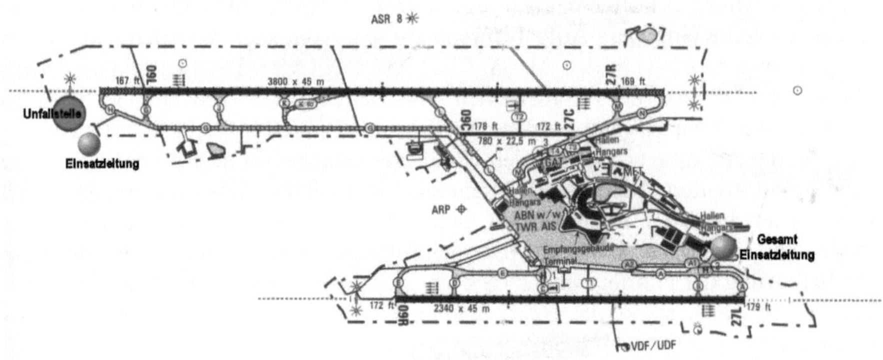

Abb. 9.9. Beispiel: Hannover-Airport - mögliche Unfallstelle, Einsatzleitung vor Ort und Gesamteinsatzleitung

10 Selbstschutz an der Unfallstelle

10.1 Persönliche Sicherheit

Bei allen Unfallübungen, aber auch an realen Unfallstellen fällt auf, dass der Selbstschutz der Helfer manchmal sträflich vernachlässigt wird. In den letzten Jahren sind immer wieder Personen zu Schaden gekommen, die nichts anderes wollten als helfen. Zugegebenerweise sind zusätzliche Kleidungsstücke bei allen Rettungsarbeiten äußerst hinderlich. Es sind jedoch immer die üblichen Gefahren jeder Unfallstelle zu beachten. Ein geborstenes Flugzeug ist ein großer Haufen brennender Schrott. Er ist scharfkantig, groß und heiß. Er besteht aus Metall, Gummi, Kunststoffen, elektrischen Leitungen, Hydraulikleitungen, in denen ein Druck von 3 000 psi herrschen kann. Außer vielen Tonnen Kerosin, Öl und Hydraulikflüssigkeiten können sich in den Frachträumen erhebliche Mengen gefährlicher Güter im Sinne der ICAO/IATA, befinden. Dazu kommen Druckflaschen mit Sauerstoff und/oder Sauerstoffgeneratoren und Feuerlöscher. Als Verpflegung für die Menschen an Bord sind ganze Menüs in möglicherweise noch heißen Mikrowellenöfen, einschließlich alkoholischer Getränke. Das sind die meist unterschätzten Gefahrenquellen auch für die Menschen, die mit dem Flugzeug verunglückt sind.

Gegen die mechanischen und chemischen Gefahren sind die Einsatzkräfte, wie Polizei, Feuerwehr, Sanitäter, Technisches Hilfswerk usw. durch ihre persönliche Ausrüstung ausreichend geschützt. Voraussetzung ist natürlich, dass sie benutzt wird. Allein die dicken Handschuhe sind unbequem und werden gern einmal abgelegt. Die Freigabe zum Betreten des Wracks zur Rettung und Bergung der Insassen kann ausschließlich durch die anwesende Feuerwehr erfolgen. Selbständiges Beginnen mit Rettungsmaßnahmen ohne eine solche Freigabe kann für die Helfer lebensgefährlich sein. Die allgemeinen Gefahren an der Unfallstelle erfordern eine sofortige Absperrung der Unfallstelle gegenüber Unbefugten. Dazu gehören auch freiwillige Helfer, die im Glauben nützlich zu sein, von sich aus aktiv werden möchten.

Weshalb ist es notwendig auf Gefahren hinzuweisen, die von den Insassen des verunglückten Flugzeugs ausgehen? In den Vereinigten Staaten ist es inzwischen Standard, dass jeder, der an der Unfallstelle, gleichgültig ob als Helfer oder Unfalluntersucher, tätig werden will, einen Lehrgang über Gefahren, die von verunglückten Menschen oder deren Überresten ausgehen können *(Bloodborne Pathogens* und *Bio-Hazards,)* absolviert haben muss. Er oder sie müssen eine Bestätigung über diese Lehrgänge, die ähnlich wie Erste-Hilfe-Lehrgänge wiederholt werden müssen, mit sich führen. Zusätzlich müssen diese Personen über eine geeignete, standardisierte

Ausrüstung verfügen, ohne die sie die Unfallstelle nicht betreten dürfen. Die Ausrüstung setzt sich aus einmal oder mehrfach verwendbaren Schutzbekleidung zusammen. Sie muss den gesamten Körper, das Gesichts, die Atemwege, Augen und Hände schützen. Die einmal verwendbare Kleidung muss nach Gebrauch fachgerecht entsorgt werden. Für die wiederverwendbaren Kleidungsstücke, wie Gummistiefel und Gummihandschuhe müssen geeignete Reinigungsmittel zu Verfügung stehen. Eine ausreichende Körperreinigung nach dem Einsatz ist dabei eine Selbstverständlichkeit und vermindert Ansteckungsgefahren.

Wenn der Körper eines Menschen zerstört wird, verteilen sich Körperflüssigkeiten und Blut im Wrack oder dessen Umgebung. Bei Kontakten mit virenbehaftetem Blut können Krankheiten wie Hepatitis oder HIV übertragen werden. Dabei geht es nicht ausschließlich, jedoch in der Hauptsache um diese beiden Infektionskrankheiten. *Bloodborne Pathogens* bedeutet frei übersetzt „Erkrankungen, übertragen durch Blut“. Das ist im Übrigen auch in Deutschland keine ganz neue Sache, denn alle Autofahrer sind verpflichtet, sogenannte AIDS-Handschuhe mit sich zu führen und im Falle der ersten Hilfe auch zu benutzen. Das Problem ist auch hier, dass man die Pflicht erfüllt, jedoch den Sinn des Ganzen nicht ganz einsieht oder in der Aufregung die Handschuhe einfach vergisst. Da man bei der Übertragungsgefahr die Hepatitis als besonders gefährlich, gefährlicher sogar als HIV (AIDS) ansieht, muss man sich besonders mit dieser Erkrankung beschäftigen. Tatsache ist, dass weltweit täglich mehr Patienten an Hepatitis C (HCV) erkranken, als an der Immunschwächekrankheit AIDS im ganzen Jahr. Darauf hat bereits 1996 die *Deutsche Hepatitis Liga* hingewiesen. Im gleichen Jahr veröffentlichte das *Robert-Koch-Institut*, dass man allein in der Bundesrepublik Deutschland mit 500 000 HCV-Infizierten rechnet, die *Deutsche Hepatitis Liga* schätzte damals die infizierten Bundesbürger auf 800 000. Man geht davon aus, dass sich in mindestens 50 % der HCV-Infektionen eine chronische Lebererkrankung entwickelt und es in 20 % dieser Fälle zu einer Leberzirrhose kommt. Die Hauptübertragung von Hepatitis C erfolgt über das Blut, so das *Robert-Koch-Institut* weiter, doch können auch andere Körperflüssigkeiten und Sekrete eine Infektionsquelle sein. Da die Bundesregierung zu dem gleichen Zeitpunkt von nur 150 000 HCV-Infizierten ausging, wurde keine Gefahr für die Volksgesundheit gesehen. Die Schweiz berichtete im Jahr 2001 von weltweit 170 Millionen Menschen, die mit dem Hepatitis-C-Virus infiziert sind. Im eigenen Land schätze man 70 000 infizierte, von denen 20 000 Menschen von ihrer Krankheit wissen. Die Hepatitis, auch Gelbsucht genannt, wird in fünf Gruppen A bis E unterteilt.

10.1.1 Hepatitis Virus-Infektionen

Hepatitis A (infektiöse Gelbsucht) ist weltweit, besonders in den Entwicklungsländern, verbreitet. In Deutschland sank aufgrund des wachsenden Hygienestandards die Infektionsrate von 90 % auf ca. 5 %. Die Erkrankung verläuft, anders als bei der Hepatitis B und C, nur in seltenen Fällen tödlich.

Mit *Hepatitis B* (Serum-Hepatitis) sind weltweit verbreitet, und ca. 350 Millionen Menschen chronisch infiziert. Rund eine Millionen der Infizierten sterben an den Folgen durch Leberzirrhose oder Leberkrebs. In den Ländern der dritten Welt ist Leberkrebs eine der drei häufigsten Krebsursachen. Die ersten Beschwerden können nach 40 bis 200 Tagen auftreten. 90 % der Erkrankungen können bei richtiger Behandlung geheilt werden. Bei den 5 bis 10 % chronisch infizierten endet die Krankheit nach ca. fünf Jahren mit einer Leberzirrhose. Das Virus kann durch Blut und andere Körperflüssigkeiten übertragen werden. Als wirksamer Schutz wird eine kombinierte Impfung gegen Hepatitis A und B empfohlen.

Der *Hepatitis C-Virus* wird, wie A und B Viren, durch Körperflüssigkeiten, Blut und Sperma übertragen. Obwohl die menschliche Haut einen natürlichen Schutz gegen alle Viren bietet, können diese durch Wunden in den Körper eindringen. Unzureichende Hygienemaßnahmen wie auch Piercing oder Tätowierungen unterstützen eine Übertragungsgefahr. Alle Personen, die aus beruflichen Gründen mit dem Blut oder Körpersäften anderer Menschen in Kontakt kommen können, müssen sich so weit wie möglich vor einer Infektion schützen. HCV wird oft zu spät erkannt und endet in 80 % der Fälle in einer chronischen Hepatitis. Der dadurch entstehende Leberkrebs oder eine Leberzirrhose enden meist tödlich. Eine Schutzimpfung gegen den Hepatitis C Virus existiert noch nicht.

Da der *Hepatitis D-Virus (HDV)* ein inkompletter Virus ist, kann er nur bei vorhergehender Infizierung mit dem Hepatitis B-Virus aktiv werden. Die Übertragung erfolgt ebenfalls durch Körperflüssigkeiten und Blut. Patienten, die bereits chronisch an Hepatitis B erkrankt sind, müssen bei der zusätzlichen Infizierung durch den Hepatitis D-Virus mit schweren gesundheitlichen Störungen rechnen, die mit der Zerstörung der Leber enden können. Ein gewisser präventiver Impfschutz besteht durch die Impfung gegen Hepatitis B.

Der *Hepatitis E-Virus* wird durch unsauberes Wasser oder durch verunreinigte Nahrungsmittel übertragen. Er kommt häufig in Länder der dritten Welt vor und kann in der Regel geheilt werden. Sorgfältige Hygienemaßnahmen sind der derzeit einzige Schutz, da es hier ebenfalls bisher keine geeigneten Impfungen gibt.

Der *Hepatitis F-Virus* weist Ähnlichkeiten mit dem Hepatitis A und E-Virus. Er wurde erst im Jahre 1995 in Indien entdeckt. Die Übertragungswege sind vermutlich vergleichbar wie bei dem A und E Virus. Genauere Informationen liegen noch nicht vor. Eine Schutzimpfung existiert nicht.

Der *Hepatitis GB-Virus* wurde 1996 entdeckt und wird vermutlich durch verschiedene Viren ausgelöst. Die Übertragung und der Krankheitsverlauf ähnelt vermutlich denen der Hepatitis C. Es liegen auch hierzu noch keine genaueren Informationen vor. Eine Schutzimpfung gibt es demzufolge ebenfalls nicht.

10.1.2 Infektionen durch HIV (AIDS)

Der *„Human Immunodeficiency Virus“ (HIV)* ist ein Virus, der durch Befall der positiven Rezeptoren bestimmter Lymphozyten - einer Gruppe menschlicher Abwehrzellen, die auch als Helferzellen bezeichnet werden. Diese spielen bei der Abwehr von Krankheitserregern eine große Rolle. Die HIV vermehren sich sehr schnell und mutieren ständig, so dass eine Bekämpfung schwierig oder nicht möglich ist. Dadurch bricht langfristig das Immunsystem des Infizierten zusammen. Eine Infektion ist inzwischen bereits nach drei bis sechs Wochen nachweisbar. Schnelltests, bei denen nach ca. 15 Minuten ein ausreichender Nachweis vorhanden ist, sind noch mit einer hohen Ungenauigkeitsrate behaftet. In der Regel muss man die Bildung von Antikörpern abwarten. Der Nachweis einer HIV-Infektion ist nach vier Wochen mit 60-65-prozentiger Genauigkeit, nach sechs Wochen mit 80-prozentiger und nach 12 Wochen mit etwa 95-prozentiger Genauigkeit positiv nachweisbar. Die Krankheit verläuft grundsätzlich chronisch führt nach 9 bis 10 Jahren zu AIDS-definierten Krankheiten.

Acquired Immune Deficiency Syndrom (AIDS) bedeutet übersetzt: erworbenes Immunschwächesyndrom. AIDS ist eine Definition verschiedener Krankheiten, deren Ursache eine Immunschwäche, hervorgerufen durch den HI-Virus ist. Es beschreibt den Ausbruch der Krankheiten die als AIDS-Vollbild bezeichnet werden. Häufig kommt es zu einer Kombination von AIDS und HCV-Erkrankungen. Da AIDS kein einheitliches Krankheitsbild hat, sind ständige Veränderungen in der Behandlung erforderlich. AIDS ist zur Zeit nicht heilbar. Eine Schutzimpfung existiert nicht. Die Liste der Krankheiten, die als AIDS-definierte Krankheiten bezeichnet werden, wird von der Welt-Gesundheitsorganisation (WHO) festgelegt. Weltweit sind über 40 Millionen Menschen mit HIV infiziert, darunter ca. 4 Millionen Kinder. In der Bundesrepublik Deutschland waren Ende des Jahres 1999 ca. 40 000 HIV-Infizierte Menschen bekannt, von denen sich ca. 25 % im Vollbild AIDS befanden.

Die Übertragung des HI-Virus geschieht im wesentlichen durch Blut und durch Geschlechtsverkehr. Nicht in Betracht kommen Berührungen mit Schweiß, Speichel Tränen oder Urin, da sie weit weniger Viren enthalten. Damit sind alle offenen Wunden sowie alle anderen Verletzungen der Haut an der Unfallstelle, ein potentieller Gefahrenherd. Viren sind keine Lebewesen und können nicht sterben – sie sind aktiv oder inaktiv. Die frühere Auffassung, das Viren außerhalb des Körpers nicht mehr wirksam sind, hat sich überholt. Bei feuchten und warmen Umweltbedingungen können Viren mehrere Tage aktiv bleiben und Menschen infizieren. In der Regel werden Viren erst nach Austrocknung inaktiv. Sie können allerdings, zumindest teilweise, unter Laborbedingungen reaktiviert werden.

Für die Helfer, Sicherungskräfte, Untersucher und alle anderen Personen an einer Unfallstelle ist das Risiko einer Infektion durch HIV oder HCV sehr hoch und wird von vielen unterschätzt. Selbst bei Einhaltung aller Hygiene- und Schutzmaßnahmen kommt es an der Unfallstelle beim Hantieren mit Wrackteilen immer wieder zu kleinen Verletzungen, die meist gar nicht beachtet werden. Das Wrack oder die Unfallstelle sollten niemals ohne ausreichende Schutzbekleidung betreten werden. Getragene Schutzbekleidung muss nach Gebrauch gereinigt oder, wenn das vorgeschrieben ist, umgehend fachgemäß entsorgt werden. Für die Körperreinigung müssen entsprechende Mittel zur Verfügung sein. Während der Arbeit an der Unfallstelle dürfen in der Zeit des Einsatzes keine Getränke oder Nahrungsmittel zu sich genommen oder geraucht werden, um sich nicht zusätzlich zu gefährden.

Die in den Vereinigten Staaten von Amerika gültigen sehr strengen Vorschriften mögen im ersten Hinsehen als übertrieben erscheinen. Sie sind jedoch aufgrund von Erfahrungen zustande gekommen und sind bindend für alle Personen an der Untersuchungsstelle. Ausländische Unfalluntersucher ohne Einweisung in die Gefahren an der Unfallstelle und ohne ausreichende Ausrüstung werden durch den Untersuchungsführer (Investigator in Charge – IIC) nicht zu Untersuchungen am Wrack oder in der potentiell kontaminierten Umgebung gelassen. Auch hochrangige Besucher, die an der Unfallstelle erscheinen, müssen ohne die o.a. Vorkehrungen vor der Absperrung verbleiben. Schaulustige sowie Pressevertreter sollten, auch zu ihrem eigenen Schutz, in angemessener Distanz vor der Absperrlinie bleiben.

Interessante Informationen über das Thema *„Bloodborne Pathogens"* findet man unter dem „Federal Register – Part II (Excerpts) Pages 64 175 thru 64 182 – Department of Labor – Occupational Safety and Health Administration – 29 CFR 1910.1030 – Occupational Exposure to Boodborne Pathogenes; Final Rule oder bei der FAA unter der URL http://www.cami.jccbi.gov/aam-700/700EPC2.html (FAA office of Aerospace Medicine, Civil Medical Institute, Occupational Health – Exposure Control Plan for Aircraft Accident Investgators).

10.2 Gefahren, die vom Flugzeug ausgehen

Bei Unfällen während des Starts sind die Flugzeuge oft voll betankt. Das heißt, dass sich in einer Boeing 747, die auf Langstrecke gehen wollte, bis zu 200 000 Liter Kerosin an Bord befinden können. Auch bei Landeunfällen kann noch sehr viel Kraftstoff vorhanden sein, da man sich das Tanken bei Zwischenlandungen aus Zeit- oder Kostengründen ersparen möchte. Der Kraftstoff verteilt sich hauptsächlich in den Tragflächen (Flächentanks) und der Rumpfmitte (Centertanks). Darüber hinaus haben moderne Flugzeug sogenannte Trimmtanks, die sich in den Höhensteuerflächen und oder Seitenruder am Heck der Flugzeuge befinden. In denen können zusätzlich 5 bis 10 Tonnen Kerosin sein. Bei einem Unfall werden meist große Mengen des Kerosins freigesetzt und können sich entzünden.

Abb. 10.1. Wrack einer ausgebrannten B 747

Außer Kerosin befinden sich, je nach Größe und Anzahl der Triebwerke, große Mengen Öl und Hydraulikflüssigkeit an Bord. Die Hydraulikflüssigkeit ist nicht brennbar jedoch meist stark ätzend. Unmittelbar nach einem Unfall sollte man beachten, dass diese Flüssigkeit unter einem Druck von bis zu 3 000 psi durch die Leitungen gepresst wird. In den Hydraulikreservoirs der verschiedenen Flugzeugsysteme kann ein Druck bis 1 200 psi über einen längeren Zeitraum erhalten bleiben.

Zusätzliche Gefahrenquellen in Flugzeugen sind große fest eingebaute Sauerstoffflaschen zur Versorgung der Passagiere und Besatzung bei einem eventuellen Druckabfall in großen Höhen. In der Fluggastkabine sind häufig Sauerstoffgeneratoren für die Passagiere installiert, die den erforderlichen Sauerstoff für einen Notabstieg auf chemischen Wege erzeugen. Tragbare Sauerstoffflaschen für Erste-Hilfe-Zwecke befinden sich an verschiedenen gekennzeichneten Orten in der Fluggastkabine. Diese Metallbehälter stehen unter einem Druck von ca. 1 200 bis 2 000 psi und können bei Überhitzung zu gefährlichen Geschossen werden oder ähnlich einer Handgranate in viele Teile auseinanderbrechen. Das Gleiche trifft auf Feuerlöschbehälter zu, deren Anzahl an Bord ebenfalls von der Größe des Flugzeugs abhängt.

Nicht unterschätzen sollte man das Catering (Bordverpflegung). Abgesehen von den heißen Öfen der Bordküchen, an denen man sich bei Berührung verbrennen kann, befinden sich auch Flaschen mit hochprozentigem Alkohol in nicht bestimmbarer Menge in den Stauräumen der Bordküchen. Diese können bei Erhitzung platzen und teilweise als Brandbeschleuniger dienen.

Schwer abschätzbar ist die Menge der gefährlichen Güter in den Frachträumen unterhalb der Fluggasträume. Man kann davon ausgehen, dass 10 Prozent der vorhandenen Fracht als gefährliche Güter im Sinne der ICAO/IATA gelten müssen. Unter anderem sind das Chemikalien, bestimmte Lacke oder Flüssigkeiten, Kunststoffe sowie alle leicht brennbaren oder explosiven Stoffe. Das können in großen Frachtflugzeugen mehrere Tonnen sein. Bei Charterflügen aus den weit entfernten Urlaubsländern wird die zu erwartende Menge gefährlicher Güter an Bord relativ gering sein, da das Passagiergepäck einen zusätzlichen Transport von Fracht nicht zulässt. In Linien- oder Frachtflugzeugen sollte die Feuerwehr in jedem Fall beim Luftfrachtführer anfragen, ob und welche gefährlichen Güter sich in dem Flugzeug befinden, bevor man das Wrack begeht.

Helfer aller Art sollten immer und über den gesamten Einsatzzeitraum mit der Einsatzleitung vor Ort und der Feuerwehr zusammenarbeiten, um sicher zu stellen, dass sie die Unfallstelle gefahrlos betreten können. Alle, die Zugang zur Unfallstelle und zum Wrack haben, müssen in jedem Fall geeignete Schutzkleidung, Sicherheitsschuhe, Helm und Handschuhe tragen.

Flugzeuge russischer Bauart, einige westliche Helikopter sowie verschiedene militärische Flugzeuge sind mit Eissonden ausgerüstet, die schwach radioaktiv strahlen. Die Sonden signalisieren dem Flugzeugführer, dass das Flugzeug bei bestimmten Wetterlagen Eis ansetzten kann. Die Sonden sind mit dem Symbol für Radioaktivität gekennzeichnet und sollten von Unbefugten nicht berührt werden. Falls die Sensoren abgerissen sind, müssen sie gesucht und fachgerecht gelagert oder verwahrt werden. In keinem Fall sollten sie diese zum Zwecke der Bergung oder Sicherung in irgendwelche Taschen der persönlichen Kleidung stecken. Die nächsten Bilder zeigen den Einbauort an einer AN 12.

Radioaktive Eissonde einer AN 12

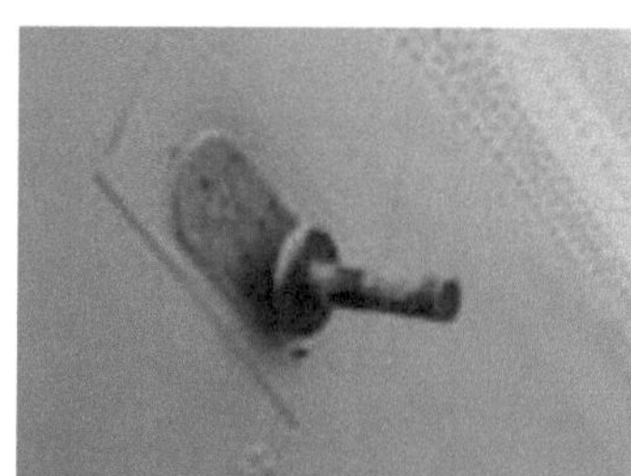

Flugzeug abgedeckt am Boden

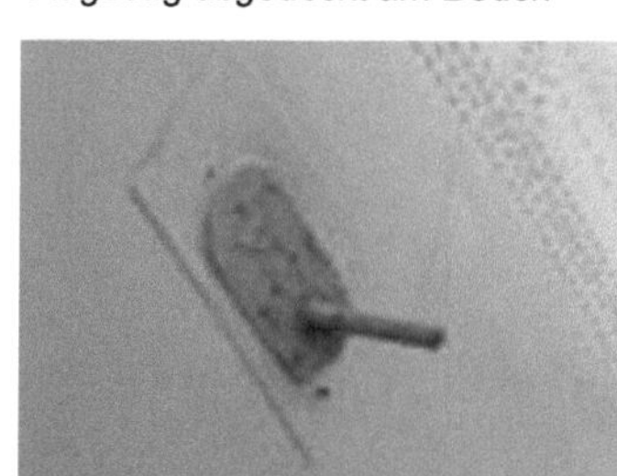

Eissonde im Betrieb/Flug

Abb. 10.2. Gefahren durch radioaktive Eissonden

10.2.1 Allgemeine Gefahren

In modernen Flugzeugen werden immer mehr Teile aus Faserverbundstoffen als Ersatz für Metalllegierungen eingebaut. Sie sind leichter, von hoher Festigkeit und einfacher als Metall zu verarbeiten. Kohlenstofffaser- und Glasfaserverbundstoffe bestehen aus Epoxid- oder Aramidharzen und werden mit mineralischen Fasern aus Kunststoff, Graphit, Glas oder anderen Materialien zusammengemischt. Sie ersetzen inzwischen bis zu 30 Prozent der gesamten Außenflächen eines Flugzeugs. Sie werden in der Hauptsache dort verwendet, wo keine tragenden Teile benötigt werden, wie z.B. Leitwerke, Steuerflächen und Landeklappen, aber auch für große Teile der Innenausstattungen der Flugzeuge. Wenn diese Materialien thermisch belastet werden, bilden sich toxische Gase sowie bei der Verbrennung Faserschwebeteilchen, die beim Einatmen für den Menschen gefährlich werden können. Die Schwebeteilchen haben teilweise eine nadelförmige Struktur, die die Lungenbläschen zu schädigen können. Da die Schwebeteilchen allein durch Hantieren oder Umhergehen in den Wrackteilen aufgewirbelt werden, empfiehlt es sich, dringend einen Mundschutz zu tragen. Die thermische Zersetzung von Epoxydharzen und Acrolien kann zu erheblichen Belastungen der Atemwege führen. Das Gleiche gilt für Kleb- und Dichtstoffe, bei denen durch thermische Zersetzung in geschlossenen Räumen schnell das zehnfache der zulässigen Luftkonzentration erreicht werden kann. Zerbrechen oder zerreißen Faserverbundstoffe, bilden sich messerscharfe Kanten, die zu schweren äußeren Verletzungen führen können.

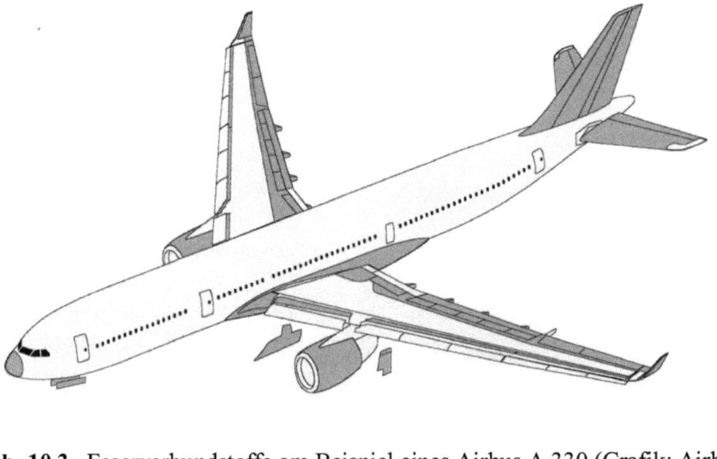

Abb. 10.3. Faserverbundstoffe am Beispiel eines Airbus A 330 (Grafik: Airbus)

Normale Faserverbundstoffe können bereits bei Temperaturen von unter 200° C anfangen zu fließen. Bei einem Unfall, bei dem das Flugzeug brennt, können im Innenraum Temperaturen von 850° C und mehr entstehen, dabei schmelzen Metalle und vergasen Kunststoffe. Die Inneneinrichtungen der Flugzeuge, wie Sitzkissen und Teppiche, bestehen grundsätzlich aus schwer entflammbarem Material, das sich bei hohen thermischen Belastungen zersetzt oder verbrennt. Dabei verschmelzen die unterschiedlichen Werkstoffe bei hohen Temperaturen zu nicht kontrollierbaren chemischen Verbindungen und erzeugen zusätzlich toxische Gase. Bei einem Unfall eines Luftfahrzeugs sterben die meisten Insassen nicht durch die hohe kinetische Energie beim Aufprall auf dem Boden. Die häufigste Todesursache sind die sich schnell bildenden toxischen Gase und das sofort entstehende Feuer. Bei Unfällen großer Flugzeuge muss man nicht nur mit einer hohen Zahl von Toten, sondern bei den überlebenden Insassen mit vielen Brandverletzten rechnen.

10.2.2 Notausstiege und Rettungseinrichtungen im Flugzeug

Alle Flugzeuge, in denen Personen transportiert werden dürfen, müssen über ausreichende Notausstiege verfügen. Bei kleinen Luftfahrzeugen ist das meist die normale Einstiegstür und bei einigen, abhängig von der maximal möglichen Zahl der Fluggastsitze, zusätzlich ein oder mehrere Fenster. Notausstiege sind immer besonders gekennzeichnet und lassen sich sowohl von innen als auch von außen öffnen.

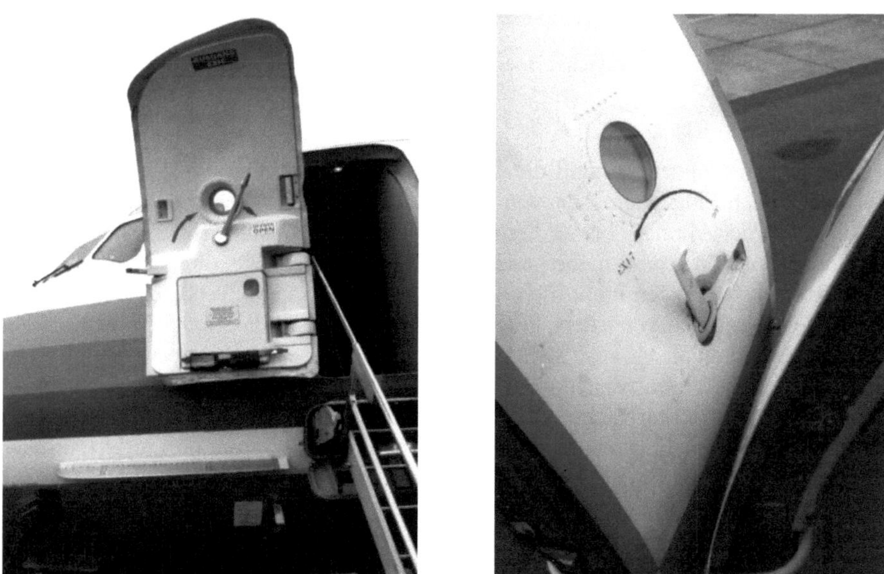

Abb. 10.4. Haupteinstieg MD 83, Innenseite Außenseite, Öffnungshebel

Abb. 10.5. Übung mit Notrutsche, Boeing 707

Bei großen Flugzeugen sind die Vorschriften strenger. Die Art der Notausstiege variiert je nach Flugzeugmuster von Türen, durch die zwei Personen gleichzeitig evakuiert werden können, bis zu Fenstern. Die Öffnungsmechanismen sind auffällig gekennzeichnet und meist mehrsprachig beschriftet. Flugzeuge, die man aufgrund ihrer Größe ohne Treppen nicht mehr gefahrlos verlassen kann, verfügen über Notrutschen. Diese müssen vor jedem Flug aktiviert werden, so dass sie beim Öffnen des Notausstieg automatisch auslösen. Wurden die Notrutschen bei einem Unfall nicht ausgelöst, da die Türen verschlossen blieben, sollte man diese nur mit äußerster Vorsicht öffnen, da die Notrutschen auch beim Öffnen von außen sofort ausgelöst werden können. Bei vielen Flugzeugen ist von außen nicht erkennbar, ob die Notrutschen noch aktiviert sind. Einige Fluggesellschaften schreiben ihren Kabinenbeatzungen vor, wenn die Notrutschen aktiviert werden, das Bullauge der Ausstiegstüren innen durch ein von außen gut erkennbares rotes Band zu kennzeichnen.

Bei anderen Flugzeugen steht der Öffnungshebel innen, deutlich gekennzeichnet und durch das Bullauge sichtbar, als Warnsignal in senkrechter Position. Nach einem Unfall ist das Flugzeug nicht mehr in einen normalen Zustand. Dadurch können auch die Notausstiege durch Verdrehen oder Verkanten der Flugzeugzelle in Mitleidenschaft gezogen sein. Die Flughafenfeuerwehren sind mit diesen Problemen vertraut.

Andere Feuerwehren sollten vorsichtshalber auf die zusätzliche Gefahr beim Öffnen von Türen und Notausstiegen aufmerksam gemacht werden. Die einfachste Art festzustellen, wo sich die Notausgänge in dem Flugzeug befinden und wie sie geöffnet werden können, findet man in den Passagierinformationen, die in den Sitztaschen stecken. Diese werden wahrscheinlich auch im Streugut um das Wrack zu finden sein.

Abb. 10.6. Notrutschen bei Windeinfluss und asymmetrischer Lage

Notrutschen sind, da sie bei Flügen über Wasser gleichzeitig als Floß bei Notwasserungen dienen, teils sehr groß. Aber sie können nach einem Unfall auch Fehlfunktionen haben, bei Hitze platzen und bei starkem Wind oder Böen durch die Luft gewirbelt und damit für eine Evakuierung unbrauchbar werden. Steht das Flugzeug nicht auf allen Fahrwerken, ist der Winkel der Rutschen unberechenbar. Damit steigt die grundsätzlich bestehende Verletzungsgefahr beim Ausstieg über eine Notrutsche für die Passagiere erheblich. Die Flugbesatzung wird immer versuchen, die Insassen ausschließlich an der dem Feuer abgewandte Seite und über die verbleibenden funktionstüchtigen Notrutschen aussteigen zu lassen. Bei der Zulassung muss nachgewiesen werden, dass alle Personen eines vollbesetzten Flugzeugs dieses durch die Hälfte der vorhandenen Notausgänge innerhalb von 90 Sekunden verlassen können.

10.2.3 Allgemeine Hinweise

Bei Unfällen mit Flugzeugen entsteht aufgrund der hohen Geschwindigkeiten und großen Massen erhebliche kinetische Energie, die durch Hindernisse am Boden schlagartig umgewandelt wird. Dabei kommt es zu massiven Zerstörungen des Flugzeugs. Die schweren Triebwerke können sich lösen und die Tragflächen abbrechen.

Dadurch reißen die Flügeltanks auf und ein Brand entsteht. Das Feuer dringt, wie Versuche gezeigt haben, noch während das Wrack rutscht, durch die Außenhaut in die Kabine ein und führt zu zusätzlichen Zerstörungen. Trotzdem beweisen die Unfälle der letzten Jahre, dass es immer wieder eine große Zahl Überlebender bei Flugunfällen gibt. Diese werden aus dem berstenden Flugzeug geschleudert, retten sich selbst oder werden durch Hilfe von außen gerettet. Menschen, die nicht sofort betreut werden, versuchen zu fliehen. Sie müssen, da sie sich selbst meist nicht helfen können, umgehend gesucht werden. Wenn sie angesprochen werden, reagieren sie apathisch, können sich an nichts erinnern, sind traumatisiert oder befinden sich häufig in einem akuten Schockzustand. Sie bedürfen dringend qualifizierter Hilfe.

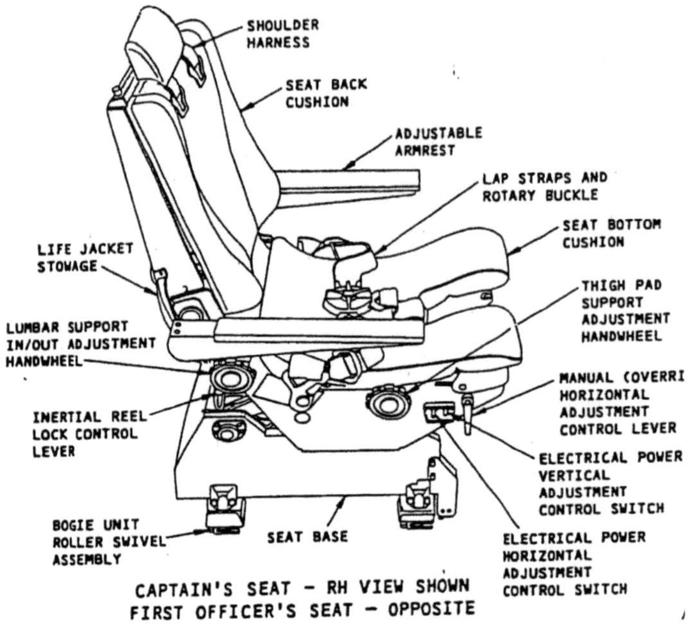

Abb. 10.7. Funktionen an einem Pilotensitz - Airbus A 310 (Auszug AOM)

Die Bergung der Piloten erscheint besonders schwierig, da sie für die Retter wegen der Mittelkonsole im oft engen Cockpit schwer zugänglich sind. Meist werden sie mit Vier- oder Fünfpunktgurten in ihrem Sitz angeschnallt aufgefunden. Flugzeugführersitze lassen sich mit verschiedenen Hebeln seitlich neben oder unterhalb der Sitzfläche mechanisch verstellen. Sind die Halteschienen nicht verbogen, in der Regel kann man den Sitz durch Betätigen des entsprechenden Hebels leicht zurückziehen. Mit einem anderen Hebel kann man die Rückenlehne verstellen, so dass der Flugzeugführer in eine fast liegende Stellung gebracht wird bevor man die Anschnallgurte lösen kann. Die Hebel sind in der Regel mit Pfeilen oder Buchstaben in der möglichen Bewegungsrichtung gekennzeichnet. Die Armlehnen lassen sich nach oben klappen. Hat der Notarzt den Tod des oder der Flugzeugführer festgestellt, müssen die Leichen bis zur Freigabe durch den Untersuchungsführer, an ihren Fundorten verbleiben. In jedem Fall ist die Position, in der die Personen vorgefunden werden, zu dokumentieren.

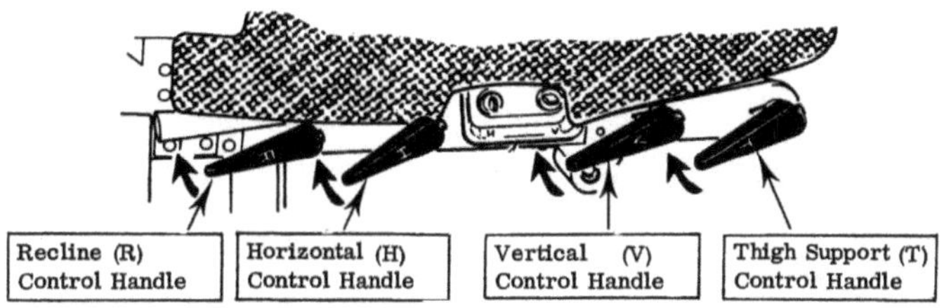

Abb. 10.8. Pilotensitz, manuelle Stellhebel (Auszug AOM, A 300)

10.3 Abschluss der Untersuchung vor Ort

Eine Regel der Flugunfalluntersucher lautet: Verlasse nie eine Unfallstelle bevor nicht alle Teile des Wracks angehoben wurden und jemand darunter gesehen hat. Damit soll ausgedrückt werden, dass man, trotz aller Umsicht, die man natürlich walten lässt, wie bei jedem anderen Unfall, immer wieder mit Überraschungen rechnen muss. Man muss vor dem Verlassen der Unfallstelle völlig sicher sein, dass solche Überraschungen nicht mehr möglich sind. Selbst in kleineren Flugzeugen wurden bei Unfällen fünf statt der laut Flugplan erwarteten vier Personen aus den Resten des Flugzeugs geborgen. Bei großen Flugzeugen und bei internationalen Flügen dürfte das im Prinzip nicht vorkommen, da die Luftfahrtunternehmen bei Auslandsflügen verpflichtet sind, vollständige Passagierlisten zu führen. Diese müssen bei einem Unfall umgehend zur Verfügung gestellt werden. Trotzdem kommt es auch hier zu Irrtümern, wenn zum Beispiel zusätzliche Besatzungsmitglieder, die auf dem Wege zu ihrem Einsatzort sind, im letzten Moment vor dem Abflug zusteigen. Natürlich muss man auch mit Außenstehenden rechnen, die von dem Flugunfall betroffen sein könnten. Um den Tod eines Opfer feststellen zu können, benötigt man immer einen Arzt.

Der Rumpf eines großen Flugzeugs kann eine Länge von bis zu 70 Metern haben, das Abfluggewicht kann, je nach Flugzeugmuster, bis 560 Tonnen erreichen. Diese gewaltigen Massen an Material, Fracht und Menschen können ausgebrannt, zerrissen, verdreht oder ineinander verkeilt sein. Man wird über einen langen Zeitraum einkalkulieren müssen, dass das Wrack und die Unfallstelle zusätzlich durch thermische Belastungen von Kunststoffen und Verbundfaserstoffen, sowie den dazugehörenden Stäuben und Schwebeteilchen toxisch belastet ist. Das Verhalten von ineinander fließenden und vergasenden Kunststoffen bei einem Flugunfall lässt sich ebenso wenig abschätzen, wie das miteinander Reagieren der im Flugzeug transportierten gefährlichen Güter, wenn die Transportbehälter beschädigt wurden. Bestimmte Güter müssen räumlich getrennt verladen werden, um nicht miteinander reagieren zu können. Nach einem Unfall kann es selbstverständlich zu Vermischungen kommen.

Abb. 10.9. Ausgebrannter Airbus A 320

Das Wrack und die Unfallstelle selbst stellen für jeden, der sie betreten muss, eine erhebliche Gefahr dar. Schon deshalb sollte jeder, der nicht an der Unfallstelle benötigt wird, diesen unmittelbaren Gefahrenort verlassen. Bis zur Freigabe des Wracks durch den Untersuchungsführer und die zuständige Strafverfolgungsbehörde, sollten in Bereitschaftsräumen in der Nähe, während der gesamten Untersuchung ausreichend Notärzte und Sanitätspersonal an der Unfallstelle zur Verfügung stehen, um im Notfall erste Hilfe leisten zu können.

Die Untersuchungen des Unfalls durch die Strafverfolgungsbehörden und die Bundesstelle für Flugunfalluntersuchung beginnen in den meisten Fällen erst, wenn die Lösch- und Rettungsmaßnahmen abgeschlossen sind. Die Bundesstelle für Flugunfalluntersuchung wird zu einem frühen Zeitpunkt durch einen geschulten Beauftragten für Flugunfalluntersuchungen vor Ort vertreten sein. Dieser ist befähigt, bis zum Eintreffen des Untersuchungsführers und seiner Mitarbeiter, vergängliche Spuren zu sichern und mit der ersten Dokumentation der Unfallstelle zu beginnen. Er wird sich, wie auch der Untersuchungsführer nach seinem Eintreffen, bei der Einsatzleitung melden und kann diese gegebenenfalls fachlich beraten.

11 Einige allgemeine Informationen

11.1 Unabhängigkeit der Flugunfalluntersuchung

(mit Auszügen aus den Begründungen für das FlUUG)

Das Ziel der Richtlinie 94/56/EWG, und damit des Flugunfall-Untersuchungs-Gesetzes ist es, die Grundlage für ein EU-weites und EU-einheitliches, die weltweite Harmonisierung der Zivilluftfahrt beachtendes und wahrendes Niveau der zivilen Flugunfalluntersuchung zu schaffen und sicherzustellen. Die Richtlinie Art 4 Abs. 1) statuiert für jeden Unfall und jede Störung eine Untersuchungspflicht[1].

Ziel der Untersuchungen kann nur die von allen anderen Begründungen her möglichst unbeeinflusste und ungestörte Feststellung der Unglücksursachen sein. Sicherheit hat in der Luftfahrt erste Priorität. Sie ist nur zu gewährleisten, wenn Ursachen für Unfälle/Störungen frühzeitig erkannt und abgestellt oder vermieden werden können. Der staatliche Strafanspruch wegen menschlichen Versagens und der zivilrechtliche Haftungsanspruch wegen schuldhaften Verhaltens haben gegenüber diesem alles überragenden Sicherheitsanspruch zurückzustehen. Die Frage der Schuld kann erst entstehen, wenn das Tatbestandsmerkmal der Ursache für eine anspruchauslösendes Ereignis unstreitig erfüllt und geklärt ist. Diese logische Folge ist zwingend. Sie ist wesentlicher Bestandteil aller von der Ursachenermittlung abhängigen anderen Ermittlungsverfahren. Artikel 6 der Richtlinie erfordert von den Mitgliedstaaten sicherzustellen, dass die technischen Untersuchungen von einer ständigen zivilen Luftfahrtstelle oder unter ihrer Aufsicht durchgeführt werden, die funktionell insbesondere von jenen nationalen Luftfahrtbehörden unabhängig sein muss, die für die Lufttüchtigkeit, die Zulassung, den Flugbetrieb, die Instandhaltung, die Erteilung von Erlaubnissen an Luftfahrtpersonal, die Flugverkehrskontrolle und den Flughafenbetrieb zuständig sind. Die Untersuchungsstelle muss ihre Aufgaben völlig unabhängig von nationalen Luftfahrtbehörden wahrnehmen können und über ausreichende Mittel verfügen.

Die Bezeichnung „Bundesstelle" anstatt „Bundesamt" soll verdeutlichen, dass es sich nicht um eine Behörde vergleichbar mit dem Luftfahrt-Bundesamt oder dem Umweltbundesamt handelt, die dem Bürger mit unmittelbaren Rechtsakten (Verwaltungsakte) gegenübertritt; ihr Wirken hat allein gutachterliche Ergebnisse zur Folge.

---

[1] Begründungen zum Flugunfall Untersuchungs-Gesetz (FlUUG).

Die Bundesstelle untersteht der Fach- und Dienstaufsicht des BMV, wobei jedoch nach § 4 Abs. 3 des Flugunfall-Untersuchungs-Gesetzes der Bundesstelle zur Wahrung der Unabhängigkeit keine Weisungen hinsichtlich der Einleitung einer Untersuchung sowie des Inhalts und des Umfangs erteilt werden dürfen. Das Bundesministerium für Verkehr ist zwar „Luftfahrtbehörde“, die Unabhängigkeit der Bundesstelle wird jedoch als gewahrt angesehen, weil das Ministerium keine luftfahrtbezogenen Exekutivaufgaben mehr wahrnimmt und allein im politischen Bereich tätig wird.

Mit Inkrafttreten des neuen Flugunfall-Untersuchungs-Gesetzes sind Unfälle und – als neue Aufgabe – schwere Störungen zu untersuchen. Den Schwerpunkt bildet künftig die Untersuchung von Unfällen und schweren Störungen (bei denen sich beinahe Unfälle ereignet hätten) in der gewerblichen Luftfahrt. Die Untersuchungen der Unfälle in der Privatluftfahrt (mit kleinen Flugzeugen, Segelflugzeugen und dergleichen) soll auf die Fälle beschränkt werden, in denen sich nach einer Voruntersuchung durch Beauftragte eine vertiefte Untersuchung durch die Bundesstelle als notwendig erweist. Unfälle mit Luftsportgeräten und Flugmodellen sollen – von Ausnahmen abgesehen – von einer Bundeseinrichtung nicht mehr untersucht werden.

Die Notwendigkeit, eine neue Bundesstelle zu errichten und die Untersuchungsführer mit Rechten auszustatten, die es ihnen ermöglichen, ihren Auftrag nach Artikel 5 Abs. 1 der Richtlinie so wirksam und so rasch wie möglich ausführen zu können (damit ist eine Einschränkung von Grundrechten im Sinne des Artikels 19 des Grundgesetzes verbunden), zwingt zu einem förmlichen Gesetz. Zu dem selben Ergebnis führt die besondere Verfahrensart der Flugunfalluntersuchung. Sie weicht von den Verfahrensprinzipien bestehender Verfahrensregelungen, insbesondere des Verwaltungsverfahrensgesetzes, ab.

11.2 Unabhängigkeit und Auswirkung für Betroffene

Für die Beteiligten oder Betroffenen bei einem Flugunfall hat die besondere Verfahrensweise der staatlichen Untersuchung den Vorteil, dass diese nicht das Ziel der Strafverfolgung oder Schuldzuweisung beinhaltet. Die Qualifikation des Untersuchungsführers sowie der Untersucher gewährleisten einen fachlich begründeten Verlauf des Verfahrens. Da Schuldfragen in anderen Verfahren geregelt werden, ist in der Regel die Offenheit gegenüber den Vertretern der Bundesstelle erheblich größer, da Bestrafungen hier nicht zu erwarten sind. Mit den Anhörungen werden häufig durch vertrauliche und fachlich begründete Aussagen der Beteiligten und Betroffenen über das tatsächliche Geschehen bei einem Flugunfall, langwierige Untersuchungen unnötig. Gleichzeitig muss für die Beteiligten an einem Flugunfall sichergestellt sein, dass die Aufzeichnungen und Auswertungen der Cockpit-Voice-Recorder, so lange keine Straftat festgestellt wurde, grundsätzlich ausschließlich der Bundesstelle zur Verfügung stehen. Teile der Umschrift, die für die Ursachenfindung erheblich waren, werden im abschließenden Untersuchungsbericht zitiert.

11.3 Mögliche Konflikte mit Justizbehörden

Die Untersuchungsbefugnisse des Untersuchungsführers der Bundesstelle für Flugunfalluntersuchung müssen optimal und umfassend sein, um ein optimales Ergebnis der Untersuchung mit dem Ziel höchstmöglicher Luftverkehrssicherheit möglich zu machen. Dazu ist die Mithilfe der Staatsanwaltschaft unerlässlich[2].

Die Einschränkung des Grundrechts der Unverletzlichkeit der Wohnung ist erforderlich, um raschen Zutritt zu ermöglichen und ohne richterlichen Spruch abwarten zu müssen. (Auszüge, Begründungen zu § 11 Untersuchungsbefugnisse FlUUG).

Da die Untersuchungsbefugnisse der Untersuchungsführer der BFU umfassend sind, stoßen sie gelegentlich auf Unverständnis bei den Strafverfolgungsbehörden, da sie der Strafprozessordnung widersprechen. Das trifft besonders auf die Sicherstellung von Beweismitteln, z.B. der Flugdatenschreiber zu. Auf die Folgen eines unsachgemäßen Ausbaus, Transports und falscher Aufbewahrung von Flugschreibern ist in diesem Buch bereits ausreichend hingewiesen. Es ist nicht zweckmäßig, wenn die Datenschreiber an einen Ort transportiert werden, an dem sie weder ausgelesen noch ausgewertet werden können. Sachkundiges Personal und Auswertestationen stehen jedoch ausschließlich in den staatlichen Untersuchungsstellen zur Verfügung.

In der Bundesrepublik Deutschland treten Konflikte zwischen der Unfalluntersuchung und der Strafverfolgungsbehörde an der Unfallstelle sehr selten und in der Regel nur dann auf, wenn der Inhalt des Flugunfall-Untersuchungs-Gesetzes sowie die Aufgaben und Arbeitweisen der Bundesstelle für Flugunfalluntersuchung den vor Ort Anwesenden nicht hinreichend bekannt sind. Die Bundesstelle entsendet auf Anfrage seit Jahren erfolgreich Referenten zu Flugsicherheitsveranstaltungen oder vergleichbaren Veranstaltungen der Polizei und des Katastrophenschutzes (FlUUG § 29 (6)), um Aufklärungsarbeit zu leisten. Bei der Durchsetzung der Untersuchungsbefugnisse geht es in keinem Fall darum, die Rechte und Pflichten der Strafverfolgungsbehörden einzuschränken oder zu missachten, sondern Absprachen zu finden, bei denen die zwangsläufig erforderliche Zusammenarbeit an der Unfallstelle gefördert wird. Begründen sich im Verlauf der Untersuchung eines Unfalls oder einer schweren Störung bestimmte Tatsachen den Verdacht auf eine strafbare Handlung, so informiert die Bundesstelle die für die Luftsicherheit zuständige Behörde und die Strafverfolgungsbehörde (FlUUG § 7).

Bestimmte Untersuchungsaufgaben, wie z.B. eine wirkungsvolle Absperrung der Unfallstelle (FlUUG § 12) oder die Freigabe der Unfallstelle und des Luftfahrzeugs (FlUUG § 13) lassen sich nur im Konsens mit den Strafverfolgungsbehörden optimal realisieren.

[2] Begründungen zum Flugunfall Untersuchungs-Gesetz (FlUUG).

Ausländische Besatzungen haben häufig Befürchtungen, unmittelbar nach einem Unfall verhaftet und ins Gefängnis gesteckt zu werden. Diese Befürchtungen beruhen auf entsprechenden Erfahrungen, die von Piloten in bestimmten Staaten gemacht wurden und gegen die sich die Pilotenverbände zu Recht wehren. Eine Kriminalisierung der Beatzungen nach einem Flugunfall, ohne das Ergebnis einer fachlichen Untersuchung abzuwarten, widerspricht den Absichten einer unabhängigen und neutralen Untersuchung der Umstände, die dazu geführt haben. Sie widerspricht damit ebenfalls den Richtlinien und Empfehlungen der Internationalen Zivilluftfahrt-Organisation (ICAO), der Richtlinie der Europäischen Union (Richtlinie 94/56/EG des Rates) sowie dem Flugunfall-Untersuchungs-Gesetz (FlUUG). Zukünftige Untersuchungen, könnten Schaden nehmen, wenn Beteiligte und Betroffene sich weigern würden, ohne Beisein eines Anwaltes gegenüber den staatlichen Untersuchungsstellen Auskunft zu geben oder Unterlagen offen zu legen. Bisher konnten die Bedenken ausländischer Besatzungen in der Regel schnell ausgeräumt werden, wenn der Untersuchungsführer der BFU darauf verweisen konnte, dass die Untersuchungen in Deutschland den von der ICAO vorgeschlagenen Verfahren entsprechen. Die Verfahren der Strafverfolgungsbehörden wurden dabei, wenn erforderlich, meist in Anwesenheit des Staatsanwaltes oder der Kriminalpolizei ebenfalls erörtert. Die unterschiedlichen Ziele der fachlichen und strafrechtlichen Untersuchung erzeugen, wie die Vergangenheit zeigte, bei entsprechenden Absprachen zwischen den Behörden keinen Konflikt.

Das Verfahren der Bundesstelle ist kein förmliches Verfahren im Sinne des Verwaltungsverfahrensgesetzes. Es ist vielmehr eine unter Ausschöpfung aller verfügbaren Möglichkeiten und Mittel stattfindende spezifische sachverständige Ermittlung der Vorgänge und Ereignisse, die zu dem Vorfall führten, und die daraus abzuleitende Feststellung der möglichen tatsächlichen Ursachen für den Vorfall.

Der ausschließliche Zweck der Untersuchungen ist die Aufklärung der Ursachen, mit dem Ziel, künftige Unfälle und Störungen zu verhüten. Die Untersuchungen dienen nicht der Feststellung des Verschuldens, der Haftung oder von Ansprüchen (FlUUG § 3).

11.4 Berufsbild - Flugunfalluntersucher

Die unabhängige Untersuchung von Flugunfällen oder schweren Störungen beim Betrieb von Luftfahrzeugen ist eine der interessantesten Tätigkeiten in der Luftfahrt. Allein durch die Vielfältigkeit der internationalen Aufgaben und Pflichten unterscheidet sie sich von vielen anderen Berufsgruppen, die in der Luftfahrt bekannt sind. Man kann Untersuchungen an großen Flugzeugen nur bedingt standardisieren oder vergleichen, da alle nur denkbaren Luftfahrzeuge, der Betrieb der Luftfahrzeuge, die Qualifikationen der Betroffenen oder Beteiligten, das Wetter, die Flugsicherung, der Hersteller und viele andere mehr bei der Untersuchung eine Rolle spielen können. Allein die Untersuchung eines bestimmten Luftfahrzeuges ist für die Unfalluntersucher vergleichbar mit dem Erwerb einer Berechtigung für ein anderes Muster. Sie müssen sich oft mit den kleinsten technischen Details beschäftigen, um Funktion, Ursache und Wirkung zu verstehen. Das Gleiche trifft auf die Untersuchungen technischer Geräte in allen anderen Bereichen zu. Dazu kommen gesetzliche und betriebliche Grundlagen bis hin zu menschlichen Faktoren. Da die staatliche Unfalluntersuchung unabhängig ist, ist sie auch in der Berichterstattung und bei den Sicherheitsempfehlungen keiner Partei verpflichtet. Das bedingt jedoch auch größtmögliche Sorgfalt bei der Untersuchung und der Berichterstattung. Der Beruf des Flugunfalluntersuchers ist ein nüchterner Beruf, in dem Emotionen oder Spekulationen keinen Platz haben.

Flugunfalluntersucher ist kein Lehrberuf und es gibt dafür z.Z. auch kein geeignetes Studium an Universitäten oder vergleichbaren Einrichtungen. In der Regel werden Schulungsangebote ausländischer Untersuchungsbehörden, wie z.B. des *National Transportation Safety Board (NTSB-USA)* oder der *Air Accident Investigation Branch (AAIB_UK)* für die theoretische Aus- und Weiterbildung genutzt. Der Erhalt bestehender oder die Erweiterung vorhandener Lizenzen hat sich, genau wie ein intensives On-the-Job-Training, als vorteilhaft erwiesen. Eine wesentliche Voraussetzung für eine Tätigkeit in einer Untersuchungsbehörde ist, dass die Bewerber über eine fundierte Ausbildung und möglichst große praktische Erfahrung aus unterschiedlichen Bereichen der Luftfahrt verfügen. Um Unfälle und schwere Störungen mit großen Luftfahrzeugen untersuchen zu können, sollten Piloten über ausreichende Erfahrungen auf nationalen und internationalen Strecken als verantwortliche Flugzeugführer in großen Luftfahrtunternehmen verfügen und möglichst im Besitz einer Lehr- oder Einweisungsberechtigung sein. Ingenieure müssen ein Studium im Luftfahrtbereich abgeschlossen haben und sollten ebenfalls möglichst umfangreiche Erfahrungen aus dem luftfahrttechnischen Bereich sowie beim Betrieb von Luftfahrzeugen mitbringen. Unfalluntersucher müssen flexibel sein und sich jederzeit auf neue Situationen einstellen sowie mit allen Beteiligten zusammenarbeiten können. Eine ständige Aus- und Fortbildung ist ein gesetzlich gefordertes Muss für jeden Unfalluntersucher. Der Gesetzgeber hat festgelegt, dass die BFU dafür zu sorgen hat, die Untersuchungsführer sowie die Unfalluntersucher auf dem neuesten Stand der technischen Entwicklung zu halten.

Weitere Aufgaben der Bundesstelle für Flugunfalluntersuchung, die sich automatisch ergeben, da Unfälle mit großen Flugzeugen immer ein hohes öffentliches Interesse haben, sind Vorträge bei der Fluglehrerfortbildung, der Polizei, der Feuerwehr und vielen anderen, die sich direkt oder indirekt mit Flugunfällen beschäftigen. Auskünfte müssen an Betroffene, Beteiligte und Angehörige gegeben und Statistiken für Politiker, Behörden, Universitäten, Studienarbeiten, alle öffentlichen Medien bis hin zu Einzelpersonen erstellt werden. Um sich selbst weiterzubilden, werden Katastrophenschutzseminare und Großübungen genutzt und Mitarbeiter nehmen an den internationalen Symposien der Unfalluntersucher aus aller Welt teil. Ein regelmäßiger Erfahrungsaustausch zwischen den Untersuchungsstellen anderer Staaten ist sinnvoll und wird praktiziert. Alles in allem ist die Untersuchung von Unfällen und Störungen eine vielseitige und interessante Tätigkeit, für einige sogar Berufung.

Die Unabhängigkeit der Flugunfalluntersuchung von allen Unternehmen, Herstellern und Behörden, die Genehmigungs- oder Überwachungsaufgaben in der Luftfahrt haben, ist für die Untersuchungsbehörde das höchste Gut. Nur sie ermöglicht es, die Unfallursachen und die beitragenden Faktoren ohne Schuldzuweisungen oder nicht adäquater Rücksichtnahmen fachlich qualifiziert ermitteln zu können. Sie ermöglicht es aber auch, bei den betroffenen Unternehmen, Herstellern und Behörden Untersuchungen anstellen zu können, die anderen Sachverständigen in der Regel verschlossen bleiben. Die internationalen Beteiligungen der Hersteller-, Betreiber-, Entwicklungs- und Eintragungsstaaten garantieren, dass ermittelte Tatsachen immer offengelegt werden müssen, und alle in Frage kommenden Aspekte berücksichtigt worden sind. Gleichzeitig vervielfältigt sich das Fachwissen durch die Anwesenheit und Beteiligung der internationalen Repräsentanten und deren Berater. Damit werden die Untersuchungsergebnisse umfassender, vollständiger und zutreffender und die gegenseitige Unterstützung und Akzeptanz wirkt auch über die einzelne Unfalluntersuchung hinaus. Die Unabhängigkeit der Flugunfalluntersuchung ist durch die Internationale Zivilluftfahrt-Organisation (ICAO) sowie der Europäischen Union gefordert. Leider ist die Forderung nach Unabhängigkeit noch nicht in allen Staaten der Welt umgesetzt.

11.5 Ausblick auf die Zukunft

Die gesamte internationale Luftfahrt steht weltweit mitten in einem immensen Umbruch. Flugzeuge, wie der Airbus A 380 mit 500, 800 oder 1 000 Passagieren, werden bereits ab dem Jahr 2005 im Einsatz sein. Und das ist nur der Beginn der Entwicklung. Boeing wird natürlich ebenfalls mit neuen Konzepten auf den Markt kommen. In Russland versucht man auch mit einer neuen Generation von superschnellen Flugzeugen auf den Weltmarkt zu drängen. In der Planung sind Flugzeuge, die weit über der Atmosphäre, mit der drei- bis achtfachen Schallgeschwindigkeit, die Flugzeiten von Moskau nach New York auf weniger als zwei Stunden schrumpfen lassen werden. Es ist aus heutiger Sicht nicht nur die Frage der ungeheueren Geschwindigkeiten, die zum Nachdenken zwingen. Die Frage, ob es sich noch um Luftfahrt oder bereits um Raumfahrt handelt, ist ebenfalls noch nicht geklärt. Alles, was wir bisher über Triebwerke oder Treibstoffe wissen, wird schnell überholt sein. Die Neuerungen betreffen natürlich auch die verwendeten Metalle, Kunststoffe sowie Verbundfaserstoffe, die Flugzeugzellen, Inneneinrichtungen, Passagierräume und selbstverständlich die Not- und Rettungssysteme, die im Vergleich zu heutigen Flugzeugen bereits im Airbus A 380 neue Dimensionen haben. Der Vorteil der neuen Luftfahrzeuge liegt zweifelsfrei bei den großen, weltweit agierenden Unternehmen, da durch die Schnelligkeit der neuen Luftfahrt die Globalisierung in der Weltwirtschaft gefördert werden wird. Man stelle sich vor, Frankfurt – Sydney in gut zwei Stunden. Wichtig für den Benutzer ist dabei nur, dass die Luftfahrt bezahlbar bleibt. Auch der Erhalt der Sicherheit wird erhebliche Summen verschlingen – ein Unfall wird vermutlich erheblich teuerer werden.

Die Zahl geeigneter Flughäfen, aber auch die Zahl der neuen Luftfahrzeuge, wird zunächst begrenzt sein. Auch wenn die neuen Flugzeuge auf normalen Flughäfen starten und landen können, sind neue Konzepte in allen Bereichen der Luftfahrt erforderlich. Die An- und Abflugprofile werden sich ändern, da sie vermutlich erheblich steiler und schneller durchgeführt werden können, als es bei der jetzigen Flugzeuggeneration der Fall ist. Besondere Vorkehrungen werden beim Betanken, Beladen, der Wartung und natürlich bei der Infrastruktur am Boden erforderlich sein. Da diese Flugzeuge voraussichtlich in spätestens zehn bis fünfzehn Jahren eingeführt sein werden, ist es bereits jetzt Zeit, auch bei den Luftfahrtbehörden, den Sicherheits- und Rettungskräften die notwendigen Voraussetzungen, die der Sicherheit dienen, zu schaffen.

Flughäfen heutiger Art, die Flugsicherheitssysteme und die jetzt gültigen Vorschriften und Gesetze müssen den neuen technischen und betrieblichen Herausforderungen angepasst werden. Das Gleiche gilt für Einflug- und Überflugrechte mit den neuen Luftfahrzeugen. Eine Frage bleib auch, wie künftig die Untersuchung von Unfällen und Störungen aussehen soll? Obwohl davon ausgegangen werden kann, dass alles menschenmögliche getan wird, um Unfälle zu vermeiden, wird es auch in der Zukunft eine Luftfahrt ohne Unfälle nicht geben. Da es Menschen sind, die die neuen Luftfahrzeuge entwerfen, konstruieren, warten und betreiben werden, sind Fehler und Fehlverhalten niemals auszuschließen. Technische Systeme können Fehler haben oder versagen. An Problemen, wie sie an der Schnittstelle Mensch/Maschine entstehen, wird z.Z. immer noch geforscht, und der Mensch wird auch in der Zukunft, trotz aller Technikgläubigkeit einiger Ingenieure, künftig eine hervorgehobene Aufgabe bei den neuen Systemen haben.

Es ist zu bezweifeln, dass die jetzt existierenden nationalen Untersuchungsstellen die Untersuchungsaufgaben, die sich aus den neuen Technologien ergeben werden, aus dem Stand übernehmen könnten. International besetzte Untersuchungsteams und hochqualifizierte, unabhängige Untersuchungsexperten müssen auf diese Aufgabe vorbereitet werden. Es wird bereits jetzt angestrebt, Studiengänge für Flugzeugführer an Universitäten zu schaffen. Sollte es dazu kommen, wäre es nur sinnvoll, dass auch die Personen, die den Luftverkehr zulassen, prüfen oder überwachen, sich einer entsprechenden Ausbildung und sich periodischen Überprüfungen unterziehen müssten. Das müsste analog auch für die Personen in den Unfalluntersuchungsbehörden gelten, die eine Untersuchung im internationalen Rahmen verantwortlich durchführen und beaufsichtigen sollen.

12 Gesetzliche Grundlagen

12.1 Luftverkehrsgesetz (LuftVG)

Das Luftverkehrsgesetz (LuftVG) regelt im § 32 die Zuständigkeiten im Bereich der Flugunfalluntersuchung:

Der Bundesminister für Verkehr erlässt mit Zustimmung des Bundesrates die zur Durchführung dieses Gesetzes und von Verordnungen des Rates oder der Kommission der Europäischen Gemeinschaft notwendigen Rechtsverordnungen über

.....

6. die Meldungen von Flugunfällen und Störungen des Luftverkehrs sowie den Such- und Rettungsdienst für Luftfahrzeuge.

Rechtsverordnungen bedürfen nicht der Zustimmung des Bundesrates, wenn sie der Durchführung von Richtlinien und Empfehlungen der Internationalen Zivilluftfahrt-Organisation (ICAO) dienen.

(5) Der Bundesminister für Verkehr erlässt die zur Durchführung dieses Gesetzes und der dazu ergangenen Rechtsverordnungen notwendigen allgemeinen Verwaltungsvorschriften.

12.2 Luftverkehrsordnung (LuftVO)

Im § 5 der Luftverkehrsordnung (LuftVO) ist die Anzeige von Unfällen und sonstigen Störungen aufgrund des Gesetzes über die Untersuchung von Unfällen und Störungen beim Betrieb ziviler Luftfahrzeuge geändert und angepasst worden. Danach müssen alle Unfälle und schweren Störungen der Bundesstelle für Flugunfalluntersuchung (BFU) angezeigt werden. Die Bundesstelle entscheidet dann über die Art der Untersuchung und informiert die Betroffenen oder meldende Stellen darüber.

Die Luftverkehrs-Ordnung in der Fassung der Bekanntmachung vom 14. November 1969 (BGBl. S. 2117), wird wie folgt geändert:

§ 5 Anzeige von Flugunfällen und Störungen

(1) Unfälle ziviler Luftfahrzeuge, ausgenommen Luftsportgeräte, in der Bundesrepublik Deutschland hat der verantwortliche Luftfahrzeugführer oder, wenn dieser verhindert ist, ein anderes Besatzungsmitglied oder, sofern keine dieser Personen dazu in der Lage ist, der Halter des Luftfahrzeuges unverzüglich der Bundesstelle für Flugunfalluntersuchung zu melden. Dies gilt auch für Unfälle deutscher Luftfahrzeuge außerhalb der Bundesrepublik Deutschland sowie für Unfälle ausländischer Luftfahrzeuge, die zur Zeit des Ereignisses von deutschen Luftfahrtunternehmen aufgrund eines Haltervertrages betrieben werden.

(2) Schwere Störungen bei dem Betrieb ziviler Flugzeuge, Drehflügler, Ballone und Luftschiffe in der Bundesrepublik Deutschland hat der verantwortliche Luftfahrzeugführer unverzüglich der Bundesstelle für Flugunfalluntersuchung zu melden. Dies gilt auch für schwere Störungen außerhalb der Bundesrepublik Deutschland beim Betrieb deutscher Luftfahrzeuge oder ausländischer Luftfahrzeuge, die zur Zeit des Ereignisses von deutschen Luftfahrtunternehmen aufgrund eines Haltervertrags betrieben werden.

(3) Ungeachtet der Absätze 1 und 2 sind die Luftaufsichtsstellen, die Flugleitungen auf Flugplätzen und die Flugsicherungsdienststellen verpflichtet, bei Bekannt werden eines Unfalles oder einer schweren Störung bei dem Betrieb eines Luftfahrzeuges dies unverzüglich der Bundesstelle für Flugunfalluntersuchung zu melden.

(4) Meldungen nach den Absätzen 1 bis 3 sollen enthalten:

a) Name und derzeitiger Aufenthalt des Meldenden,

b) Ort und Zeit des Unfalles oder der schweren Störung,

c) Art, Muster, Kenn- und Rufzeichen des Luftfahrzeuges,

d) Name des Halters des Luftfahrzeuges,

e) Zweck des Fluges, Start- und Zielflugplatz,

f) Name des verantwortlichen Luftfahrzeugführers,

g) Anzahl der Besatzungsmitglieder und Fluggäste,

h) Umfang des Personen- und Sachschadens,

i) Angaben über beförderte gefährliche Güter,

j) Darstellung des Ablaufes des Unfalles oder der schweren Störung.

Zur Vervollständigung der Meldung ist der Halter des Luftfahrzeugs auf Verlangen der Bundesstelle für Flugunfalluntersuchung verpflichtet, einen ausführlichen Bericht auf zugesandtem Formblatt binnen 14 Tagen vorzulegen.

(5) Pflichten zur Abgabe von Meldungen an das Luftfahrt-Bundesamt und an andere Luftfahrtbehörden aufgrund anderer Vorschriften oder Auflagen bleiben unberührt.

(6) Unfälle und Störungen bei dem Betrieb von Luftsportgeräten hat der Halter unverzüglich dem vom Bundesministerium für Verkehr Beauftragten schriftlich anzuzeigen. Absatz 4 gilt entsprechend.

(7) Die Absätze 1 bis 6 gelten für Unfälle und Störungen im Sinne des Gesetzes über die Untersuchung von Unfällen und Störungen bei dem Betrieb ziviler Luftfahrzeuge.

12.3 Flugunfall-Untersuchungs-Gesetz (FlUUG)

Gesetz über die Untersuchung von Unfällen und Störungen bei dem Betrieb ziviler Luftfahrzeuge und zur entsprechenden Anpassung anderer luftrechtlicher Vorschriften (BGBl. 1998 Teil I Nr. 57, vom 28. August 1998).

Dieses Gesetz dient der Umsetzung der Richtlinie 94/56/EWG des Rates vom 21. November 1994 über Grundsätze für die Untersuchung von Unfällen und Störungen in der Zivilluftfahrt (ABl. EG Nr. L 319 S. 14)

Der Bundestag hat das folgende Gesetz beschlossen:

Inhaltsübersicht

Artikel 1	Gesetz über die Untersuchung von Unfällen und Störungen bei dem Betrieb ziviler Luftfahrzeuge (Flugunfall-Untersuchungsgesetz /FlUUG)
Artikel 2	Änderung des Gesetzes über das Luftfahrt-Bundesamt
Artikel 3	Änderung der Luftverkehrsordnung
Artikel 4	Rückkehr zum einheitlichen Verordnungsrang
Artikel 5	Außerkraftsetzen der “Allgemeinen Verwaltungsvorschrift für die fachliche Untersuchung von Unfällen bei dem Betrieb von Luftfahrzeugen" vom 16. August 1960
Artikel 6	Inkrafttreten

Flugunfall-Untersuchungs-Gesetz

Gesetz über die Untersuchung von Unfällen und Störungen bei dem Betrieb ziviler Luftfahrzeuge (Flugunfall-Untersuchungs-Gesetz/FlUUG)

Erster Abschnitt
Anwendungsbereich

§ 1 Anwendungsbereich des Gesetzes
§ 2 Begriffsbestimmungen
§ 3 Zweck und Gegenstand der Untersuchung

Zweiter Abschnitt
Organisation

§ 4 Bundesstelle für Flugunfalluntersuchung
§ 5 Zusammenarbeit mit anderen Staaten
§ 6 Unterrichtung ausländischer Staaten
§ 7 Unterrichtung weiterer Behörden

Dritter Abschnitt
Untersuchung

§ 8 Untersuchungsstatus
§ 9 Untersuchungsverfahren
§ 10 Einleitung der Untersuchung
§ 11 Untersuchungsbefugnisse
§ 12 Unfallstelle
§ 13 Freigabe der Unfallstelle und des Luftfahrzeugs
§ 14 Teilnehmer am Untersuchungsverfahren
§ 15 Besorgnis der Befangenheit
§ 16 Nachweismittel

Vierter Abschnitt
Berichte und ihre Bekanntgabe

§ 17 Anhörung vor Abschluss eines Untersuchungsberichtes
§ 18 Untersuchungsbericht
§ 19 Sicherheitsempfehlungen
§ 20 Ausländische Untersuchungsberichte
§ 21 Erteilung von Auskünften und Akteneinsicht
§ 22 Wiederaufnahme des Untersuchungsverfahrens

Fünfter Abschnitt
Untersuchungskammer

§ 23 Zuständigkeit

Sechster Abschnitt
Allgemeine Vorschriften

§ 24 Kostentragung

Erster Abschnitt

Anwendungsbereich

§ 1 Anwendungsbereich des Gesetzes

(1) Dieses Gesetz gilt für die Untersuchung von Unfällen und Störungen beim Betrieb ziviler Luftfahrzeuge, die sich im Hoheitsgebiet der Bundesrepublik Deutschland ereignen, und für die Erhebung, Verarbeitung und Nutzung personenbezogener Daten, die in diesem Zusammenhang anfallen.

(2) Wird die Untersuchung eines Unfalls oder einer Störung eines in der Bundesrepublik Deutschland eingetragenen oder hergestellten oder von einem deutschen Halter betriebenen Luftfahrzeugs, der oder die sich im Ausland oder außerhalb staatlichen Hoheitsgebietes ereignet hat, nicht von einem anderen Staat durchgeführt, ist dieses Gesetz anzuwenden vorbehaltlich im Einzelfall zwingend anzuwendenden ausländischen Rechts.

(3) Unfälle und Störungen, an denen zivile und militärische Luftfahrzeuge beteiligt sind, werden federführend von der zivilen Bundesstelle für Flugunfalluntersuchung untersucht (§ 4). Für Fälle, die überwiegend militärische Belange berühren, wird zwischen dem Bundesministerium für Verkehr und dem Bundesministerium der Verteidigung eine geeignete Regelung getroffen.

§ 2 Begriffsbestimmungen

Im Sinne dieses Gesetzes bedeutet:

Unfall

Ein Ereignis bei dem Betrieb eines Luftfahrzeugs vom Beginn des Anbordgehens von Personen mit Flugabsicht bis zu dem Zeitpunkt, zu dem diese Personen das Luftfahrzeug wieder verlassen haben, wenn hierbei:

1. eine Person tödlich oder schwer verletzt worden ist

   - an Bord eines Luftfahrzeugs oder
   - durch unmittelbare Berührung mit dem Luftfahrzeug oder einem seiner Teile, auch wenn sich dieser Teil vom Luftfahrzeug gelöst hat,

     oder
   - durch unmittelbare Einwirkung des Turbinen- oder Propellerstrahls eines Luftfahrzeugs, es sei denn, dass der Geschädigte sich diese Verletzungen selbst zugefügt hat oder diese ihm von einer anderen Person zugefügt worden sind oder eine andere natürliche Ursache haben, oder dass es sich um Verletzungen von unbefugt mitfliegenden Personen handelt, die sich außerhalb der den Fluggästen und Besatzungsmitgliedern normalerweise zugänglichen Räumen verborgen hatten, oder

2. das Luftfahrzeug oder die Luftfahrzeugzelle einen Schaden erlitten hat und

   - dadurch der Festigkeitsverband der Luftfahrzeugzelle, die Flugleistungen oder die Flugeigenschaften beeinträchtigt sind und
   - die Behebung dieses Schadens in aller Regel eine große Reparatur oder einen Austausch des beschädigten Luftfahrzeugbauteils erfordern würde;

   es sei denn, dass nach einem Triebwerkschaden oder Triebwerksausfall die Beschädigung des Luftfahrzeugs begrenzt ist auf das betroffene Triebwerk, seine Verkleidung oder sein Zubehör, oder dass der Schaden an einem Luftfahrzeug begrenzt ist auf Schäden an Propellern, Flügelspitzen, Funkantennen, Bereifung, Bremsen, Beplankung oder auf kleinere Einbeulungen oder Löcher in der Außenhaut, oder das Luftfahrzeug vermisst wird oder nicht zugänglich ist.

Störung

Ein anderes Ereignis als ein Unfall, das mit dem Betrieb eines Luftfahrzeugs zusammenhängt und den sicheren Betrieb beeinträchtigt oder beeinträchtigen könnte.

Schwere Störung

Ein Ereignis beim Betrieb eines Luftfahrzeugs, dessen Umstände darauf hindeuten, dass sich beinahe ein Unfall ereignet hätte (Beispiele für schwere Störungen sind im Anhang aufgeführt).

Tödliche Verletzung

Eine Verletzung, die eine Person bei einem Unfall erlitten hat und die unmittelbar bei dem Unfall oder innerhalb von 30 Tagen nach dem Unfall ihren Tod zur Folge hat.

Schwere Verletzung
Eine Verletzung, die eine Person bei einem Unfall erlitten hat und die

1. einen Krankenhausaufenthalt von mehr als 48 Stunden innerhalb von 7 Tagen nach der Verletzung erfordert oder

2. Knochenbrüche zur Folge hat (mit Ausnahme einfacher Brüche von Fingern, Zehen oder der Nase) oder

3. Risswunden mit schweren Blutungen oder Verletzungen von Nerven, Muskel oder Sehnensträngen zur Folge hat oder

4. Schäden an inneren Organen verursacht hat oder

5. Verbrennungen zweiten oder dritten Grades oder von mehr als fünf Prozent der Körperoberfläche zur Folge hat oder Folge einer nachgewiesenen Aussetzung gegenüber infektiösen Stoffen oder schädlicher Strahlung ist.

Ursachen
Handlungen, Unterlassungen, Ereignisse oder Umstände oder eine Kombination dieser Faktoren, die zu einem Unfall oder einer Störung geführt haben.

Untersuchungsführer
Eine Person, der aufgrund ihrer Qualifikation die Verantwortung für Organisation, Durchführung und Beaufsichtigung einer Untersuchung übertragen wird.

Untersuchungsfachkraft
Eine Person, die auf Grund ihrer Qualifikation Untersuchungstätigkeiten unter Aufsicht des Untersuchungsführers ausübt.

Eintragungsstaat
Staat, in dessen Luftfahrzeugregister das Luftfahrzeug eingetragen ist.

Herstellerstaat
Der Staat, der die luftrechtliche Aufsicht über das Unternehmen führt, welches für die Endmontage des Luftfahrzeugs verantwortlich ist.

Halterstaat
Der Staat, in dem der Halter eines Luftfahrzeugs seinen Hauptgeschäftssitz oder, falls kein Geschäftssitz besteht, seinen Hauptwohnsitz hat.

Entwurfsstaat
Der Staat, in dessen Hoheitsgebiet sich der Geschäftssitz des Unternehmens befindet, welches den Konstruktionsentwurf für das Luftfahrzeugmuster hergestellt hat.

Sicherheitsempfehlung
Vorschlag zur Verhütung von Unfällen und Störungen, den die Bundesstelle für Flugunfalluntersuchung auf der Grundlage von Fakten und Informationen unterbreitet, die sich während der Untersuchung ergeben hatten.

§ 3 Zweck und Gegenstand der Untersuchung

(1) Unfälle und schwere Störungen unterliegen einer Untersuchung mit dem ausschließlichen Zweck, nach Möglichkeit die Ursachen aufzuklären, mit dem Ziel, künftige Unfälle und Störungen zu verhüten. § 18 Abs. 4 und 5 bleibt unberührt.

(2) Die Untersuchungen dienen nicht der Feststellung des Verschuldens, der Haftung oder von Ansprüchen.

(3) Der Untersuchung unterliegen alle Unfälle und schweren Störungen, die sich beim Betrieb folgender Luftfahrzeuge ereignet haben:

- alle Flugzeuge während ihres Betriebs in einem Luftfahrtunternehmen,
- Flugzeuge mit einer Höchstmasse über 2000 kg während ihres Betriebs außerhalb eines Luftfahrtunternehmens,
- Drehflügler,
- Luftschiffe,
- Ballone.

(4) Unfälle und schwere Störungen von

a) Flugzeugen mit einer Höchstmasse bis 2000 kg, wenn sich der Unfall oder die Störung nicht während des Betriebs in einem Luftfahrtunternehmen ereignet hat, und von

Segelflugzeugen und Motorseglern

werden nur dann untersucht, wenn die Bundesstelle hiervon neue Erkenntnisse für die Sicherheit in der Luftfahrt erwartet;

b) anderen als den in Absatz 3 und unter Buchstabe a genannten Luftfahrzeugen können untersucht werden, wenn die Bundesstelle hiervon bedeutende Erkenntnisse für die Sicherheit in der Luftfahrt erwartet.

(5) Auf Störungen beim Betrieb von Luftfahrzeugen ist Absatz 4 Buchstabe b entsprechend anzuwenden.

Zweiter Abschnitt

Organisation

§ 4 Bundesstelle für Flugunfalluntersuchung

(1) Zur Untersuchung von Unfällen und Störungen in der zivilen Luftfahrt wird im Geschäftsbereich des Bundesministeriums für Verkehr die Bundesstelle für Flugunfalluntersuchung errichtet. Das Bundesministerium für Verkehr bestimmt den Sitz der Stelle und regelt ihren Aufbau. Die Bundesstelle wird von ihrem Direktor geleitet. Verwaltungsangehörige der Bundesstelle sind im übrigen die Beamten, Angestellten und Arbeiter. Die Beamten sind unmittelbare Bundesbeamte.

(2) Die Bundesstelle nimmt ihre Aufgaben funktionell und organisatorisch unabhängig wahr, insbesondere von jenen Luftfahrtbehörden, die für die Lufttüchtigkeit, die Zulassung, den Flugbetrieb, die Instandhaltung, die Erteilung von Erlaubnissen für Luftfahrtpersonal, die Flugsicherung und den Flugplatzbetrieb zuständig sind, sowie allgemein von allen natürlichen und juristischen Personen, deren Interessen mit den Aufgaben des Bundesamts kollidieren könnten.

(3) Weisungen hinsichtlich der Einleitung/Nicht-Einleitung sowie des Inhalts und des Umfangs einer Unfalluntersuchung sowie des Untersuchungsberichts oder der Sicherheitsempfehlung dürfen der Bundesstelle nicht erteilt werden; die Bundesstelle darf gleichwohl erteilte Weisungen nicht befolgen.

(4) Dem Leiter der Bundesstelle sind die Untersuchungsführer, Untersuchungsfachkräfte und weitere Fachkräfte zugeordnet. Die Bundesstelle kann sich geeigneter privater Personen als Beauftragte für Unfalluntersuchung bedienen, die nach Beauftragung im Einzelfall nach Weisung der Bundesstelle und unter ihrer Fachaufsicht als deren Hilfsorgane arbeiten. Die Bundesstelle bestimmt den Umfang der von den Beauftragten durchzuführenden Untersuchungstätigkeit sowie ihre Rechte und Pflichten nach Maßgabe dieses Gesetzes. Die Beauftragten erhalten aus Mitteln der Bundesstelle Reisekostenvergütung nach den für Bundesbeamte geltenden Vorschriften und eine Entschädigung, die vom Bundesministerium für Verkehr festgesetzt wird.

(5) Der Leiter der Bundesstelle und die Untersuchungsführer dürfen neben ihrem Amt kein anderes besoldetes Amt, kein Gewerbe und keinen Beruf ausüben und weder der Leitung oder dem Aufsichtsrat oder Verwaltungsrat eines auf Erwerb gerichteten Unternehmens noch einer gesetzgebenden Körperschaft des Bundes oder eines Landes angehören. Sie dürfen nicht gegen Entgelt außergerichtliche Gutachten abgeben. Sie dürfen keiner der in Absatz 2 genannten Behörden oder Einrichtungen angehören, sie vertreten, sie beraten oder für sie als Gutachter oder Sachverständige tätig werden.

(6) Der Leiter der Bundesstelle und die Untersuchungsführer müssen über umfassende technische und betriebliche Kenntnisse und Erfahrungen auf dem Gebiet des Luftfahrtwesens verfügen sowie für die Befähigung zur Leitung einer umfangreichen Unfalluntersuchung ausreichend geschult sein. Die Bundesstelle hat dafür Sorge zu tragen, die fachlichen Fähigkeiten und Kenntnisse der Untersuchungsführer, der Untersuchungsfachkräfte und der weiteren Fachkräfte zu erhalten und der Entwicklung anzupassen.

§ 5 Zusammenarbeit mit anderen Staaten

(1) Wird ein Unfall oder eine Störung eines von diesem Gesetz erfassten Luftfahrzeugs außerhalb des Geltungsbereichs dieses Gesetzes durch eine ausländische Behörde untersucht, so kann die Bundesstelle einen bevollmächtigten Vertreter zur Teilnahme an der Untersuchung entsenden, wenn die Untersuchung eines vergleichbaren Ereignisses in der Bundesrepublik Deutschland nicht mit einem summarischen Untersuchungsbericht abgeschlossen werden würde. In diesem Fall sind auf Vorschlag des Halters ein oder mehrere Berater des bevollmächtigten Vertreters dem Staat, der die Untersuchung durchführt, zu benennen. Gleiches gilt für die Teilnahme von Vertretern des Herstellers des Luftfahrzeuges oder seiner Teile. Die Bundesstelle übermittelt der ausländischen Behörde alle verfügbaren erforderlichen Informationen; der Empfänger ist darauf hinzuweisen, dass die übermittelten Daten nur zu dem Zweck verarbeitet und genutzt werden dürfen, zu deren Erfüllung sie ihm übermittelt worden sind.

(2) Bei Bedarf kann die Bundesstelle die zuständigen Stellen anderer Staaten darum ersuchen, zur Verfügung zu stellen:

1. Anlagen, Einrichtungen und Geräte für
   a) die technische Untersuchung von Wrackteilen, Bordausrüstungen und anderen für die Untersuchung wichtigen Gegenständen,
   b) die Auswertung der Aufzeichnungen der Flugschreiber,
   c) die elektronische Speicherung und Auswertung von Unfalldaten,
2. Untersuchungsfachkräfte für bestimmte Aufgaben anlässlich der Untersuchung eines Unfalls von besonderer Bedeutung und Schwere.

(3) Die Bundesstelle kann anderen Staaten diese Hilfe auf Ersuchen gewähren. Sie wird auf der Grundlage der Gegenseitigkeit kostenlos gewährt. Die Regelung in Absatz 1 Satz 4 gilt entsprechend.

§ 6 Unterrichtung ausländischer Staaten und der Internationalen Zivilluftfahrt-Organisation

(1) Ereignet sich im Geltungsbereich dieses Gesetzes ein Unfall oder eine schwere Störung, unterrichtet die Bundesstelle unverzüglich auf dem schnellstmöglichen Wege

1. den Eintragungsstaat,
2. den Halterstaat,
3. den Herstellerstaat,
4. den Entwurfsstaat des Luftfahrzeugs und
5. bei Luftfahrzeugen mit einer Höchstmasse von mehr als 2.250 kg die Internationale Zivilluftfahrt Organisation.

(2) Form und Inhalt der Unterrichtung richten sich nach den international üblichen Verfahren. Soweit die Untersuchung sich auf personenbezogene Daten erstreckt, ist § 26 Abs. 4 anzuwenden.

§ 7 Unterrichtung anderer Behörden

Begründen im Verlauf der Untersuchung ermittelte Tatsachen die Annahme, dass eine strafbare Handlung vorliegt, die in Zusammenhang mit dem Unfall oder der schweren Störung beim Betrieb ziviler Luftfahrzeuge steht oder die von erheblicher Bedeutung ist, unterrichtet die Bundesstelle die für die Luftsicherheit zuständige Behörde und die zuständigen Strafverfolgungsbehörde. Sie kann zu diesem Zweck auch personenbezogene Daten übermitteln.

Dritter Abschnitt

Untersuchung

§ 8 Untersuchungsstatus

(1) Die Untersuchung durch die Bundesstelle hat grundsätzlich Vorrang vor allen anderen fachlich-technischen Untersuchungen für andere als die in § 3 genannten Ziele und Zwecke. Die Befugnisse der Strafverfolgungsbehörden und der zur Strafverfolgung berufenen Gerichte bleiben unberührt.

(2) Überschneidungen anders gerichteter Interessen im Einzelfall sind durch zielgerichtete und zweckmäßige Zusammenarbeit der Bundesstelle mit anderen beteiligten Behörden zu ordnen.

§ 9 Untersuchungsverfahren

(1) Das Untersuchungsverfahren umfasst die gesamte Tätigkeit der Bundesstelle, die auf die Ermittlung der ursächlichen Zusammenhänge eines Unfalles oder einer Störung sowie auf die Feststellung der dafür maßgebenden Ursachen gerichtet ist. Es endet mit der Zusammenfassung der Ergebnisse der Untersuchung in einem Untersuchungsbericht und seiner Veröffentlichung.

(2) Die Bundesstelle bestimmt den Umfang der Untersuchung anhand des Ausmaßes und der Art des Unfalls oder der Störung unter Berücksichtigung der Erkenntnisse, die sich voraussichtlich für die Verbesserung der Sicherheit gewinnen lassen. Sie ist dabei vorbehaltlich anderer Vorschriften dieses Gesetzes an keine Form gebunden. Das Verfahren ist einfach und zweckmäßig durchzuführen.

§ 10 Einleitung der Untersuchung

(1) Im Einzelfall bestimmt die Bundesstelle einen Untersuchungsführer, der die Untersuchung leitet.

(2) Der Untersuchungsführer trifft unverzüglich die zur Erfüllung des Untersuchungszwecks notwendigen Maßnahmen.

§ 11 Untersuchungsbefugnisse

(1) Der Untersuchungsführer, die Untersuchungsfachkräfte und die Beauftragten für Unfalluntersuchung sind zur Erfüllung des Untersuchungsauftrages nach § 3 im Benehmen mit der örtlich zuständigen Strafverfolgungsbehörde befugt, alle Maßnahmen zu ergreifen, die zur Erreichung des Untersuchungszwecks erforderlich sind, insbesondere

1. ungehinderter Zugang zum Ort des Unfalls oder der Störung sowie zum Luftfahrzeug, zu seiner Ladung, zu seinem Wrack und zu Teilen derselben; Grundstücke und beschädigte Wohnungen zu betreten und zu besichtigen; das Grundrecht der Unverletzlichkeit der Wohnung (Artikel 13 Grundgesetz) wird insoweit eingeschränkt;
2. sofortige Spurenaufnahme und Entnahme von Trümmern, Bauteilen und Bestandteilen der Ladung zu Untersuchungs- oder Auswertungszwecken,
3. sofortiger Zugang zu Aufzeichnungsanlagen, zu Aufzeichnungsträgern und sonstigen Aufzeichnungen aus dem Luftfahrzeug und bei der Flugsicherung, Ansichnahme dieser Gegenstände und ihre Auswertung sowie Zugang zu sonstigen Aufzeichnungen und deren Auswertung,
4. Zugang zu den Ergebnissen einer Untersuchung der Opfer (Tote, Verletzte) oder von entsprechenden Proben,

5. Zugang zu den Ergebnissen von Untersuchungen der am Betrieb des Luftfahrzeugs beteiligten Personen oder von entsprechenden Proben,
6. sachdienliche Information durch ungehinderte Einsichtnahme in die sachbezogenen schriftlichen Unterlagen des Eigentümers, des Halters und des Herstellers des Luftfahrzeugs und seiner Teile sowie der für die Zivilluftfahrt und den Flugplatzbetrieb zuständigen Behörden und ggf. die Anfertigung entsprechender Kopien soweit dies zur Erreichung des Untersuchungszwecks erforderlich ist.

(2) Der Untersuchungsführer ist im Einvernehmen mit der zuständigen Strafverfolgungsbehörde befugt, eine Autopsie der sterblichen Überreste von Besatzungsmitgliedern und anderen Insassen des Luftfahrzeugs zu verlangen, wenn der begründete Verdacht besteht, dass gesundheitliche Störungen Ursache des Unfalls sein können, oder wenn die Untersuchung des Insassenschutzes vor tödlichen Verletzungen (Überlebensaspekte) dies erfordert. Die Leichenöffnung und die Ausgrabung einer beerdigten Leiche werden vom Richter beim Amtsgericht angeordnet; der Untersuchungsführer ist zu der Anordnung befugt, wenn der Untersuchungserfolg durch Verzögerung gefährdet würde. § 87 Abs. 1 bis 3 und 4 Satz 2 der Strafprozessordnung gelten entsprechend.

(3) Die Sicherstellung von als Nachweismittel geeigneten Spuren und Gegenständen hat in enger Zusammenarbeit mit der zuständigen Strafverfolgungsbehörde zu erfolgen. Dies gilt insbesondere für solche Nachweismittel, die für einen erfolgreichen Ausgang der Untersuchung sofort gesichert und ausgewertet werden müssen wie die Identifizierung und Untersuchung der Opfer und die Aufzeichnungsanlagen.

§ 12 Unfallstelle

(1) Die Unfallstelle ist frühestmöglich wirksam gegen den Zutritt Dritter abzusperren. Unbefugte dürfen die Unfallstelle nicht betreten. Über den Zutritt zur abgesperrten Unfallstelle entscheidet der Untersuchungsführer in enger Zusammenarbeit mit der zuständigen Strafverfolgungsbehörde.

(2) Die Unfallstelle, die Unfallspuren sowie sämtliche Wrackteile, Trümmerstücke und sonstiger Inhalt des Luftfahrzeugs dürfen bis zur Freigabe (§ 13) durch den Untersuchungsführer nicht berührt oder verändert werden. Gestattet sind lediglich

a) Löschmaßnahmen, möglichst ohne die Lage der in Satz 1 genannten Gegenstände zu verändern,

b) Maßnahmen zur Abwehr einer unmittelbar drohenden Gefahr,

c) Bergung und Erste-Hilfe-Maßnahmen an Verletzten möglichst unter gleichzeitiger schriftlicher und bildlicher Dokumentierung ihrer Lage auf der Unfallstelle oder im Verhältnis zur Unfallstelle.

Unzweifelhaft Tote und ihre Überreste sind bis zur Freigabe durch den Untersuchungsführer unverändert liegen zu lassen.

§ 13 Freigabe der Unfallstelle und des Luftfahrzeugs

Über die Freigabe der Unfallstelle, des Luftfahrzeugs, des Wracks oder seiner Teile, der Ladung und etwaiger Opfer entscheidet der Untersuchungsführer im Einvernehmen mit der zuständigen Strafverfolgungsbehörde.

§ 14 Teilnehmer am Untersuchungsverfahren

(1) Am Untersuchungsverfahren nehmen auf ihr Verlangen je ein bevollmächtigter Vertreter nichtdeutscher Staaten teil (Teilnehmer), und zwar

1. des Eintragungsstaates, des Entwurfsstaates, des Herstellerstaates sowie des Halterstaates;
2. von weiteren Staaten mit Zustimmung der Bundesstelle.

(2) Die bevollmächtigten Vertreter sind berechtigt, Berater hinzuzuziehen, die unter der Aufsicht des Untersuchungsführers an der Untersuchung in einem Umfang teilnehmen dürfen, der es dem bevollmächtigten Vertreter ermöglicht, seine Mitwirkung so wirkungsvoll wie möglich zu gestalten.

(3) Die Teilnahme an der Untersuchung erstreckt sich unter der Aufsicht des Untersuchungsführers auf alle Bereiche der Untersuchung, insbesondere auf

1. die Besichtigung der Unfallstelle,
2. die Untersuchung des Luftfahrzeugs oder seines Wracks,
3. die Einsicht in die Ergebnisse der Zeugenbefragungen mit der Möglichkeit, Befragungen zu weiteren Sachbereichen vorzuschlagen,
4. den schnellstmöglichen Zugang zu allen wesentlichen Nachweismitteln,
5. den Erhalt von Ablichtungen aller sachdienlichen Dokumente,
6. die Teilnahme an den Auswertungen vorgeschriebener Aufzeichnungen,
7. die Teilnahme an weiterführenden Untersuchungen einschließlich der Beratungen über die Ergebnisse, Ursachen und Sicherheitsempfehlungen,
8. Anregungen zum Untersuchungsumfang.

Die Teilnahme der Vertreter von Staaten nach Absatz 1 Nr. 2 kann auf solche Bereiche beschränkt werden, für die die Bundesstelle ihre Zustimmung erteilt hat.

(4) Der Untersuchungsführer kann Sachverständige und Helfer als Verwaltungshelfer hinzuziehen. Der Umfang ihrer Mitwirkung wird vom Untersuchungsführer bestimmt

(5) Bei der Untersuchung gefährlicher Begegnungen bedient sich der Untersuchungsführer von ihm ausgewählter Sachverständiger mit hoher flugsicherungsfachlicher Qualifikation vornehmlich der DFS Deutsche Flugsicherung Gesellschaft mbH.

(6) Die Einleitung und Durchführung der Untersuchung an der Unfallstelle ist nicht von der Anwesenheit der Teilnehmer und deren Beratern abhängig.

(7) Teilnehmer und deren Berater, Sachverständige und Helfer dürfen sich ohne die ausdrückliche Zustimmung der Bundesstelle nicht zum Stand der Untersuchung oder zu einzelnen Ergebnissen öffentlich äußern. Sie sind nachdrücklich darauf hinzuweisen. Die Mitarbeiter der Bundesstelle, die Untersuchungsführer und die Untersuchungsfachkräfte sind zur besonderen Verschwiegenheit verpflichtet.

(8) Teilnehmer und deren Berater, Sachverständige und Helfer sind von der Untersuchung auszuschließen, wenn sie gegen die Regeln dieses Gesetzes verstoßen.

(9) Soweit die in den Absätzen 1 bis 8 genannten Personen Zugang zu personenbezogenen Daten erhalten, gilt § 26 Abs. 4 entsprechend.

§ 15 Besorgnis der Befangenheit

Liegt ein Grund vor, der geeignet ist, Misstrauen gegen die unparteiische Ausübung der Tätigkeit einer an der Untersuchung beteiligten Person zu rechtfertigen, oder wird von einem Betroffenen das Vorliegen eines solchen Grundes behauptet (Besorgnis der Befangenheit), so hat die betreffende Person den Leiter der Bundesstelle davon in Kenntnis zu setzen, sich der weiteren Beteiligung am Verfahren zunächst zu enthalten und die Anordnungen des Leiters der Bundesstelle zu befolgen. Bereits vorgenommene Untersuchungshandlungen bleiben wirksam. Betrifft die Besorgnis der Befangenheit den Leiter der Bundesstelle oder seinen Vertreter, so trifft die Aufsichtsbehörde die erforderlichen Anordnungen.

§ 16 Nachweismittel

(1) Der Untersuchungsführer und die Untersuchungsfachkräfte bedienen sich aller zur Verfügung stehenden Mittel zum Nachweis der Unfallursachen (Nachweismittel). Sie dürfen, soweit dies für die Untersuchung erforderlich ist, insbesondere

1. Auskünfte einholen,
2. Zeugen, Sachverständige und andere für die Ermittlungen wichtige Personen befragen und schriftliche Äußerungen von ihnen einholen,

3. Urkunden und Akten beiziehen und einsehen, soweit nicht besondere Verwendungsbeschränkungen entgegenstehen,

(2) Bevollmächtigte Vertreter nach § 14 und ihre Berater sowie Sachverständige und Helfer sind verpflichtet, ihnen bekannte, für den Vorfall und seine Untersuchung erhebliche Tatsachen und Nachweismittel der Bundesstelle auch ohne Nachfrage bekannt zu geben.

(3) Zeugen des Vorfalls und der Vorgänge, die zu ihm geführt haben oder geführt haben können, sind zur wahrheitsgemäßen Aussage und Sachverständige sind auf Verlangen zur Erstattung von Gutachten verpflichtet. Der Zeuge kann die Auskunft auf solche Fragen verweigern, deren Beantwortung ihn selbst oder einen der in § 383 Abs. 1 Nr. 1 bis 3 der Zivilprozessordnung bezeichneten Angehörigen der Gefahr strafgerichtlicher Verfolgung oder eines Verfahrens nach dem Gesetz über Ordnungswidrigkeiten aussetzen würde. Er ist über sein Recht zur Verweigerung der Auskunft zu belehren.

Zeugen und Sachverständige sind auf Antrag nach Maßgabe des Gesetzes über die Entschädigung von Zeugen und Sachverständigen zu entschädigen.

Vierter Abschnitt

Berichte und ihre Bekanntgabe

§ 17 Anhörung vor Abschluss eines Untersuchungsberichts

(1) Vor Abschluss eines Untersuchungsberichts ist nach Lage des Falles dem Halter des Luftfahrzeugs, dem Hersteller des Luftfahrzeugs und seiner Teile, der Flugbesatzung, den Aufsichtsbehörden, der für die Flugsicherung zuständigen Stelle und dem Deutschen Wetterdienst sowie den bevollmächtigten Vertretern nach § 14 Gelegenheit zu geben, sich zu den für die Ursachenfeststellung maßgeblichen Tatsachen und Schlussfolgerungen schriftlich zu äußern. Zu diesem Zweck ist der Entwurf eines Untersuchungsberichtes zu versenden.

(2) Begründete wesentliche Stellungnahmen sind in dem endgültigen Untersuchungsbericht zu berücksichtigen. Abweichende Stellungnahmen von bevollmächtigten Vertretern nach § 14 werden ihm als Anhang beigefügt, wenn sie im Untersuchungsbericht nicht berücksichtigt wurden. Gehen innerhalb von 60 Tagen nach Versendung des Entwurfes eines Untersuchungsberichtes keine Stellungnahmen ein, wird der endgültige Untersuchungsbericht fertiggestellt.

(3) Eine Anhörung unterbleibt, wenn die Untersuchung summarisch (§ 18 Abs. 4 und 5) abgeschlossen wird.

§ 18 Untersuchungsbericht

(1) Zu jeder Untersuchung wird ein Bericht der Bundesstelle in einer der Art und der Schwere des Ereignisses angemessenen Form verfasst. Dieser Bericht verweist auf den ausschließlichen Untersuchungszweck nach § 3.

(2) Der Bericht gibt, unter Wahrung der Anonymität der an dem Unfall oder an der Störung beteiligten Personen, Auskunft über die Einzelheiten des Unfall-/Störungshergangs, über die beteiligten Luftfahrzeuge, die äußeren Umstände, die Ergebnisse der Untersuchungshandlungen und Gutachten, Beeinträchtigungen der Untersuchungen und ihre Gründe, die Auswertung aller Ergebnisse und die Feststellung der Ursachen oder der wahrscheinlichen Ursachen des Unfalls oder der Störung. Er enthält nach Möglichkeit Sicherheitsempfehlungen (§ 19); sie werden gegebenenfalls hier wiederholt, wenn sie wegen Gefahr im Verzug oder im öffentlichen Interesse bereits zu einem früheren Zeitpunkt herausgegeben werden mussten.

(3) Die Bundesstelle versendet den endgültigen Bericht möglichst nicht später als 12 Monate nach dem Ereignis. Je ein Exemplar wird übersandt an

1. die in § 17 Abs. 1 genannten Adressaten
2. die Internationale Zivilluftfahrt-Organisation bei Luftfahrzeugen mit einer Höchstmasse über 5 700 kg,
3. die Kommission der Europäischen Gemeinschaften.

Im übrigen erfolgt die Herausgabe des Berichtes durch Bekanntgabe der Bezugsquelle im Verkehrsblatt des Bundesministeriums für Verkehr.

(4) Unfälle und Störungen, deren Untersuchungsergebnisse nicht von besonderer Bedeutung für die Flugsicherheit sind, werden mit einem summarischen Untersuchungsbericht abgeschlossen.

(5) Der summarische Bericht nach Absatz 4 gibt lediglich Auskunft über die an dem Unfall oder der Störung beteiligten Luftfahrzeuge und den Unfallhergang.

§19 Sicherheitsempfehlungen

(1) Sicherheitsempfehlungen werden vom Leiter der Bundesstelle herausgegeben.

(2) Eine Sicherheitsempfehlung ist unabhängig vom Stadium des Untersuchungsverfahrens herauszugeben, wenn dies wegen Gefahr im Verzug zur Verhütung künftiger Unfälle oder Störungen aus gleichem oder ähnlichem Anlass ohne weiteren Aufschub geboten ist. Sie ist an die Stellen zu richten, die die Sicherheitsempfehlung in geeignete Maßnahmen umsetzen können.

(3) Der Inhalt einer Sicherheitsempfehlung muss in angemessenem Verhältnis zu der sie auslösenden Ursache stehen. Er darf die geringst möglichen Maßnahmen zur notwendigen Beseitigung der Ursache nicht überschreiten.

(4) Sicherheitsempfehlungen dürfen in keinem Fall zu einer Vermutung der Schuld oder Haftung für einen Unfall oder eine Störung führen.

(5) Die Kommission der Europäischen Gemeinschaft erhält eine Abschrift der Sicherheitsempfehlung.

§ 20 Ausländische Untersuchungsberichte

(1) In den Fällen des § 5 Abs. 1 dürfen Entwürfe ausländischer Untersuchungsberichte, Teile davon und Dokumente, die die Bundesstelle aufgrund ihrer Beteiligung an einer Untersuchung erhält, ohne die ausdrückliche Zustimmung der ausländischen Untersuchungsbehörde nicht veröffentlicht oder Dritten zugänglich gemacht werden, es sei denn, die ausländische Untersuchungsbehörde hat diese Unterlagen bereits veröffentlicht oder freigegeben.

(2) Die Bundesstelle ist zur Veröffentlichung ausländischer Untersuchungsberichte nicht verpflichtet. Im Falle einer Veröffentlichung ist § 18 Abs. 2 Satz 1 entsprechend anzuwenden.

§ 21 Erteilung von Auskünften und Akteneinsicht

(1) Die Bundesstelle kann von dem Ereignis Betroffenen oder deren Rechtsbeiständen Auskünfte aus den Akten des Untersuchungsverfahrens erteilen, soweit die Auskünfte zur Feststellung, Durchsetzung oder zur Abwehr von Rechtsansprüchen im Zusammenhang mit dem Unfall oder der Störung erforderlich sind.

(2) Auskunft wird zwecks Wahrung der Privatsphäre nicht erteilt hinsichtlich

1. vertraulicher Erklärungen und Angaben, die im Zusammenhang mit der Untersuchung auf Befragen der Bundesstelle für Flugunfalluntersuchung abgegeben wurden; als vertraulich sind Erklärungen zu werten, die als solche abgegeben wurden und als deren Urheber die erklärende Person nicht in Erscheinung treten will oder darf,
2. Aufnahmen von persönlichen Gesprächen auf Tonaufzeichnungsgeräten und deren Umschrift,
3. medizinischer Daten einschließlich bildlicher Darstellungen von Personen, es sei denn, die betreffenden Personen haben ausdrücklich zugestimmt.

(3) Unter den Voraussetzungen des Absatzes 1 kann Akteneinsicht gewährt werden, wenn die Erteilung von Auskünften einen unverhältnismäßigen Aufwand erfordert oder nach Darlegung dessen, der Akteneinsicht begehrt, zur Wahrung des berechtigten Interesses nicht ausreichen würde. Von der Akteneinsicht werden zwecks Wahrung der Privatsphäre die in Absatz 2 genannten Bestandteile der Akte ausgenommen.

(4) Die Akteneinsicht erfolgt bei der Bundesstelle. Im Einzelfall kann die Einsicht auch bei einer anderen Behörde oder bei einer diplomatischen oder berufskonsularischen Vertretung der Bundesrepublik Deutschland im Ausland erfolgen.

§ 22 Wiederaufnahme eines Untersuchungsverfahrens

Werden innerhalb von zehn Jahren nach Fertigstellung des Untersuchungsberichts wesentliche neue Tatsachen bekannt, nimmt die Bundesstelle von sich aus oder auf Antrag von bevollmächtigten Vertretern nach § 14 oder den in § 17 Abs. 1 genannten Personen und Stellen das Verfahren frühestens nach Ablauf von einem halben Jahr nach der Fertigstellung des Berichts wieder auf. Gegen die Ablehnung eines Antrags auf Wiederaufnahme kann innerhalb von 30 Tagen Beschwerde an das für den Sitz der Bundesstelle zuständige Oberverwaltungsgericht erhoben werden; sein Spruch ist unanfechtbar.

Fünfter Abschnitt

Untersuchungskammer

§ 23 Zuständigkeit

(1) Bei Unfällen und Störungen von besonderer Bedeutung und Schwere, deren Untersuchung nach Art und Umfang das übliche Maß überschritten hat und bei denen die Auswertung und Kombination der Ergebnisse der verschiedenen Untersuchungshandlungen nicht ohne Schwierigkeiten zu einem offensichtlich eindeutigen Ergebnis führen kann, setzt die Bundesstelle nach der Anhörung nach § 17 eine Untersuchungskammer ein.

(2) Die Kammer verfasst den endgültigen Untersuchungsbericht nach Maßgabe des § 18. Sie hat außerdem das Wiederaufnahmeverfahren nach § 22 in den Fällen des Abs. 1 durchzuführen.

(3) Die Kammer besteht aus fünf Mitgliedern. Sie ist mit vier Mitgliedern beschlussfähig. Den Vorsitz führt der Untersuchungsführer, im Falle eines Wiederaufnah-

meverfahrens entscheidet der Leiter der Bundesstelle über den Vorsitz. Die übrigen Mitglieder und ihre Vertreter müssen über besondere fachliche Erfahrungen auf dem Gebiet der Luftfahrttechnik, des Flugbetriebs oder der Flugsicherung verfügen und dürfen nicht der Bundesstelle oder einer der in § 4 Abs. 2 genannten Stellen oder dem Hersteller des Luftfahrzeugs oder einem der Hersteller seiner Teile angehören.

(4) Die Kammer soll ihre Ergebnisse möglichst einstimmig erzielen; bei Stimmengleichheit gibt die Stimme des Vorsitzenden den Ausschlag. Abweichende Ansichten sind als gesonderte Darstellung dem Untersuchungsbericht anzufügen.

(5) Die Kammer ordnet und verteilt ihre Aufgaben in eigener Verantwortung auf ihre Mitglieder. Sie tritt jedoch nach außen nur als die Untersuchungskammer auf.

Sechster Abschnitt

Allgemeine Vorschriften

§ 24 Kostentragung

(1) Die Untersuchungskosten trägt zunächst der Bund.

(2) Der Bund kann die Kosten der Untersuchung von der Person zurückfordern, zu deren Lasten ein Gericht oder eine Verwaltungsbehörde die vorsätzliche oder grob fahrlässige Herbeiführung des Unfalls oder der Störung unanfechtbar festgestellt hat. Das Rückgriffsrecht verjährt nach Ablauf von zwei Jahren nach Eintritt der Unanfechtbarkeit der gerichtlichen oder verwaltungsbehördlichen Entscheidung.

(3) Die Kosten für die Bergung des Luftfahrzeugs oder für die Beseitigung der Trümmer sind vom Eigentümer des Luftfahrzeugs zu tragen. Dies gilt auch dann, wenn der Untersuchungsführer die Bergung zum Zweck der Untersuchung angeordnet hat. Die Möglichkeit des Rückgriffs bleibt unberührt.

(4) Der Kostenerstattungsanspruch ist in einem Bescheid festzusetzen, der nach dem Verwaltungs-Vollstreckungsgesetz vom 27. April 1953 (BGBl. I S. 157), zuletzt geändert durch Artikel 40 des Gesetzes vom 14. Dezember 1976 (BGBl. I S. 3341), in der jeweils geltenden Fassung vollzogen werden kann.

§ 25 Erhebung, Verarbeitung und Nutzung von Daten

(1) Die Bundesstelle, die Untersuchungsbefugten nach § 11 und die Teilnehmer nach § 14 dürfen im Rahmen ihrer Befugnisse nach §§ 11 und 16 personenbezogene Daten aller an dem Unfall oder der Störung beteiligten oder betroffenen Personen, die über den Unfall oder die Störung Aussagen machen, erheben, verarbeiten und nutzen, soweit dies für die Zwecke der Untersuchung nach § 3 erforderlich ist. Ebenso stellen sie die beteiligten Luftfahrzeuge nach Baumuster und Kennzeichen und die identifizierenden Kennwerte der an Bord befindlichen Gepäck- und Frachtstücke fest.

(2) Vertrauliche Erklärungen sind durch technische Maßnahmen gegen unbefugte Einsichtnahme besonders zu schützen.

(3) Die nach Absatz 1 erhobenen Daten werden in einer Datei gespeichert oder in Akten festgehalten.

§ 26 Datenübermittlung an öffentliche Stellen

(1) Die Bundesstelle darf Daten nach § 25 an öffentliche Stellen übermitteln, soweit dies für die Sicherheit in der Luftfahrt, für die Erteilung luftrechtlicher Erlaubnisse und Genehmigungen im Zusammenhang mit dem Betrieb des Luftfahrzeuges, für die Durchführung eines Strafverfahrens, für die Verfolgung von Ordnungswidrigkeiten und für gerichtliche Verfahren zu Feststellung, Geltendmachung oder Abwehr von Rechtsansprüchen im Zusammenhang mit dem Unfall oder der Störung sowie zum Zweck der Information von Angehörigen der vom Unfallereignis Betroffenen erforderlich ist.

(2) Unter den Voraussetzungen des Absatzes 1 kann Akteneinsicht gewährt werden, wenn die Übermittlung von Daten einen unverhältnismäßigen Aufwand erfordert oder die Akteneinsicht begehrende Stelle unter Angabe von Gründen erklärt, dass die Übermittlung von Daten zur Erfüllung ihrer Aufgabe nicht ausreichen würde. § 96 Satz 1 der Strafprozessordnung bleibt unberührt und ist entsprechend anzuwenden.

(3) Unter den Voraussetzungen der Absätze 1 und 2 können Akten und Berichte der Bundesstelle auf Ersuchen zur Einsichtnahme öffentlichen Stellen übersandt werden, soweit dies für Zwecke der Strafverfolgung, für Zwecke der Rechtspflege und für Verwaltungsverfahren, die mit dem Ereignis und seinen Folgen in unmittelbaren Zusammenhang stehen, erforderlich ist. § 96 Satz 1 der Strafprozessordnung bleibt unberührt und ist entsprechend anzuwenden. Im Falle einer Wiederaufnahme nach § 22 sind die Verwaltungsbehörden und Gerichte verpflichtet, die Akten auf Antrag der Bundesstelle unverzüglich zurückzugeben.

(4) Die Bundesstelle darf die Daten nach § 25 zu den in Absatz 1 genannten Zwecken an die in § 6 Absatz 1 genannten Stellen übermitteln, soweit dies zur Erfüllung der in der Zuständigkeit der empfangenden Stelle liegenden Aufgaben erforderlich ist und schutzwürdige Interessen des Betroffenen nicht beeinträchtigt werden, insbesondere beim Empfänger ein angemessener Datenschutz gewährleistet ist. Die Übermittlung von personenbezogenen Daten ist auch dann, wenn beim Empfänger ein angemessener Datenschutz nicht gewährleistet ist, zulässig, soweit sie zur Verhütung von Unfällen beim Betrieb ziviler Luftfahrzeuge und für Zwecke der Information von Angehörigen der vom Unfallereignis Betroffenen erforderlich ist. Der Empfänger ist darauf hinzuweisen, dass die übermittelten Daten nur zu dem Zweck verarbeitet und genutzt werden dürfen, zu dessen Erfüllung sie ihm übermittelt worden sind.

§ 27 Aufbewahrungs- und Löschfristen

(1) Die Frist für die Aufbewahrung von Akten beträgt bei Unfällen mit Todesopfern 30 Jahre. Alle anderen Akten werden 20 Jahre aufbewahrt.

(2) Die nach Dateien gespeicherten Daten werden bei Unfällen mit tödlichem Ausgang nach Ablauf von 30 Jahren, im übrigen nach Ablauf von 20 Jahren gelöscht.

(3) Die Frist nach Absatz 1 und 2 beginnt mit dem Abschluss des Verfahrens. § 187 Absatz 1 des Bürgerlichen Gesetzbuches und § 2 Absatz 1 bis 6, 8 und 9 des Bundesarchivgesetzes finden Anwendung.

§ 28 Flugsicherheitsarbeit

(1) Die Bundesstelle leistet Flugsicherheitsarbeit mit dem Ziel der Flugunfallverhütung, indem sie Statistiken führt und auswertet, Flugunfallinformationen veröffentlicht und sich an Vortragsveranstaltungen beteiligt

(2) Die Bundesstelle führt eine anonymisierte Statistik über Unfälle und schwere Störungen, die jährlich zu veröffentlichen ist. Sie dient dazu, eine aktuelle, umfassende und zuverlässige Datenbasis über Struktur und Entwicklung der erfassten Fälle herzustellen.

(3) Die Statistik erfasst:

1. die beteiligten Luftfahrzeuge nach Staatszugehörigkeitszeichen, Baumuster, Hersteller, Art der Beschädigung des Luftfahrzeugs, Art der Drittschäden, bei der Beförderung gefährlicher Güter die Art des Gefahrgutes,
2. die Zahl der Luftfahrzeuginsassen,

3. die Zahl der verunglückten Insassen und die Unfallfolgen (tödliche, schwere, andere Verletzungen),
4. Unfallort, Datum, Hergang und Umstände des Unfalls (Betriebsphase, Art der Störung) sowie ermittelte Unfallursachen.

(4) Die Bundesstelle wertet deutsche und ausländische Statistiken über Unfälle und Störungen aus. Auswertungsergebnisse und daraus resultierende Unfallinformationen werden veröffentlicht. Die Bundesstelle kann auf Anfrage Auswertungen und Statistiken gegen Kostenerstattung herstellen, soweit dadurch die ordnungsgemäße Erfüllung ihrer Aufgaben nicht beeinträchtigt wird.

(5) Behörden und als gemeinnützig anerkannte Organisationen, die Flugsicherheitsarbeit leisten, erhalten die Veröffentlichungen nach Absatz 2 und 4 kostenlos.

(6) Die Bundesstelle kann auf Anfrage Referenten zu Flugsicherungsveranstaltungen oder vergleichbaren Veranstaltungen der Polizei oder des Katastrophenschutzes entsenden, soweit dadurch die ordnungsgemäße Erfüllung der Aufgabe nicht beeinträchtigt wird.

§ 29 Beteiligung am Such- und Rettungsdienst

Die Bundesstelle wirkt beim Such- und Rettungsdienst mit, indem sie die notwendigen Informationen beschafft, an diesen weiter gibt und berät. Vor der Einstellung der Suche nach einem vermissten Luftfahrzeug ist zwischen dem Such- und Rettungsdienst und der Bundesstelle Einvernehmen herzustellen.

§ 30 Bußgeldvorschriften

(1) Ordnungswidrig handelt, wer vorsätzlich oder fahrlässig

1. entgegen § 12 Abs. 2 Satz 2 die Unfallstelle betritt,
2. entgegen § 12 Abs. 3 Satz 1 die Unfallstelle, Unfallspuren, Wrackteile, Trümmerstücke oder sonstigen Inhalt des Luftfahrzeugs vor der Freigabe verändert,
3. ohne Zustimmung nach § 14 Absatz 7 Satz 1 sich zum Stand der Untersuchung oder zu einzelnen Ergebnissen öffentlich äußert,
4. entgegen § 16 Abs. 3 Satz 1 der Pflicht zur wahrheitsgemäßen Aussage oder zur Erstattung von Gutachten nicht nachkommt.

(2) Die Ordnungswidrigkeit kann mit einer Geldbuße geahndet werden.

(3) Verwaltungsbehörde im Sinne des § 36 Abs. 1 Nr. 1 des Gesetzes über Ordnungswidrigkeiten ist das Luftfahrt-Bundesamt.

Anhang

Beispiele für schwere Störungen

Die nachstehend aufgeführten Störungen sind typische Beispiele für schwere Störungen. Die Liste ist jedoch nicht erschöpfend und dient nur als Richtschnur für die Definition des Begriffs "schwere Störungen".

- Fastzusammenstoß/gefährliche Begegnung; gefährliche Annäherung von zwei Luftfahrzeugen, bei der mindestens ein Luftfahrzeug nach Instrumentenflugregeln betrieben wurde und ein Ausweichmanöver erforderlich war oder angemessen gewesen wäre, um einen Zusammenstoß oder eine gefährliche Situation zu vermeiden;
- nur knapp vermiedene Bodenberührung mit einem nicht außer Kontrolle geratenen Luftfahrzeug (CFIT);
- abgebrochener Start auf einer gesperrten oder belegten Startbahn oder Start von einer solchen Bahn mit kritischem Hindernisabstand;
- Landung oder Landeversuch auf einer gesperrten oder belegten Landebahn;
- erhebliches Unterschreiten der vorausberechneten Flugleistungen beim Start oder im Anfangssteigflug;
- Brände oder Rauch in der Fluggastkabine oder im Laderaum und Triebwerksbrände, auch wenn diese Brände mit Hilfe von Löschmitteln gelöscht wurden;
- Umstände, die die Flugbesatzung zur Benutzung von Sauerstoff zwangen;
- Strukturversagen an der Luftfahrzeugzelle oder eine Triebwerkszerlegung, die nicht als Unfall eingestuft werden;
- mehrfaches Versagen eines oder mehrerer Luftfahrzeugsysteme, wodurch der Betrieb des Luftfahrzeugs ernsthaft beeinträchtigt wurde;
- jeder Ausfall von Flugbesatzungsmitgliedern während des Fluges:
- jeder Kraftstoffmangel, bei dem der Luftfahrzeugführer eine Notlage erklären musste;
- Störungen bei Start oder Landung; Störungen wie zu frühes oder zu spätes Aufsetzen, Überschießen oder seitliches Abkommen von der Start- oder Landebahn:
- Ausfall von Systemen, meteorologische Erscheinungen, Betrieb außerhalb des zulässigen Flugbereichs oder sonstige Ereignisse, die Schwierigkeiten bei der Steuerung des Luftfahrzeugs hätten hervorrufen können;
- Versagen von mehr als einem System in einem redundanten System, das für die Flugführung und -navigation unverzichtbar ist.

12.4 Bundesstelle für Flugunfalluntersuchung - BFU

Das *"Gesetz über das Luftfahrt-Bundesamt"* wurde am 30. November 1954 verabschiedet. Die Untersuchung von Unfällen und Störungen beim Betrieb von Luftfahrzeugen war mit der Gründung am 1. Februar 1955 eine Aufgabe des *Luftfahrt-Bundesamtes (LBA)*, eine dem *Bundesministerium für Verkehr* direkt nachgeordnete Behörde (Bundesoberbehörde) mit Sitz in Braunschweig.

Am 7. April 1956 verabschiedete der Bundestag das *"Gesetz über den Beitritt der Bundesrepublik Deutschland zu dem Abkommen vom 7. Dezember 1944 über die Internationale Zivilluftfahrt" (Chicagoer Abkommen - ICAO)*. Damit verpflichtete sich die Bundesrepublik die internationalen Richtlinien und Empfehlungen in ihrem Zuständigkeitsbereich anzuwenden. Als Arbeitsgrundlage und Dienstanweisung für den Unfallreferenten im Luftfahrt-Bundesamt erließ der Bundesminister für Verkehr eine *„Allgemeine Verwaltungsvorschrift für die fachliche Untersuchung von Unfällen beim Betrieb von Luftfahrzeugen“*, die bis zum 30. August 1998 unverändert in Kraft war.

Mit einer Änderung des *Gesetzes über das Luftfahrt-Bundesamt* im Jahre 1980 wurde die fachliche Untersuchung von Unfällen und Störungen beim Betrieb von Luftfahrzeugen dem *Bundesministerium für Verkehr (BMV)* zugeordnet, um eine größtmögliche Unabhängigkeit der untersuchenden Stelle zu ermöglichen. Die Durchführung der Untersuchungen wurde per Erlass der *Flugunfalluntersuchungsstelle beim Luftfahrt-Bundesamt (FUS)* übertragen. Die Fachaufsicht über die Dienststelle wurde durch das BMV wahrgenommen, die Dienstaufsicht verblieb beim *Luftfahrt-Bundesamt.* Nach der Wiedervereinigung Deutschlands übernahm die FUS die Aufgaben der Flugunfalluntersuchung und einen Teil des Personals der *Staatlichen Luftfahrt-Inspektion (SLI)* der ehemaligen DDR in ihren Zuständigkeitsbereich.

Am 2. November 1994 veröffentlichte der Rat der Europäischen Union die *„Richtlinie 94/56 EU über die Grundsätze für die Untersuchung von Unfällen und Störungen in der Zivilluftfahrt“*. In der Richtlinie wurde gefordert, dass diese bis November 1996 in nationales Recht umgesetzt werden sollte. Damit sollten in Deutschland die Aufgaben sowie die Rechte und Pflichten einer Untersuchungsstelle für Flugunfälle und schwere Störungen beim Betrieb von zivilen Luftfahrzeugen erstmalig durch ein Gesetz geregelt werden. Die Verabschiedung des *Gesetzes über die Untersuchung von Unfällen und Störungen beim Betrieb ziviler Luftfahrzeuge (FlUUG),* erfolgte am 26. August 1998.

Die wesentlichste Änderung zu den vorherigen Regelungen war die Unabhängigkeit der Untersuchungsstelle von allen nationalen Luftfahrtbehörden, die für die Lufttüchtigkeit, die Zulassung, den Flugbetrieb, die Instandhaltung, die Erteilung von Erlaubnissen an Luftfahrtpersonal, die Luftverkehrskontrolle und den Flughafenbetrieb zuständig sind, sowie von allen Parteien, deren Interessen mit der Aufgabe der Untersuchungsstelle kollidieren können. Damit stand fest, dass die Bundesstelle für Flugunfalluntersuchung als eigenständige Bundesoberbehörde nicht mehr Teil des Luftfahrt-Bundesamtes sein konnte. Der alleinige Zweck der Bundesstelle ist die Untersuchung von Unfällen und schweren Störungen beim Betrieb von zivilen Luftfahrzeugen mit dem Ziel Unfälle und schwere Störungen zu verhüten. Als schwere Störungen werden Vorkommnisse beim Betrieb von Luftfahrzeugen bezeichnet, die beinahe zu einem Unfall geführt hätten oder hätten führen können. Weitere neue Aufgaben, die auf die Untersuchungsstelle zukamen waren die Untersuchung menschlicher Faktoren und Untersuchungen, die ggf. bis in das Management des betroffenen Unternehmens reichen. Um die neuen Aufgaben erfüllen zu können, war es erforderlich, in einer Organisationsuntersuchung die personellen, organisatorischen und finanziellen Voraussetzungen für eine solche Untersuchungsbehörde neu zu bewerten. Die Aufteilung der Dienststelle in die Referate Flugbetrieb und Technik hatte sich bereits in der Vergangenheit als unpraktisch herausgestellt. Sowohl das Flugunfall-Untersuchungs-Gesetz als auch die EU-Richtlinie fordern den Einsatz von qualifizierten Untersuchungsführern. Die Untersuchungsführer für die Untersuchung von Unfällen und schweren Störungen mit großen Flugzeugen müssen befähigt sein, eine Untersuchung eines internationalen Großunfalls durchzuführen mit den anderen Behörden und Unternehmen zu koordinieren. Aus diesem Grunde wurden, für die veränderten Aufgaben bei der Flugunfalluntersuchung drei Untersuchungsführer für die Untersuchung großer Flugzeuge sowie ein Untersuchungsführer für die Untersuchung kleiner Luftfahrzeuge ausgewählt. Diese tragen, gemeinsam mit den Untersuchungsfachkräften der BFU, und, wenn es erforderlich ist unter der Hinzuziehung externer Fachleute, die Verantwortung für eine fachlich qualifizierte, vollständige und unabhängige Aufklärung des Unfallgeschehens. Sie erstellen den Abschlußbericht und ggf. geeignete Sicherheitsempfehlungen. Die BFU verfügt in Braunschweig über eine Untersuchungshalle, ein Avioniclabor und ein Labor zur Auswertung von Flugschreibern und Cockpit-Voice-Recordern und kann die meisten in Osteuropa hergestellten Flugschreiber auszuwerten.

Bei Unfällen, bei denen gleichzeitig militärische und zivile Luftfahrzeuge betroffen sind, arbeitet die Bundesstelle eng mit dem *General Flugsicherheit der Bundeswehr* zusammen. An der Untersuchung anderer Unfälle mit militärischen Luftfahrzeugen ist die Bundesstelle nicht beteiligt.

Die Grundsätze der Zusammenarbeit mit den Strafverfolgungsbehörden sind im Flugunfall-Untersuchungs-Gesetz geregelt. Bei Unfällen großer Flugzeuge ist eine enge Zusammenarbeit mit ausländischen Luftfahrtbehörden erforderlich.

Eine weitere Aufgabe der Bundesstelle ist die Entsendung von Referenten zu Informations- oder Schulungsveranstaltungen der Polizei, des Katastrophenschutzes allgemein oder zu Seminaren der Fluglehrer. Diese Schulungen dienen dem gegenseitigen Verständnis für das Erreichen der unterschiedlichen Ziele und Aufgaben sowie der notwendigen und sinnvollen Zusammenarbeit der verschiedenen Behörden an der Unfallstelle.

13 Abkommen über die internationale Zivilluftfahrt (ICAO)

Grundlage für die Untersuchung von Unfällen und schweren Störungen beim Betrieb ziviler Luftfahrzeuge durch die Mitgliedstaaten ist das Abkommen über die internationale Zivilluftfahrt, das von den Gründungsmitgliedern der *Internationalen Zivilen Luftfahrt Organisation, ICAO*, am 7. Dezember 1944 in Chicago verabschiedet wurde.

13.1 Artikel 25 - "Luftfahrzeuge in Not":

Jeder Vertragsstaat verpflichtet sich, für in seinem Hoheitsgebiet in Not geratene Luftfahrzeuge die Hilfsmaßnahmen zu treffen, die ihm tunlich erscheinen, und den Eigentümern des Luftfahrzeugs und den Behörden des Staates, in dem das Luftfahrzeug eingetragen ist, zu gestatten, unter der Kontrolle seiner eigenen Behörden, die den Umständen erforderlichen Hilfsmaßnahmen zu treffen. Jeder Vertragsstaat wirkt bei der Suche nach vermissten Luftfahrzeugen an aufeinander abgestimmten Maßnahmen mit, die aufgrund des Abkommens empfohlen werden.

Die Aufgabe des *"Such- und Rettungsdienstes (SAR)"* ist in der Bundesrepublik Deutschland der Bundeswehr übertragen worden. Der Leiter der Bundesstelle für Flugunfalluntersuchung ist Mitglied im SAR-Koordinierungsausschuss. Die Bundesstelle entscheidet außerdem über die Einstellung einer Suche nach vermissten zivilen Luftfahrzeugen.

13.2 Artikel 26 - "Untersuchung von Unfällen":

Bei einem Unfall, der dem Luftfahrzeug eines Vertragsstaates zustößt und Tod oder Verletzungen zur Folge hat oder auf schwerwiegende Mängel am Luftfahrzeug oder der technischen Einrichtungen hinweist, nimmt der Staat, in dessen Gebiet sich der Unfall ereignet hat, eine Untersuchung über die Umstände des Unfalles vor, und zwar, soweit es seine Gesetze erlauben, in Übereinstimmung mit dem Verfahren, das durch die Internationale Zivilluftfahrt-Organisation empfohlen wird. Dem Staat, in dem das Luftfahrzeug eingetragen ist, wird Gelegenheit gegeben, Beobachter, die bei der Untersuchung anwesend sein sollen, zu bestimmen, und der Staat, der die Untersuchung vornimmt, übermittelt dem anderen Staat den Bericht und das Untersuchungsergebnis in der Angelegenheit.

Das Kapitel IV des Abkommens befasst sich mit den "Internationalen Richtlinien und Empfehlungen", der Artikel 37 mit der "Annahme der internationalen Richtlinien und Verfahren":

Jeder Staat verpflichtet sich, daran mitzuarbeiten, dass für Vorschriften, Richtlinien, Verfahren und Organisation in bezug auf Luftfahrzeuge, Personal, Luftstraßen und Hilfsdienste der höchstmögliche Grad der Einheitlichkeit in allen Angelegenheiten erreicht wird, in denen dies die Luftfahrt erleichtert und verbessert.

Zu diesem Zweck wird die Internationale Zivilluftfahrt-Organisation jeweils, soweit erforderlich, internationale Richtlinien, Empfehlungen und Verfahren annehmen und ergänzen in bezug auf

.....

(k) in Not befindliche Luftfahrzeuge und Unfalluntersuchung;

ferner sonstige Angelegenheiten, die sich auf die Sicherheit, Regelmäßigkeit und Leistungsfähigkeit der Luftfahrt beziehen, soweit dies jeweils angebracht erscheint.

13.3 Artikel 38 - "Abweichungen von internationalen Richtlinien und Verfahren"

Jeder Staat, der es für undurchführbar hält, einer internationalen Richtlinie oder einem solchen internationalen Verfahren in jeder Hinsicht nachzukommen, oder in seinen eigenen Vorschriften und Maßnahmen mit einer internationalen Richtlinie oder einem internationalen Verfahren nach ihrer Abänderung in volle Übereinstimmung zu bringen, oder der es für nötig hält, Vorschriften und Verfahren anzunehmen, die irgendwie von denjenigen abweichen, die durch eine internationale Richtlinie festgesetzt sind, wird den Unterschied zwischen seiner eigenen Regelung und derjenigen, die durch die internationale Richtlinie festgelegt ist, sofort der Internationalen Zivilluftfahrt-Organisation anzeigen. Bei Änderungen von internationalen Richtlinien wird jeder Staat, der seine eigenen Vorschriften und Verfahren nicht entsprechend ändert, dies innerhalb von 60 Tagen nach der Annahme der Änderung der internationalen Richtlinie dem Rat anzeigen oder angeben, was er zu veranlassen beabsichtigt. In jedem derartigen Fall wird der Rat sofort allen anderen Staaten den Unterschied anzeigen, der zwischen einem oder mehreren Punkten einer internationalen Richtlinie und der entsprechenden inländischen Regelung in diesem Staat besteht.

13.4 Annex 13 (ICAO)

Die Richtlinien und Empfehlungen für die Durchführung der Unfalluntersuchung wurden vom ICAO-Rat nach der Maßgabe des Artikels 37 des Abkommens über die internationale Zivilluftfahrt gebilligt und am 11. April 1951 als Anhang 13 zum Abkommen veröffentlicht. Die Richtlinien und Empfehlungen basieren auf den Empfehlungen der ersten Tagung des Fachbereichs Flugunfalluntersuchung im Februar 1946; sie wurden weiterentwickelt auf der zweiten Tagung im Februar 1947.

Während der 14. Vollversammlung (August/September 1962 in Rom) wurde ebenfalls das Thema erörtert; die Resolution A 14-22 sowie A 14-27, Anlage P, wurde angenommen. Mit dieser Resolution wurde

1) der Rat angewiesen,

   a) die Möglichkeiten der Festlegung eines einheitlichen Verfahrens zu untersuchen, das von den Staaten anzuwenden ist, um die Berichte über das Ergebnis von Unfalluntersuchungen umgehend zur Verfügung stellen zu können, insbesondere bei Unfällen moderner Großraumflugzeuge, so dass die Bekanntgabe solcher Berichte von allen Vertragsstaaten verbessert werden kann;

   b) die Möglichkeit von Verfahren zu untersuchen, nach denen der Herstellerstaat oder der Staat, in dem das Luftfahrzeugmuster erstmals zugelassen wurde, falls erforderlich und auf Anforderung, Sachverständige als Berater bei Flugunfalluntersuchungen zur Verfügung stellen kann und aufgrund der Ergebnisse einer solchen Studie

   i) die geeigneten Mittel festzulegen, mit denen gewährleistet werden kann, dass sich nicht nur aus Fachkenntnissen dieser Sachverständigen größtmöglicher Nutzen gewinnen lässt, sondern auch alle Vertragsstaaten darüber entsprechend informiert werden und

   ii) alle Vertragsstaaten dringend aufzufordern, bei der Hinzuziehung solcher Sachverständigen zusammenzuarbeiten, um damit zur Sicherheit des Luftverkehrs beizutragen;"

   und

2) eine dringende Aufforderung an alle Vertragsstaaten gerichtet, bei Unfällen, insbesondere wenn moderne Großraumflugzeuge betroffen sind, den Herstellerstaat oder den Staat, in dem die Erstzulassung des Luftfahrzeugs erfolgte, umgehend zu unterrichten, wenn eine solche Mitteilung für notwendig erachtet wird."

Darüber hinaus beschloss die Vollversammlung mit der Resolution A 14-27, Anlage P, dass "es hinsichtlich der Flugunfalluntersuchung für eine allgemeine Verbesserung der Sicherheit der Luftfahrt von großer Bedeutung sei, dass beim

Unfall eines Luftfahrzeugs in einem Vertragsstaat, welcher nicht der Herstellerstaat ist, der die Untersuchung durchführende Staat dem Herstellerstaat möglichst bald und im größtmöglichen Umfang alle sachdienlichen Informationen übermittelt, die sich aus der Untersuchung ergeben und die Aufschluss über die Lufttüchtigkeit des Luftfahrzeugmusters oder seiner Ausrüstung geben oder eine Verbesserung der Sicherheit bewirken können".

14 Europäisches Recht

14.1 Richtlinie 94/56/EG des Rates

vom 2. November 1994 über Grundsätze für die Untersuchung von Unfällen und Störungen in der Zivilluftfahrt

DER RAT DER EUROPÄISCHEN UNION -

gestützt auf den Vertrag zur Gründung der Europäischen Gemeinschaft, insbesondere auf Artikel 84 Absatz 2,

auf Vorschlag der Kommission,

nach Stellungnahme des Wirtschafts- und Sozialausschusses,

gemäß dem Verfahren des Artikels 189c des Vertrags,

in Erwägung nachstehender Gründe:

Es gilt, in der europäischen Zivilluftfahrt einen hohen allgemeinen Sicherheitsstandard zu erhalten und die Zahl von Unfällen und Störungen mit allen Mitteln zu senken.

Die zügige Durchführung technischer Untersuchungen von Unfällen und Störungen in der Zivilluftfahrt erhöht die Luftverkehrssicherheit, indem sie zur Verhütung solcher Vorkommnisse beiträgt.

Berücksichtigt werden sollte dabei das am 7. Dezember 1944 in Chicago unterzeichnete Abkommen über die internationale Zivilluftfahrt, das die Durchführung der für den sicheren Betrieb von Luftfahrzeugen erforderlichen Maßnahmen vorsieht. Insbesondere ist dem Anhang 13 dieses Abkommens Rechnung zu tragen, der internationale Richtlinien und Empfehlungen für Flugunfalluntersuchungen enthält.

Nach diesen internationalen Richtlinien ist der Staat, in dem sich ein Unfall ereignet hat, für die Durchführung der Untersuchung zuständig.

Falls bei einer schweren Störung der Staat, in dem sie sich ereignet hat, keine Untersuchung durchführt, ist diese vom Eintragungsstaat vorzunehmen.

Schwere Störungen sollten ähnlich untersucht werden wie Unfälle.

Beim Umfang der Untersuchungen ist zu berücksichtigen, welche Erkenntnisse sich daraus für die Verbesserung der Sicherheit gewinnen lassen.

Im Interesse der Sicherheit im Luftverkehr muss die Untersuchung so rasch wie möglich erfolgen.

Die Untersuchungssachverständigen sollten ihren Aufgaben möglichst ungehindert nachkommen können.

Die Mitgliedstaaten müssen unter Beachtung der geltenden Rechtsvorschriften über die Befugnisse der für die gerichtliche Untersuchung zuständigen Behörden und gegebenenfalls in enger Zusammenarbeit mit diesen dafür Sorge tragen, dass die für die technische Untersuchung verantwortlichen Personen ihren Aufgaben unter bestmöglichen Bedingungen nachkommen können.

Um Interessenkonflikte und eine Verwicklung in die Ursachen des untersuchten Vorkommnisses zu vermeiden, sollte die Untersuchung von Unfällen und Störungen in der Zivilluftfahrt durch eine unabhängige Stelle oder unter deren Aufsicht vorgenommen werden.

Diese Stelle sollte über angemessene Mittel verfügen, und zu ihren Aufgaben könnten auch andere Tätigkeiten im Bereich der Unfallverhütung gehören.

Die Mitgliedstaaten sollten Maßnahmen treffen, um sich bei der Durchführung der Untersuchungen erforderlichenfalls gegenseitig zu unterstützen.

Ein Mitgliedstaat kann einen anderen Mitgliedstaat mit der Untersuchung beauftragen.

Im Hinblick auf die Unfallverhütung sind die Ergebnisse der Unfalluntersuchungen möglichst bald zu veröffentlichen.

Die Besonderheit von Störungen sollte bei der Verbreitung der diesbezüglichen Untersuchungsergebnisse berücksichtigt werden.

Den Sicherheitsempfehlungen, die aus einer Unfall- oder Störungsuntersuchung abgeleitet werden, ist von den Mitgliedstaaten angemessen Rechnung zu tragen.

Die technische Untersuchung hat ausschließlich zum Ziel, Erkenntnisse zu gewinnen, mit denen künftige Unfälle und Störungen verhütet werden können; die Auswertung des Vorkommnisses sowie die Schlussfolgerungen und Sicherheitsempfehlungen sollen also nicht der Klärung der Schuld- oder der Haftungsfrage dienen.

HAT FOLGENDE RICHTLINIE ERLASSEN

Artikel 1 - Ziel

Ziel dieser Richtlinie ist die Verbesserung der Sicherheit im Luftverkehr durch eine Erleichterung der raschen Durchführung technischer Untersuchungen, deren ausschließlicher Zweck die Verhütung künftiger Unfälle und Störungen ist.

Artikel 2 - Anwendungsbereich

(1) Diese Richtlinie gilt für die Untersuchungen von Unfällen und Störungen in der Zivilluftfahrt im Gebiet der Gemeinschaft, wobei den internationalen Verpflichtungen der Mitgliedstaaten Rechnung getragen wird.

(2) Diese Richtlinie gilt auch außerhalb des Gebietes der Gemeinschaft

i) für Untersuchungen von Unfällen, die in die Luftfahrzeugrolle eines Mitgliedstaats eingetragene Luftfahrzeuge betreffen, sofern diese Untersuchungen nicht von einem anderen Staat durchgeführt werden;

ii) für Untersuchungen von schweren Störungen, die Luftfahrzeuge betreffen, die in die Luftfahrzeugrolle eines Mitgliedstaats eingetragen sind oder von einem in einem Mitgliedstaat ansässigen Unternehmen betrieben werden, sofern diese Untersuchungen nicht von einem anderen Staat durchgeführt werden.

Artikel 3 - Begriffsbestimmungen

Im Sinne dieser Richtlinie bezeichnet der Begriff

a) "Unfall" ein Ereignis beim Betrieb eines Luftfahrzeugs vom Beginn des Anbordgehens von Personen mit Flugabsicht bis zu dem Zeitpunkt, zu dem alle diese Personen das Luftfahrzeug wieder verlassen haben, wenn hierbei

1. eine Person tödlich oder schwer verletzt worden ist

- an Bord eines Luftfahrzeugs oder
- durch unmittelbare Berührung mit dem Luftfahrzeug oder einem seiner Teile, auch wenn sich dieser Teil von dem Luftfahrzeug gelöst hat, oder
- durch unmittelbare Einwirkung des Turbinenstrahls eines Luftfahrzeugs,

es sei denn, dass diese Verletzungen dem Geschädigten durch sich selbst oder von einer anderen Person zugefügt worden sind oder eine andere natürliche Ursache haben oder dass es sich um Verletzungen von unbefugt mitfliegenden Personen handelt, die sich außerhalb der den Fluggästen und den Besatzungsmitgliedern normalerweise zugänglichen Räume verborgen hatten, oder

2. das Luftfahrzeug oder die Luftfahrzeugzelle einen Schaden erlitten hat und

- der Festigkeitsverband der Luftfahrzeugzelle, die Flugleistungen oder die Flugeigenschaften dadurch beeinträchtigt worden sind und
- die Behebung dieses Schadens in aller Regel eine große Reparatur oder einen Austausch des beschädigten Luftfahrzeugteils erfordern würde,

es sei denn, dass nach einem Triebwerkschaden oder Triebwerkausfall die Beschädigung des Luftfahrzeugs begrenzt ist auf das betroffene Triebwerk, seine Verkleidung oder sein Zubehör oder dass der Schaden an einem Luftfahrzeug begrenzt ist auf Schäden an Propellern, Flügelspitzen, Funkantennen, Bereifung, Bremsen, Beplankung oder auf kleinere Einbeulungen oder Löcher in der Außenhaut, oder

3. das Luftfahrzeug vermisst wird oder völlig unzugänglich ist;

b) "schwere Verletzung" eine Verletzung, die eine Person bei einem Unfall erlitten hat und die

1. einen Krankenhausaufenthalt von mehr als 48 Stunden innerhalb von sieben Tagen nach der Verletzung erfordert oder
2. Knochenbrüche zur Folge hat (mit Ausnahme einfacher Brüche von Fingern, Zehen oder der Nase) oder
3. Risswunden zur Folge hat, die schwere Blutungen oder Verletzungen von Nerven-, Muskel- oder Sehnensträngen verursachen oder
4. Schäden an inneren Organen verursacht hat oder
5. Verbrennungen zweiten oder dritten Grades oder von mehr als 5 % der Körperoberfläche zur Folge hat oder
6. Folge einer nachgewiesenen Aussetzung gegenüber infektiösen Stoffen oder schädlicher Strahlung ist;

c) "tödliche Verletzung" eine Verletzung, die eine Person bei einem Unfall erlitten hat und die innerhalb von 30 Tagen nach dem Unfall deren Tod zur Folge hat;

d) "Ursachen" Handlungen, Unterlassungen, Ereignisse oder Umstände oder eine Kombination dieser Faktoren, die zu einem Unfall oder einer Störung geführt haben;

e) "Untersuchung" ein Verfahren zum Zweck der Verhütung von Unfällen und Störungen, das die Sammlung und Auswertung von Informationen, die Erarbeitung von Schlussfolgerungen einschließlich der Feststellung der Ursachen oder gegebenenfalls die Erstellung von Sicherheitsempfehlungen umfasst;

f) "Untersuchungsführer" eine Person, der aufgrund ihrer Qualifikation die Verantwortung für Organisation, Durchführung und Beaufsichtigung einer Untersuchung übertragen wird;

g) "Flugschreiber" jede Art von Aufzeichnungsgerät, das im Luftfahrzeug eingebaut ist, um die Untersuchung von Unfällen und Störungen zu erleichtern;

h) "Unternehmen" eine natürliche Person, eine juristische Person mit oder ohne Gewinnerzielungsabsicht oder eine amtliche Einrichtung, unabhängig davon, ob diese eigene Rechtspersönlichkeit besitzt oder nicht;

i) "Halter" eine Person, eine Einrichtung oder ein Unternehmen, die bzw. das ein oder mehrere Luftfahrzeuge betreibt oder betreiben will;

j) "Störung" ein anderes Ereignis als einen Unfall, das mit dem Betrieb eines Luftfahrzeugs zusammenhängt und den sicheren Betrieb beeinträchtigt oder beeinträchtigen könnte;

k) "schwere Störung" eine Störung, deren Umstände darauf hindeuten, dass sich beinahe ein Unfall ereignet hätte. Beispiele für schwere Störungen sind im Anhang aufgeführt;

l) "Sicherheitsempfehlung" einen Vorschlag zur Verhütung von Unfällen und Störungen, den die Untersuchungsstelle des die technische Untersuchung durchführenden Staates auf der Grundlage von Informationen unterbreitet, die sich während der Untersuchung ergeben haben.

Artikel 4 - Untersuchungspflicht

(1) Bei jedem Unfall und jeder schweren Störung ist eine Untersuchung durchzuführen.

Die Mitgliedstaaten können jedoch Maßnahmen treffen, um die Untersuchung einer nicht unter Unterabsatz 1 fallenden Störung zu ermöglichen, wenn sich die Untersuchungsstelle hiervon Erkenntnisse in bezug auf die Sicherheit im Luftverkehr erhofft.

(2) Der Umfang der Untersuchungen und das anzuwendende Verfahren werden von der Untersuchungsstelle unter Berücksichtigung der Grundsätze und Ziele dieser Richtlinie und entsprechend den Erkenntnissen, die sie zur Verbesserung der Sicherheit aus dem Unfall oder der schweren Störung gewinnen will, festgelegt.

(3) Die Untersuchungen nach Absatz 1 dürfen auf keinen Fall darauf abzielen, die Schuld- oder Haftungsfrage zu klären.

Artikel 5 - Untersuchungsstatus

(1) Die Mitgliedstaaten legen im Rahmen ihrer jeweiligen Rechtsordnung den rechtlichen Status der Untersuchung so fest, dass die Untersuchungsführer ihren Auftrag so wirksam und so rasch wie möglich ausführen können.

(2) Den Untersuchungsführern ist gemäß den geltenden Rechtsvorschriften der Mitgliedstaaten und gegebenenfalls in Zusammenarbeit mit den für die gerichtliche Untersuchung zuständigen Behörden insbesondere folgendes gestattet:

a) ungehinderter Zugang zum Ort des Unfalls oder der Störung sowie zum Luftfahrzeug, zu seiner Ladung oder zu seinem Wrack;

b) sofortige Spurenaufnahme und überwachte Entnahme von Trümmern und Bauteilen zu Untersuchungs- oder Auswertungszwecken;

c) sofortiger Zugang zum Inhalt von Flugschreibern und sonstigen Aufzeichnungen sowie zu deren Auswertung;

d) Zugang zu den Ergebnissen einer Untersuchung der Leichen der Opfer oder von entsprechenden Proben;

e) sofortiger Zugang zu den Ergebnissen einer Untersuchung von am Betrieb des Luftfahrzeugs beteiligten Personen oder von entsprechenden Proben;

f) Befragung von Zeugen;

g) ungehinderter Zugang zu allen sachdienlichen Informationen des Eigentümers, des Halters und des Herstellers des Luftfahrzeugs sowie der für die Zivilluftfahrt und den Flughafenbetrieb zuständigen Behörden.

Artikel 6 - Untersuchungsstelle

(1) Jeder Mitgliedstaat stellt sicher, dass die technischen Untersuchungen von einer ständigen zivilen Luftfahrtstelle oder unter ihrer Aufsicht durchgeführt werden. Diese Untersuchungsstelle muss funktionell, insbesondere von jenen nationalen Luftfahrtbehörden, die für die Lufttüchtigkeit, die Zulassung, den Flugbetrieb, die Instandhaltung, die Erteilung von Erlaubnissen an Luftfahrtpersonal, die Flugverkehrskontrolle und den Flughafenbetrieb zuständig sind, sowie allgemein von allen Parteien, deren Interessen mit der Aufgabe der Untersuchungsstelle kollidieren könnten, unabhängig sein.

(2) Ungeachtet des Absatzes 1 kann die Untersuchungsstelle darüber hinaus mit der Sammlung und Untersuchung von Daten zur Sicherheit im Luftverkehr, insbesondere zur Verhütung von Unfällen oder Störungen, betraut werden, sofern dies ihre Unabhängigkeit nicht beeinträchtigt und für sie keine regulative, normative oder administrative Zuständigkeit mit sich bringt.

(3) Die Untersuchungsstelle nach Absatz 1 wird so ausgestattet, dass sie ihre Aufgabe völlig unabhängig von den in Absatz 1 genannten Luftfahrtbehörden wahrnehmen kann; hierfür muss sie über ausreichende Mittel verfügen. Ihre Untersuchungsführer erhalten eine Stellung, die ihnen die erforderlichen Unabhängigkeitsgarantien bietet. Sie verfügt über mindestens einen Untersuchungssachverständigen, der bei Unfällen oder schweren Störungen in der Zivilluftfahrt als Untersuchungsführer tätig sein kann.

(4) Bei Bedarf kann die Untersuchungsstelle die Stellen anderer Mitgliedstaaten darum ersuchen, folgendes zur Verfügung zu stellen:

a) Anlagen, Einrichtungen und Geräte für
   - die technische Untersuchung von Wrackteilen, Bordausrüstungen und anderen für die Untersuchung wichtigen Gegenständen,
   - die Auswertung der Aufzeichnungen der Flugschreiber,
   - die elektronische Speicherung und Auswertung von Flugunfalldaten;

b) Unfalluntersuchungssachverständige für bestimmte Aufgaben, aber nur im Fall einer Untersuchung nach einem Großunfall.

   Diese Hilfe sollte soweit wie möglich kostenlos gewährt werden.

(5) Ein Mitgliedstaat kann die Durchführung einer Untersuchung eines Unfalls oder einer Störung einem anderen Mitgliedstaat übertragen.

Artikel 7 - Unfallbericht

(1) Zu jeder Untersuchung eines Unfalls wird ein Bericht in einer der Art und Schwere des Unfalls angemessenen Form erstellt. Dieser Bericht verweist auf den ausschließlichen Untersuchungszweck gemäß Artikel 1 und enthält gegebenenfalls Sicherheitsempfehlungen.

(2) Die Untersuchungsstelle gibt den abschließenden Unfallbericht so bald wie möglich und möglichst nicht später als zwölf Monate nach dem Unfall heraus.

Artikel 8 - Bericht über die Störung

(1) Zu jeder Untersuchung einer Störung wird ein Bericht in einer der Art und der Schwere der Störung angemessenen Form erstellt. Der Bericht enthält gegebenenfalls entsprechende Sicherheitsempfehlungen. In ihm ist die Anonymität der an der Störung Beteiligten zu wahren.

(2) Der Bericht über die Störung wird all denen übermittelt, für die seine Ergebnisse sicherheitsrelevant sein können.

Artikel 9 - Sicherheitsempfehlungen

Die Berichte und die Sicherheitsempfehlungen nach Artikel 7 und Artikel 8 sind an die betreffenden Unternehmen oder nationalen Luftfahrtbehörden zu richten. Die Kommission erhält eine Abschrift.

Die Mitgliedstaaten treffen die erforderlichen Maßnahmen, um sicherzustellen, dass die Sicherheitsempfehlungen der Untersuchungsstellen unbeschadet des Gemeinschaftsrechts angemessen berücksichtigt und gegebenenfalls umgesetzt werden.

Artikel 10

Eine Sicherheitsempfehlung darf auf keinen Fall zu einer Vermutung der Schuld oder Haftung für einen Unfall oder eine Störung führen.

Artikel 11

Die Richtlinie 80/1266/EWG des Rates vom 16. Dezember 1980 über die künftige Zusammenarbeit und gegenseitige Unterstützung der Mitgliedstaaten auf dem Gebiet der Flugunfalluntersuchung wird aufgehoben.

Artikel 12

(1) Die Mitgliedstaaten setzen die erforderlichen Rechts- und Verwaltungsvorschriften in Kraft, um dieser Richtlinie spätestens am 21. November 1996 nachzukommen. Sie setzen die Kommission unverzüglich davon in Kenntnis.

(2) Wenn die Mitgliedstaaten Vorschriften nach Absatz 1 erlassen, nehmen sie in den Vorschriften selbst oder durch einen Hinweis bei der amtlichen Veröffentlichung auf diese Richtlinie Bezug. Die Mitgliedstaaten regeln die Einzelheiten der Bezugnahme.

Artikel 13

Diese Richtlinie ist an die Mitgliedstaaten gerichtet.

Geschehen zu Brüssel am 21. November 1994.

Im Namen des Rates

Der Präsident

M. WISSMANN

ANHANG

BEISPIELE FÜR SCHWERE STÖRUNGEN

Die nachstehend aufgeführten Störungen sind typische Beispiele für schwere Störungen. Die Liste ist jedoch nicht erschöpfend und dient nur als Richtschnur für die Definition des Begriffs "schwere Störung".

- Fastzusammenstoß, bei dem ein Ausweichmanöver erforderlich war oder angemessen gewesen wäre, um einen Zusammenstoß oder eine gefährliche Situation zu vermeiden;
- nur knapp vermiedene Bodenberührung mit einem nicht außer Kontrolle geratenen Luftfahrzeug (CFIT);
- abgebrochener Start auf einer gesperrten oder belegten Startbahn oder Start von einer solchen Bahn mit kritischem Hindernisabstand;
- Landung oder Landeversuch auf einer gesperrten oder belegten Landebahn;
- erhebliches Unterschreiten der vorausberechneten Flugleistungen beim Start oder im Anfangssteigflug;
- Brände oder Rauch in der Fluggastkabine oder im Laderaum und Triebwerksbrände, auch wenn diese Brände mit Hilfe von Löschmitteln gelöscht wurden;
- Umstände, die die Flugbesatzung zur Benutzung von Sauerstoff zwangen;
- Schäden an der Luftfahrzeugzelle oder am Triebwerk, die nicht als Unfall eingestuft werden;
- mehrfaches Versagen eines oder mehrerer Luftfahrzeugsysteme, wodurch der Betrieb des Luftfahrzeugs ernsthaft beeinträchtigt wurde;
- jeder Ausfall von Flugbesatzungsmitgliedern während des Fluges;
- jeder Kraftstoffmangel, bei dem der Luftfahrzeugführer eine Notlage erklären müsste;
- Störungen bei Start oder Landung; Störungen wie zu frühes oder zu spätes Aufsetzen, Überschießen oder seitliches Abkommen von der Start- oder Landebahn;
- Ausfall von Systemen, meteorologische Erscheinungen, Betrieb außerhalb des zulässigen Flugbereichs oder sonstige Ereignisse, die Schwierigkeiten bei der Steuerung des Luftfahrzeugs hätten hervorrufen können;
- Versagen von mehr als einem System in einem redundanten System, das für die Flugführung und -navigation unverzichtbar ist.

15. Internationale Regelungen der Untersuchung

15.1 Annex 13 ICAO (Auszüge)

In diesem Kapitel finden Sie Auszüge aus den internationalen Richtlinien und Empfehlungen zur Untersuchung von Flugunfällen und Störungen, *Annex 13 ICAO*, soweit diese den Ereignisstaat betreffen. Der Ereignisstaat ist der Staat, in dem der Unfall oder die schwere Störung geschehen ist. Da die Bundesrepublik Deutschland keine Ausnahmen oder Einschränkungen zum Annex 13 bekannt gegeben hat, ist dieser bei einem Unfall oder einer Störung beim Betrieb von Luftfahrzeugen im internationalen Luftverkehr von allen Mitgliedstaaten der Internationalen Zivilluftfahrt-Organisation anzuwenden. Zur Zeit liegt noch keine offizielle Übersetzung des Annex 13 vor.

PROTECTION OF EVIDENCE, CUSTODY AND REMOVAL OF AIRCRAFT

RESPONSIBILITY OF THE STATE OF OCCURRENCE

General

3.2 The State of Occurrence shall take all reasonable measures to protect the evidence and to maintain safe custody of the aircraft and its contents for such a period as may be necessary for the purposes of an investigation. Protection of evidence shall include the preservation, by photographic or other means of any evidence which might be removed, effaced, lost or destroyed. Safe custody shall include protection against further damage, access by unauthorized persons, pilfering and deterioration.

Note 1.- *Control over the wreckage is dealt with in 5.6.*

Note 2.- *Protection of flight recorder evidence requires that the recovery and handling of the recorder and its recordings be assigned only to qualified personnel.*

Request from State of Registry, State of the Operator, State of Design or State of Manufacture

3.3 If a request is received from the State of Registry, the State of the Operator, the State of Design or the State of Manufacture that the aircraft, its contents, and any other evidence remain undisturbed pending inspection by an accredited representative of the requesting State, the State of Occurrence shall take all necessary steps to comply with such request, so far as this is reasonably practicable and compatible with the proper conduct of the investigation; provided that the aircraft may be moved to the extent necessary to extricate persons, animals, mail and valuables, to prevent destruction by fire or other causes, or to eliminate any danger or obstruction to air navigation, to other transport or to the public, and provided that it does not result in undue delay in returning the aircraft to service where this is practicable.

Release from custody

3.4 Subject to the provisions of 3.2 and 3.3, the State of Occurrence shall release custody of the aircraft, its contents or any parts thereof as soon as they are no longer required in the investigation, to any person or persons duly designated by the State of Registry or the State of the Operator, as applicable. For this purpose the State of Occurrence shall facilitate access to the aircraft, its contents or any parts thereof, provided that, if the aircraft, its contents, or any parts thereof lie in an area within which the State finds it impracticable. to grant such access, it shall itself effect removal to a point where access can be given.

CHAPTER 4. NOTIFICATION

Note 1 - *Attachment B provides a notification and reporting checklist.*

Note 2 - *A list of addresses of aircraft accident and incident investigation authorities can be found in the Manual of Aircraft Accident and Incident Investigation, Part I Organization and Planning (Doc 9756) and on the ICAO/AIG web site when it becomes available.*

ACCIDENTS OR SERIOUS INCIDENTS IN THE TERRITORY OF A CONTRACTING STATE TO AIRCRAFT OF ANOTHER CONTRACTING STATE

RESPONSIBILITY OF THE STATE OF OCCURRENCE

Forwarding

4.1 The State of Occurrence shall forward a notification of an accident or serious incident with a minimum of delay and by the most suitable and quickest means available to:

a) the State of Registry;
b) the State of the Operator,
c) the State of Design;
d) the State of Manufacture; and
e) the International Civil Aviation Organization, when the aircraft involved is of a maximum mass of over 2 250 kg.

However, when the State of Occurrence is not aware of a serious incident, the State of Registry or the State of the Operator, as appropriate, shall forward a notification of such an incident to the State of Design, the State of Manufacture and the State of Occurrence.

Note 1. - *Telephone, facsimile, e-mail or the Aeronautical Fixed Telecommunication Network (AFTN) will in most cases constitute "the most suitable and quickest means available". More than one means of communication may be appropriate.*

Note 2. - *Provision for the notification of a distress phase to the State of Registry by the rescue coordination centre is contained in Annex 12.*

Format and content

4.2 The notification shall be in plain language and contain as much of the following information as is readily available, but its dispatch shall not be delayed due to the lack of complete information:

a) for accidents the identifying abbreviation ACCID, for serious incidents INCID;

b) manufacturer, model, nationality and registration marks, and serial number of the aircraft;

c) name of owner, operator and hirer, if any, of the aircraft;

d) name of the pilot-in-command, and nationality of crew and passengers;

c) date and time (local time or UTC) of the accident or serious incident;

f) last point of departure and point of intended landing of the aircraft;

g) position of the aircraft with reference to some easily defined geographical point and latitude and longitude;

h) number of crew and passengers; aboard, killed and seriously injured; others, killed and seriously injured;

i) description of the accident or serious incident and the extent of damage to the aircraft so far as is known;

j) an indication to what extent the investigation will be conducted or is proposed to be delegated by the State of Occurrence;

k) physical characteristics of the accident or serious incident area, as well as an indication of access difficulties or special requirements to reach the site;

l) identification of the originating authority and means to contact the investigator-in-charge and the accident investigation authority of the State of Occurrence at any time; and

m) presence and description of dangerous goods on board the aircraft.

Note 1.- *The 4-letter designator "YLYX" in association with an ICAO 4-letter location indicator forms the 8-letter addressee indicator for messages sent over the AFTN to authorities responsible for aircraft accident and serious incident investigations. For messages sent over the public telecommunication service the addressee indicator cannot be used and a postal or telegraphic address must be substituted.*

The 8-letter addressee indicators and the corresponding postal and telegraphic addresses, when notified to ICAO, are published in the Designators for Aircraft Operating Agencies, Aeronautical Authorities and Services (Doc 8585).

Note 2- *The Manual of Aircraft Accident and Incident Investigation, Part I - Organization and Planning (Doc 9756) contains guidance material concerning the preparation of notification messages and the arrangements to be made for their prompt delivery to the addressee.*

Language

4.3 The notification shall be prepared in, one of the working languages of ICAO, taking into account the language of the recipient(s), whenever it is possible to do so without causing undue delay.

Additional information

4.4 As soon as it is possible to do so, the State of Occurrence shall dispatch the details omitted from the notification as well as other known relevant information.

RESPONSIBILITY OF THE STATE OF REGISTRY, THE STATE OF THE OPERATOR, THE STATE OF DESIGN AND THE STATE OF MANUFACTURE

Information - Participation

4.5 Recommandation. - *The State of Registry, the State of the Operator, the State of Design and the State of Manufacture should acknowledge receipt of the notification of an accident or serious incident (4.1 refers).*

4.6 Upon receipt of the notification, the State of Registry, the State of the Operator, the State of Design and the State of Manufacture shall, as soon as possible, provide the State of Occurrence with any relevant information available to them regarding the aircraft and flight crew involved in the accident or serious incident. Each State shall also inform the State of Occurrence whether it intends to appoint an accredited representative and if such an accredited representative is appointed, the name and contact details; as well as the expected date of arrival if the accredited representative will travel to the State of Occurrence.

Note I- *In accordance with 5.18, the State of Registry, the State of the Operator, the State of Design and the State of Manufacture have the right to appoint an accredited representative to participate in the investigation.*

Note 2. - *In accordance with 5.22, the attention of the State of Registry, the State of the Operator, the State of Design and the State of Manufacture is drawn to their obligation to appoint an accredited representative when specifically requested to do so by the State conducting the investigation of an accident to an aircraft over 2 250 kg. Their attention is also drawn to the usefulness of their presence and participation in the investigation.*

4.7 Upon receipt of the notification, the State of the Operator shall, with a minimum of delay and by the most suitable and quickest means available, provide the State of Occurrence with details of dangerous goods on board the aircraft.

ACCIDENTS OR SERIOUS INCIDENTS IN THE TERRITORY OF THE STATE OF REGISTRY IN A NON-CONTRACTING STATE OR OUTSIDE THE TERRITORY OF ANY STATE

RESPONSIBILITY OF THE STATE OF REGISTRY

Forwarding

4.8 When the State of Registry institutes the investigation of an accident or serious incident, that State shall forward a notification, in accordance with 4.2 and 4.3 above, with a minimum of delay and by the most suitable and quickest means available, to:

a) the State of the Operator
b) the State of Design;
c) the State of Manufacture; and
d) the International Civil Aviation Organization, when the aircraft involved is of a maximum mass of over 2 250 kg.

Note 1. - *Telephone, facsimile, e-mail or the Aeronautical Fixed Telecommunication Network (AFTN) will in most cases constitute "the most suitable and quickest means available ". More than one means of communication may be appropriate.*

Note 2. - *Provision for the notification of a distress phase to the State of Registry by the rescue coordination centre is contained in Annex 12.*

RESPONSIBILITY OF THE STATE OF THE OPERATOR, THE STATE OF DESIGN AND THE STATE OF MANUFACTURE

Information - Participation

4.9 Recommandation.- *The State of the Operator, the State of Design and the State of Manufacture should acknowledge receipt of the notification of an accident or serious incident (4.1 refers).*

4.10 Upon receipt of the notification, the State of the Operator, the State of Design and the State of Manufacture shall, upon request, provide the State of Registry with any relevant information available to them regarding the flight crew and the aircraft involved in the accident or serious incident. Each State shall also inform the State of Registry whether it intends to appoint an accredited representative, and if such an accredited representative is appointed, the name and Annex 13 - Aircraft Accident and Incident Investigation contact details; as well as the expected date of arrival if the accredited representative will be present at the investigation.

Note 1. - *In accordance with 5.18, the State of the Operator, the State of Design and the State of Manufacture have the right to appoint an accredited representative to participate in the investigation.*

Note 2.- *In accordance with 5.22, the attention of the State of the Operator the State of Design and the State of Manufacture is drawn to their obligation to appoint an accredited representative when specifically requested to do so by the State conducting the investigation of an accident to an aircraft over 2 250 kg. Their attention is also drawn to the usefulness of their presence and participation in the investigation.*

4.11 Upon receipt of the notification, the State of the Operator shall, with a minimum of delay and by the most suitable and quickest means available, provide the State of Registry with details of dangerous goods on board the aircraft.

CHAPTER 5. INVESTIGATION

RESPONSIBILITY FOR INSTITUTING AND CONDUCTING THE INVESTIGATION

ACCIDENTS OR INCIDENTS IN THE TERRITORY OF A CONTRACTING STATE

State of Occurrence

5.1 The State of Occurrence shall institute an investigation into the circumstances of the accident and be responsible for the conduct of the investigation, but it may delegate the whole or any part of the conducting of such investigation to another State by mutual arrangement and consent, In any event the State of Occurrence shall use every means to facilitate the investigation.

5.1.1 Recommendation. - *The State of Occurrence should institute an investigation into the circumstances of a serious incident. Such a State may delegate the whole or any part of the conducting of such investigation to another State by mutual arrangement and consent. In any event the State of Occurrence should use every means to facilitate the investigation.*

Note 1. - *The above provision does not exclude other already existing types of investigation of incidents (serious or not) by other organizations.*

Note 2. - *When the whole investigation is delegated to another State, such a State is expected to be responsible for the conduct of the investigation, including the issuance of the Final Report and the ADREP reporting. When a part of the investigation is delegated, the State of Occurrence usually retains the responsibility for the conduct of the investigation.*

ACCIDENTS OR INCIDENTS IN THE TERRITORY OF A NON-CONTRACTING STATE

State of Registry

5.2 Recommendation. *When the accident or the serious incident has occurred in the territory of a non-Contracting State which does not intend to conduct an investigation in accordance with Annex 13, the State of Registry or, failing that, the State of the Operator, the State of Design or the State of Manufacture should endeavor to institute and conduct an investigation in cooperation with the State of Occurrence but, failing such cooperation, should itself conduct an investigation with such information as is available.*

ACCIDENTS OR INCIDENTS OUTSIDE THE TERRITORY OF ANY STATE

State of Registry

5.3 When the location of the accident or the serious incident cannot definitely be established as being in the territory of any State, the State of Registry shall institute and conduct any necessary investigation of the accident or serious incident. However, it may delegate the whole or any part of the investigation to another State by mutual arrangement and consent.

5.3.1 States nearest the scene of an accident in international waters shall provide such assistance as they are able and shall, likewise, respond to requests by the State of Registry.

5.3.2 Recommendation. - *If the State of Registry is a non-Contracting State which does not intend to conduct an investigation in accordance with Annex 13, the State of the Operator or failing that, the State of Design or the State of Manufacture should endeavor to institute and conduct an investigation. However such a State may dele-*

gate the whole or any part of the investigation to another State by mutual arrangement and consent.

ORGANIZATION AND CONDUCT OF THE INVESTIGATION

Note. - *The Manual of Aircraft Accident Investigation (Doc 6920 contains guidance material for the organization, conduct and control of an investigation.*

RESPONSIBILITY OF THE STATE CONDUCTING THE INVESTIGATION

Note.- *Nothing in the following provisions is intended to preclude the State conducting the investigation front calling upon the best technical expertise from any source.*

General

5.4 The accident investigation authority shall have independence in the conduct of the nvestigation and have unrestricted authority over its conduct, consistent with the provisions of this Annex. The investigation shall include:

a) the gathering, recording and analysis of all available information on that accident or incident;
b) if appropriate, the issuance of safety recommendations;
c) if possible, the determination of the causes; and
d) the completion of the final report.

When possible, the scene of the accident shall be visited, the wreckage examined and statements taken from witnesses.

5.4.1 Recommendation. - *Any judicial or administrative proceedings to apportion blame or liability should be separate from any investigation conducted under the provisions of this Annex.*

Investigator-in-charge - Designation

5.5 The State conducting the investigation shall designate the investigator-in-charge of the investigation and shall initiate the investigation immediately.

Investigator-in-charge - Access and control

5.6 The investigator-in-charge shall have unhampered access to the wreckage and all relevant material, including flight recorders and ATS records, and shall have unrestricted control over it to ensure that a detailed examination can be made without delay by authorized personnel participating in the investigation.

Flight recorders - Accidents and incidents

5.7 Effective use shall be made of flight recorders in the investigation of an accident or an incident. The State conducting the investigation shall arrange for the read-out of the flight recorders without delay.

5.8 Recommendation. *In the event that the State conducting the investigation of an accident or an incident does not have adequate facilities to read out the flight recorders, it should use the facilities made available to it by other States, giving consideration to the following:*

a) the capabilities of the read-out facility;
b) the timeliness of the read-out; and
c) the location of the read-out facility.

Note.- *The requirements for the recording of radar data and ATS communications are contained in Annex 11, Chapter 6.*

Autopsy examinations

5.9 The State conducting the investigation into a fatal accident shall arrange for complete autopsy examination of fatally injured flight crew and, subject to the particular circumstances, of fatally injured passengers and cabin attendants, by a pathologist, preferably experienced in accident investigation. These examinations shall be expeditious and complete.

Note.- *Guidance material related to autopsies is provided in detail in the Manual of Civil Aviation Medicine (Doc 8984) and the Manual of Aircraft Accident Investigation (Doc 6920), the former containing detailed guidance on toxicological testing.*

Medical examinations

5.9.1 Recommendation. - *When appropriate, the State conducting the investigation should arrange for medical examination of the crew, passengers and involved aviation personnel, by a physician, preferably experienced in accident investigation. These examinations should be expeditious.*

Note 1. - *Such examinations may also determine whether the level of physical and psychological fitness of flight crew and other personnel directly involved in the occurrence is sufficient for them to contribute to the investigation.*

Note 2.- *The Manual of Civil Aviation Medicine (Doc 8984) contains guidance on medical examinations.*

Coordination - Judicial authorities

5.10 The State conducting the investigation shall recognize the need for coordination between the investigator-in-charge and the judicial authorities. Particular attention shall be given to evidence which requires prompt recording and analysis for the investigation to be successful, such as the examination and identification of victims and read-outs of flight recorder recordings.

Note 1.- *The responsibility of the State of Occurrence for such coordination is set out in 5.1.*

Note 2.- *Possible conflicts between investigating and judicial authorities regarding the custody of flight recorders and their recordings may be resolved by an official of the judicial authority carrying the recordings to the place of readout, thus maintaining custody.*

Informing aviation security authorities

5.11 If, in the course of an investigation it becomes known, or it is suspected, that an act of unlawful interference was involved, the investigator-in-charge shall immediately initiate action to ensure that the aviation security authorities of the State(s) concerned are so informed.

Non-disclosure of records

5.12 The State conducting the investigation of an accident or incident shall not make the following records available for purposes other than accident or incident investigation, unless the appropriate authority for the administration of justice in that State determines that their disclosure outweighs the adverse domestic and international impact such action may have on that or any future investigations:

a) all statements taken from persons by the investigation authorities in the course of their investigation;

b) all communications between persons having been involved in the operation of the aircraft;

c) medical or private information regarding persons involved in the accident or incident;

d) cockpit voice recordings and transcripts from such recordings; and

c) opinions expressed in the analysis of information, including flight recorder information.

5.12.1 These records shall be included in the final report or its appendices only when pertinent to the analysis of the accident or incident. Parts of the records not relevant to the analysis shall not be disclosed.

Note. - *Information contained in the records listed above, which includes information given voluntarily by persons interviewed during the investigation of an accident or incident, could be utilized inappropriately for subsequent disciplinary, civil, administrative and criminal proceedings. If such information is distributed, it may, in the future, no longer be openly disclosed to investigators. Lack of access to such information would impede the investigation process and seriously affect flight safety.*

Re-opening of investigation

5.13 If, after the investigation has been closed, new and significant evidence becomes available, the State which conducted the investigation shall re-open it. However, when the State which conducted the investigation did not institute it, that State shall first obtain the consent of the State which instituted the investigation.

RESPONSIBILITY OF ANY OTHER STATE

Information - Accidents and incidents

5.14 Any State shall, on request from the State conducting the investigation of an accident or an incident, provide that State with all the relevant information available to it.

Note.- *See also 5.16.*

5.15 Any State, the facilities or services of which have been, or would normally have been, used by an aircraft prior to an accident or an incident, and which has information pertinent to the investigation, shall provide such information to the State conducting the investigation.

RESPONSIBILITY OF THE STATE OF REGISTRY AND THE STATE OF THE OPERATOR

Flight recorders - Accidents and serious incidents

5.16 When an aircraft involved in an accident or a serious incident lands in a State other than the State of Occurrence, the State of Registry or the State of the Operator shall, on request from the State conducting the investigation, furnish the latter State with the flight recorder records and, if necessary, the associated flight recorders.

Note. - *In implementing 5.16, the State of Registry or the State of the Operator may request the cooperation of any other State in the retrieval of the flight recorder records.*

Organizational information

5.17 The State of Registry and the State of the Operator, on request from the State conducting the investigation, shall provide pertinent information on any organization whose activities may have directly or indirectly influenced the operation of the aircraft.

PARTICIPATION IN THE INVESTIGATION

Note.- *Nothing in this Annex is intended to imply that the accredited representative and advisers of a State have to be always present in the State in which the investigation is conducted.*

PARTICIPATION OF THE STATE OF REGISTRY, THE STATE OF THE OPERATOR, THE STATE OF DESIGN AND THE STATE OF MANUFACTURE

Rights

5.18 The State of Registry, the State of the Operator, the State of Design and the State of Manufacture shall each be entitled to appoint an accredited representative to participate in the investigation.

Note.- *Nothing in this Standard is intended to preclude the State that designed or manufactured the power plant or major components of the aircraft from requesting participation in the investigation of an accident.*

5.19 The State of Registry or the State of the Operator shall appoint one or more advisers, proposed by the operator, to assist its accredited representative.

5.19.1 Recommendation.- When neither the State of Registry, nor the State of the Operator appoint an accredited representative, the State conducting the investigation should invite the operator to participate, subject to the procedures of the State conducting the investigation.

5.20 The State of Design and the State of Manufacture shall be entitled to appoint one or more advisers, proposed by the organizations responsible for the type design and the final assembly of the aircraft, to assist their accredited representatives.

5.21 Recommendation. - *When neither the State of Design nor the State of Manufacture appoint an accredited representative, the State conducting the investigation should invite the organizations responsible for the type design and the final assembly of the aircraft to participate, subject to the procedures of the State conducting the investigation.*

Obligations

5.22 When the State conducting an investigation of an accident to an aircraft of a maximum mass of over 2 250 kg specifically requests participation by the State of Registry, the State of the Operator, the State of Design or the State of Manufacture, the State(s) concerned shall each appoint an accredited representative.

Note 1.- *Nothing in 5.22 is intended to preclude the State conducting an investigation from requesting the State that designed or manufactured the powerplant or major components of the aircraft to appoint an accredited representative whenever the former State believes that a useful contribution can be made to the investigation or when such participation might result in increased safety.*

Note 2.- *Nothing in 5.22 is intended to preclude the State conducting an investigation from requesting the State of Design and the State of Manufacture to give assistance in the investigation of accidents other than those in 5.22.*

PARTICIPATION OF OTHER STATES

Rights

5.23 Any State which on request provides information, facilities or experts to the State conducting the investigation shall be entitled to appoint an accredited representative to participate in the investigation.

Note.- *Any State that provides an operational base for field investigations or is involved in search and rescue or wreckage recovery operations may also be entitled to appoint an accredited representative to participate in the investigation.*

ENTITLEMENT OF ACCREDITED REPRESENTATIVES

Advisers

5.24 A State entitled to appoint an accredited representative shall also be entitled to appoint one or more advisers to assist the accredited representative in the investigation.

Note 1. - *Nothing in the above provisions is intended to preclude a State participating in an investigation from calling upon the best technical experts from any source and appointing such experts as advisers to its accredited representative.*

Note 2.- *Facilitation of the entry of the accredited representatives, their advisers and equipment is covered in Annex 9 - Facilitation. The carriage of an official or service passport may expedite the entry.*

5.24.1 Advisers assisting accredited representatives shall be permitted, under the accredited representatives' supervision, to participate in the investigation to the extent necessary to enable the accredited representatives to make their participation effective.

Participation

5.25 Participation in the investigation shall confer entitlement to participate in all aspects of the investigation, under the control of the investigator-in-charge, in particular to:

a) visit the scene of the accident;

b) examine the wreckage

c) obtain witness information and suggest areas of Obligations questioning;

d) have full access to all relevant evidence as soon as possible;

e) receive copies of all pertinent documents;

f) participate-in read-outs of recorded media;

g) participate in off-scene investigative activities such as component examinations, technical briefings, tests and simulations;

h) participate in investigation progress meetings including deliberations related to analysis, findings, causes and safety recommendations; and

i) make submissions in respect of the various elements of the investigation.

However, participation of States other than the State of Registry, the State of the Operator, the State of Design and the State of Manufacture may be limited to those matters which entitled such States to participation under 5.23.

Note 1. - *It is recognized that the form of participation would be subject to the procedures of the State in which the investigation, or part thereof, is being conducted.*

Note 2.- *The collection and recording of information need not be delayed to await the arrival of an accredited representative.*

Note 3. - *Nothing in this Standard precludes the State conducting the investigation from extending participation beyond the entitlement enumerated.*

Note 4. - *The pertinent documents referred to in subparagraph e) also include documents such as the reports on examinations of components or studies performed within the framework of the investigation.*

Obligations

5.26 Accredited representatives and their advisers:

a) shall provide the State conducting the investigation with all relevant information available to them; and

b) shall not divulge information on the progress and the findings of the investigation without the express consent of the State conducting the investigation.

Note.- *Nothing in this Standard precludes prompt release of facts when authorized by the State conducting the investigation, nor does this Standard preclude accredited representatives from reporting to their respective States in order to facilitate appropriate safety actions.*

PARTICIPATION OF STATES HAVING SUFFERED FATALITIES OR SERIOUS INJURIES TO ITS CITIZENS

Rights and entitlement

5.27 A State which has a special interest in an accident by virtue of fatalities or serious injuries to its citizens shall, upon making a request to do so, be permitted by the State conducting the investigation to appoint an expert who shall be entitled to:

a) visit the scene of the accident;

b) have access to the relevant factual information;

c) participate in the identification of the victims;

d) assist in questioning surviving passengers who are citizens of the expert's State; and

e) receive a copy of the Final Report.

> Die Flugunfalluntersuchung ist ein Verfahren zum Zwecke der Unfallverhütung, das die Sammlung und Auswertung von Informationen, die Erarbeitung von Schlussfolgerungen einschließlich der Feststellung der Ursache(n) und gegebenenfalls, die Erstellung einer Sicherheitsempfehlung, umfasst.
>
> (ICAO, Annex 13, Definitionen)

> Das alleinige Ziel einer Untersuchung eines Unfalles oder einer Störung ist die Verhütung von Unfällen und Störungen. Es ist nicht Zweck dieser Untersuchung, ein Verschulden festzustellen oder Haftungsfragen zu klären.
>
> (ICAO Annex 13, Ziel der Untersuchung)

16 Flugzeugkonstruktion und Systeme

Alle abgedruckten Grafiken wurden den jeweiligen Flugzeughandbüchern für die Flugzeugbesatzung (Airplane Flight Manual/AFM oder Aircraft Operation Manual/AOM) verschiedener Flugzeugmuster entnommen.

16.1 Flugzeug – Gesamtansicht - Airbus A 310

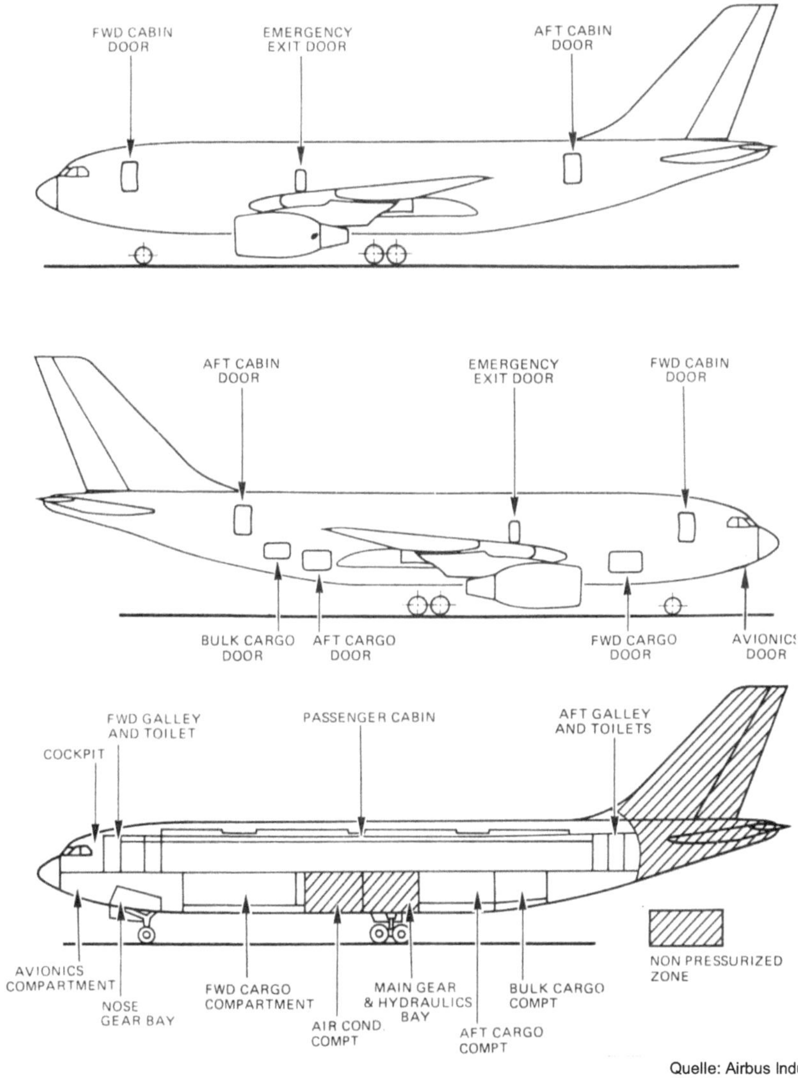

Quelle: Airbus Industries

16.2 Passagier-/Frachtkonfigurationen

A 310 / B 747 Combi

Passagierkonfigurationen A 310

Mixed Class (Zweiklassen-System mit „First" und „Economy"- Class)
26 Sitze in der „First - Class" und 241 in der Touristenklasse

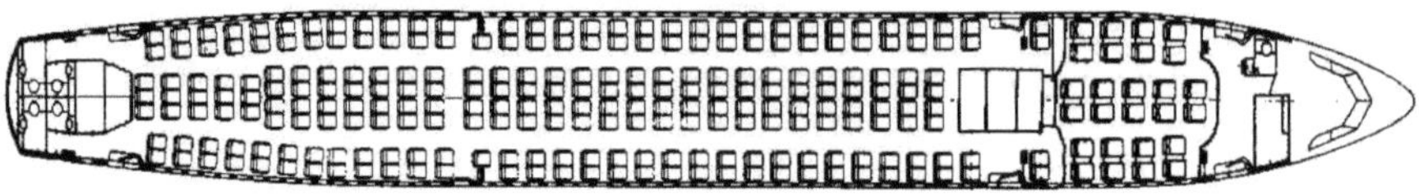

Reine Touristenklasse mit 285 Sitzen

Charter-Konfiguration mit 344 Sitzen

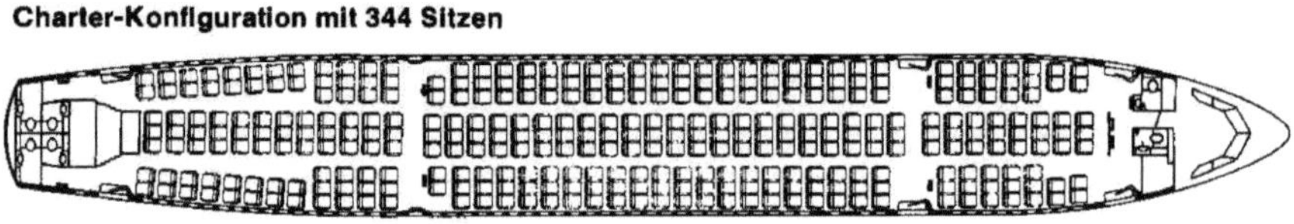

Kombiversion Passagiere/Fracht A 310

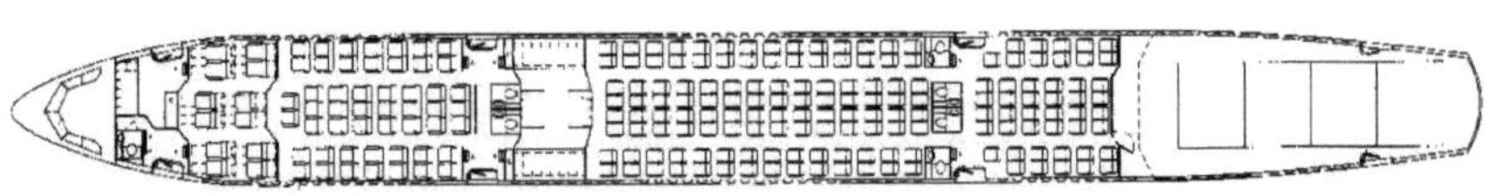

Kombiversion Passagiere/Fracht B 747 Combi

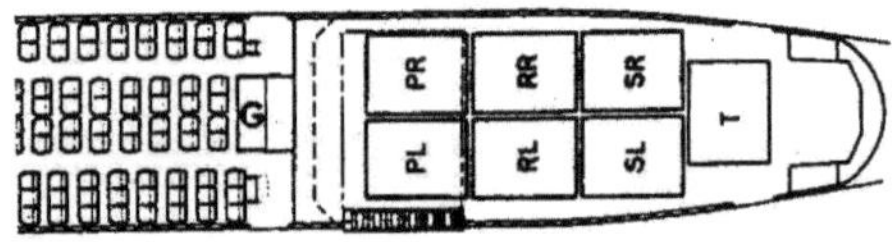

Quelle: Boeing

16.3 Flugzeugquerschnitt

Mögliche Sitzplatzkonfigurationen – Airbus A 310 – First Class/Tourist Class.

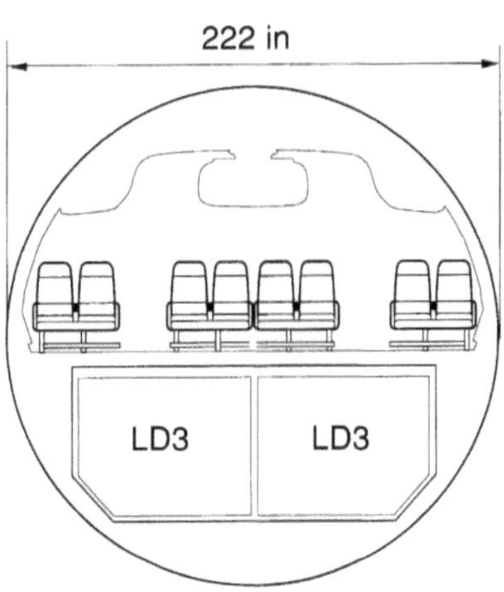

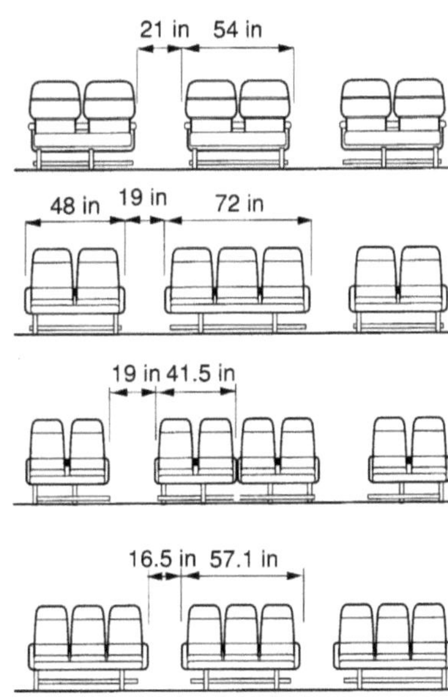

16.4 Frachträume A 320 / Frachtcontainer

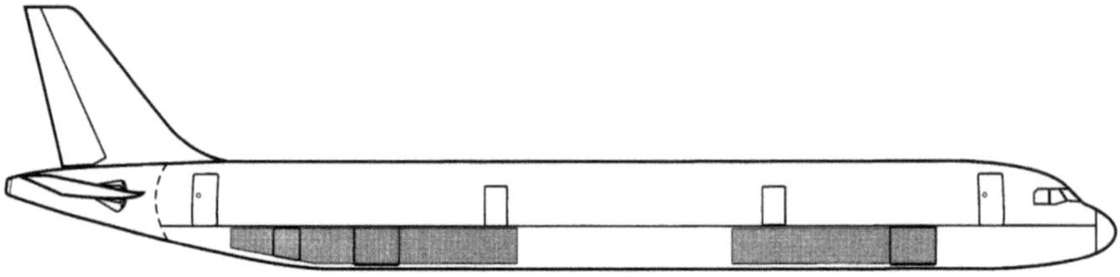

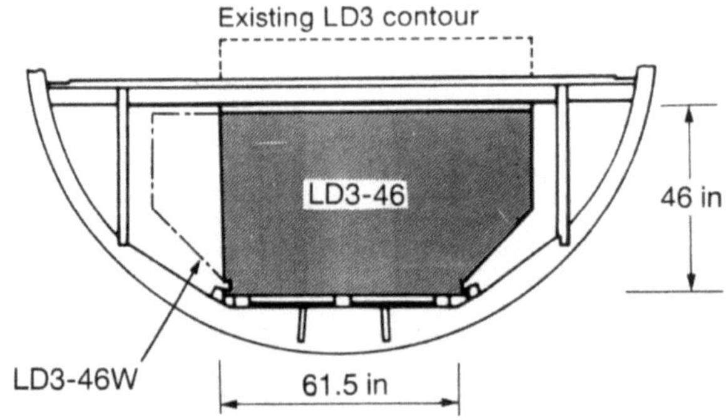

Die Frachträume bei Passagierflugzeugen befinden sich unterhalb der Kabine. Die Fracht selbst ist in unterschiedlichen Containern gesichert.

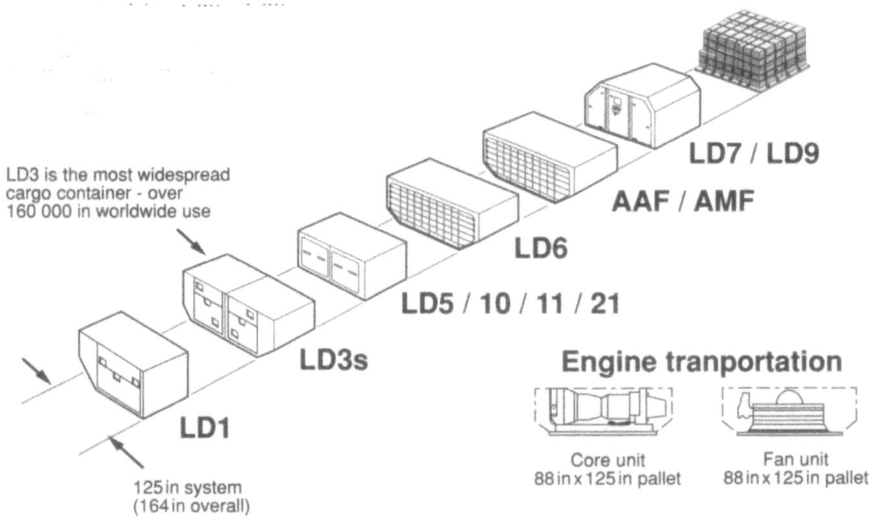

16.5 Flugzeug Dimensionen – Boeing B 747

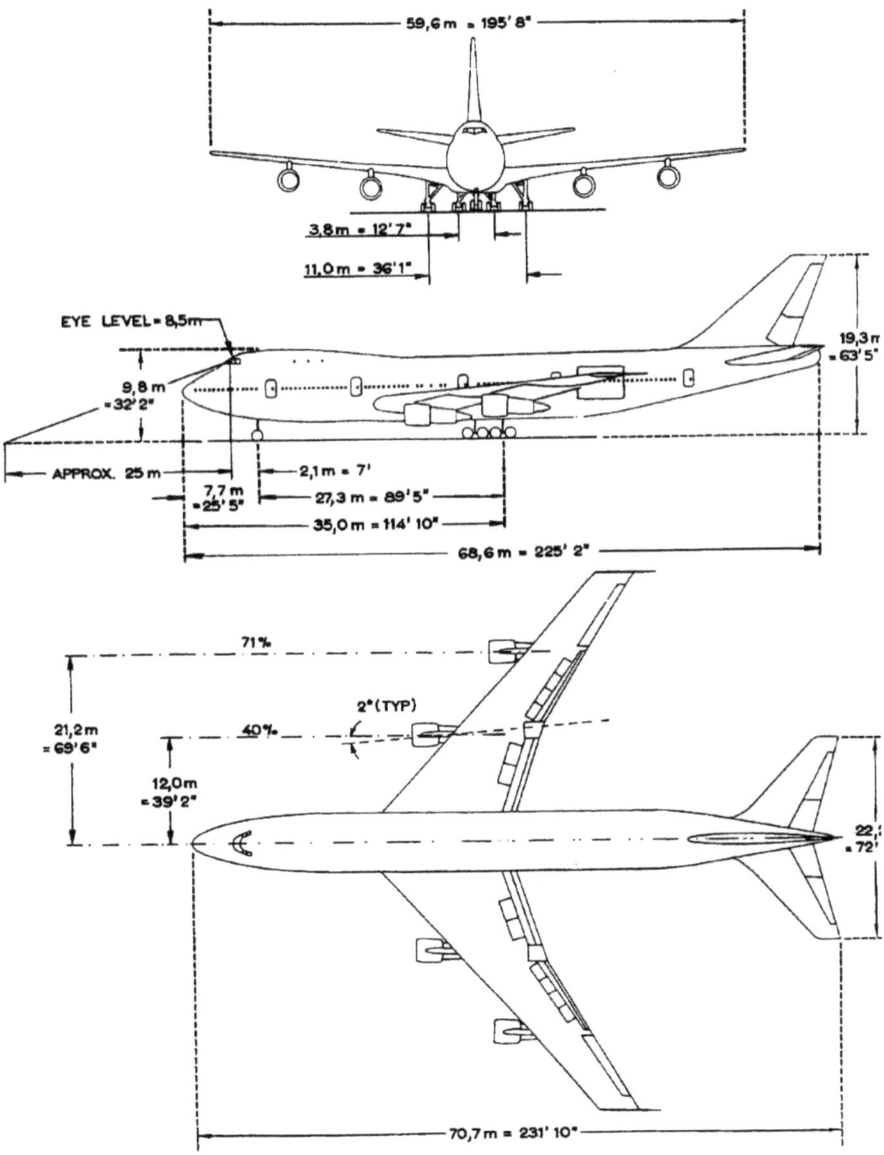

Quelle: Boeing

16.6 Cockpit A 320

(Bildquelle : Airbus Industries Publication)

Die neuen Cockpits werden, auch wenn sie noch über Steuerhörner verfügen, über ein „Fly-by-Wire" System gesteuert.

Die elektronischen Anzeigeinstrumente werden über ein zentrales Bediensystem, das „Flight Management System/FMS", angesteuert. Da die runden mechanischen Instrumente weitgehend durch Bildschirme ersetzt wurden, spricht man allgemein vom „Glas Cockpit". Die einzigen verbliebenen mechanischen Instrumente sind unabhängig von den elektronischen Bordsystemen, und ermöglichen damit auch im Notfall eine sichere Flugführung bis zur Landung.

16.7 Flugführungsinstrumente

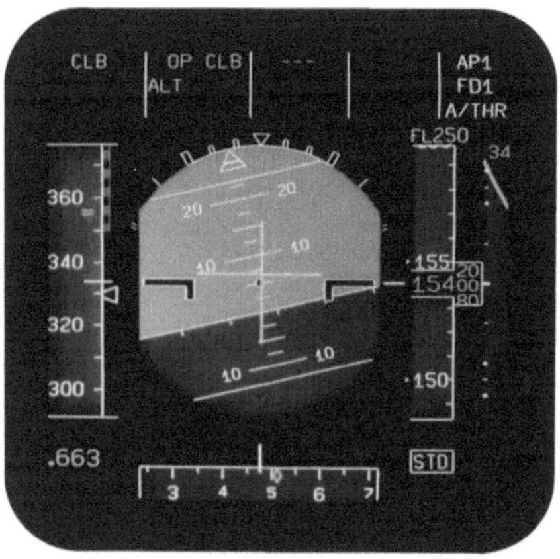

Primary Flight Display – PFD

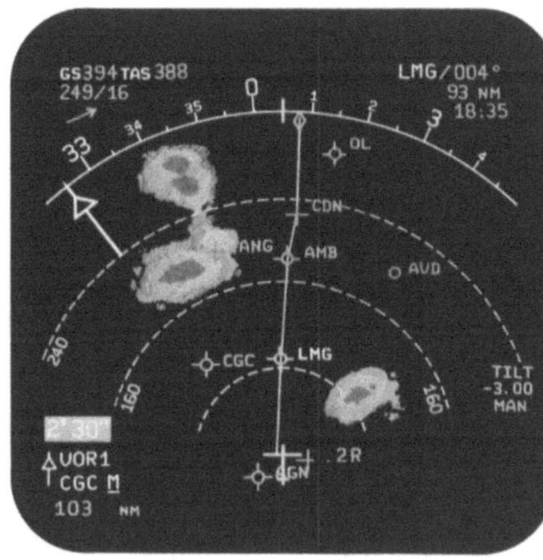

Navigational Display - ND

Das PFD zeig den künstlichen Horizont, die Geschwindigkeit, Flughöhe und Variometer, Kompass und im oberen Bereich die gewählten Einstellungen für die automatische Flugführung.

Electronic Centralized Aircraft Monitoring – ECAM (Beispiele: Airbus Industries)

Links: Normale Anzeige für den Start, Slats und Flaps Config 2.
Rechts: Triebwerk 1 wegen Feuer abgestellt, Notcheckliste

16.8 Steuerflächen – DC 10

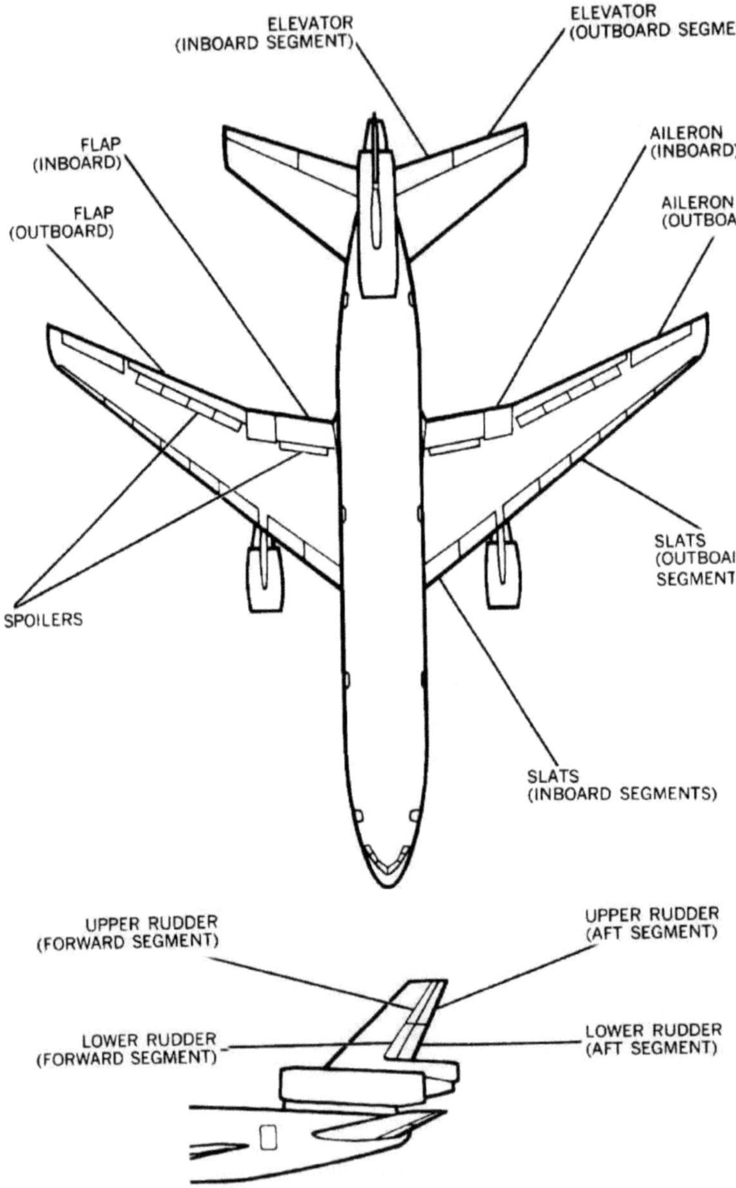

(Quelle: DC 10 Manual)

16.9 Steuerflächen – A 310

Primary/Secondary Controls

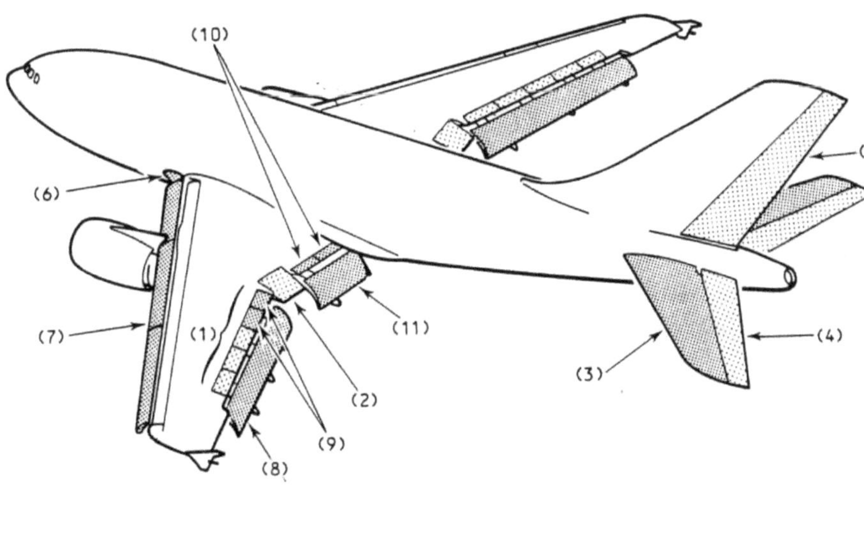

(1)	Roll Spoilers	(6)	Kruger Flaps
(2)	Ailerons	(7)	Slats
(3)	Trimmable Horizontal Stabilizor	(8)	Outer Flaps
(4)	Elevator	(9)	Outer SpeedBrakes
(5)	Rudder	(10)	Inner Speedbrakes
		(11)	Inner Flaps

Quelle: Airbus Industries

16.10 Flugzeugsteuerung

Die konventionelle Steuerung erfolgt über Seilzüge, die durch zwei Steuerhörner im Cockpit durch den verantwortlichen oder zweiten Flugzeugführer manuell oder über einen Autopiloten bedient werden. Ziehen bedeutet Steigflug, durch Drücken geht das Flugzeug in den Sinkflug. Mit den Querrudern an den Tragflächen wird der Kurvenflug eingeleitet. Das Seitenruder wird durch Pedale bedient (Grafiken: Airbus Industries Publications).

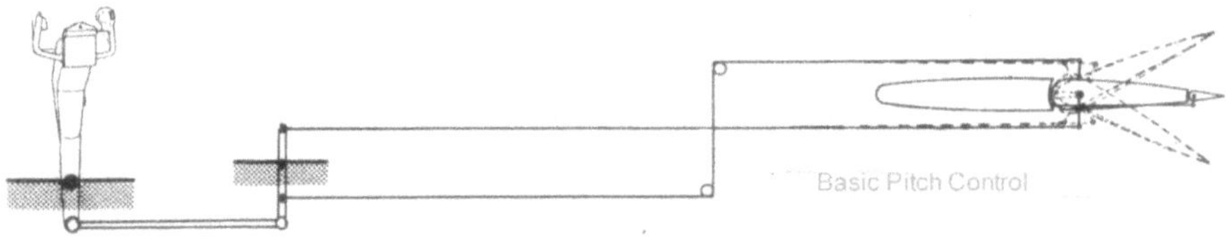

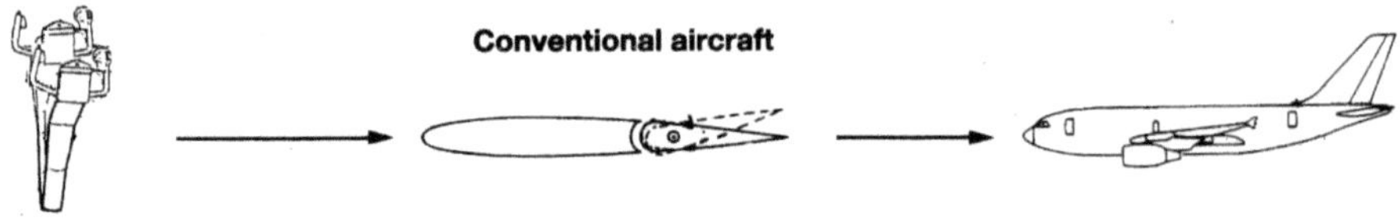

Airbus Industries hat sich bereits 1982 entschlossen, die manuelle Steuerung durch eine elektronische Signalübertragung zu ersetzen. Diese Art der Steuerung nennt man FLY-BY-WIRE.

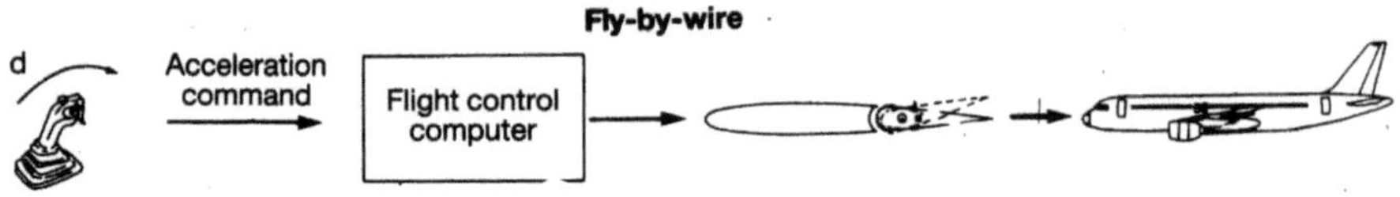

Quelle: Airbus Industries

16.11 Anordnung Vorflügel/Krüger Flaps – B 747-400

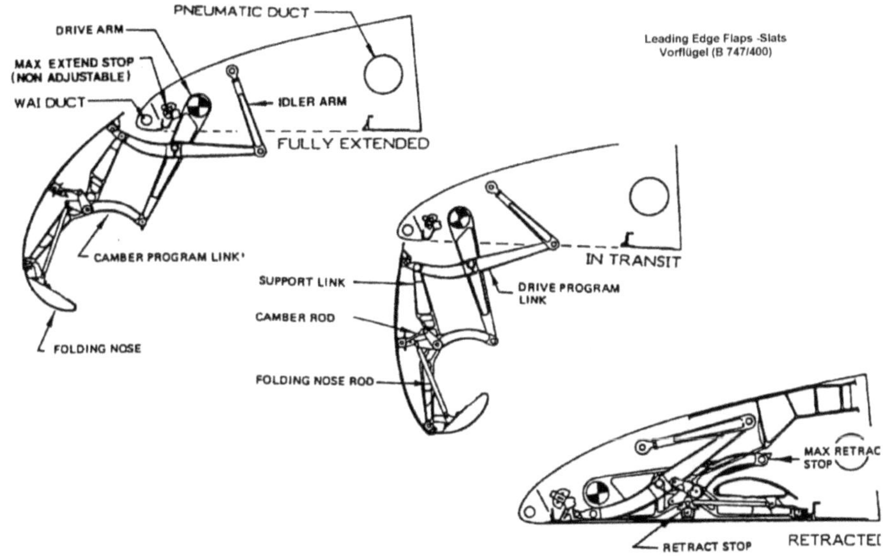

Leading Edge Flaps -Slats
Vorflügel (B 747/400)

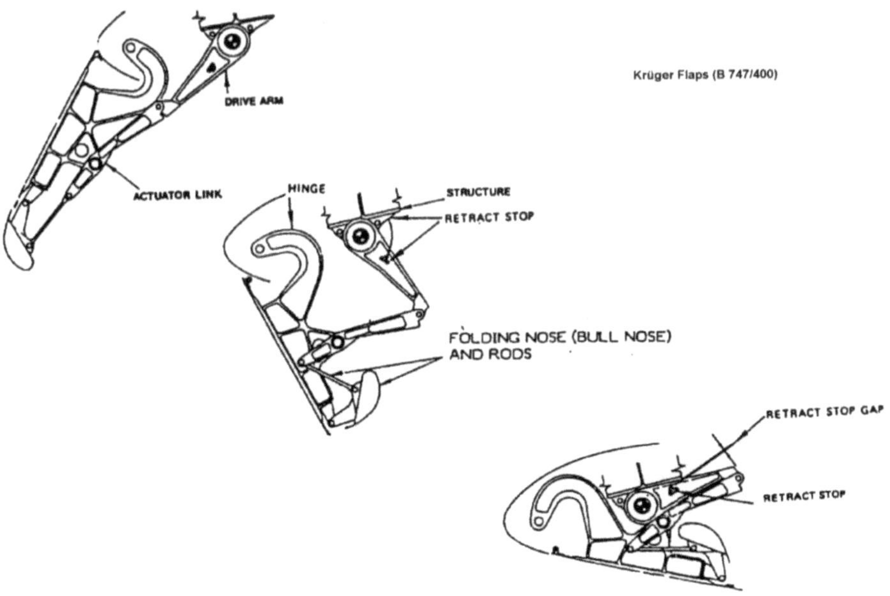

Krüger Flaps (B 747/400)

(Grafik: B 747 Manual)

16.12 Landeklappen (Flaps) B747-400

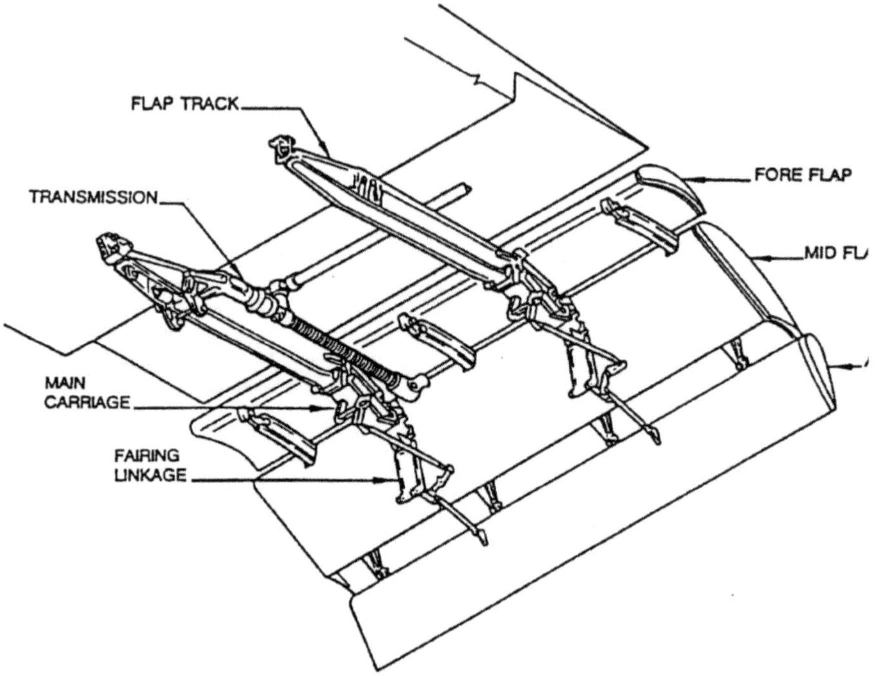

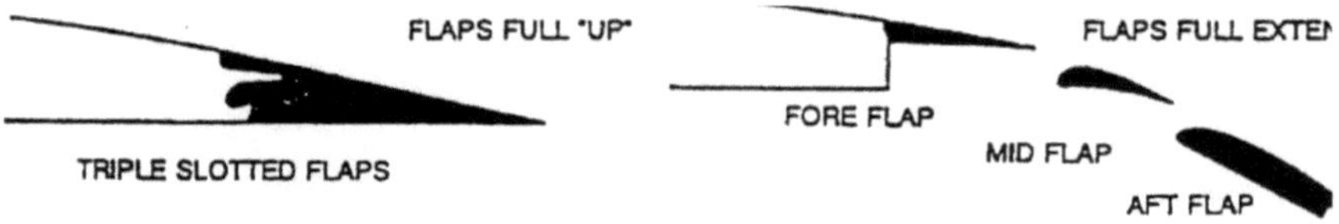

(Grafik: B747 Manual)

16.13 Tankanordnung – A 310 mit Trimmtank / B747-400

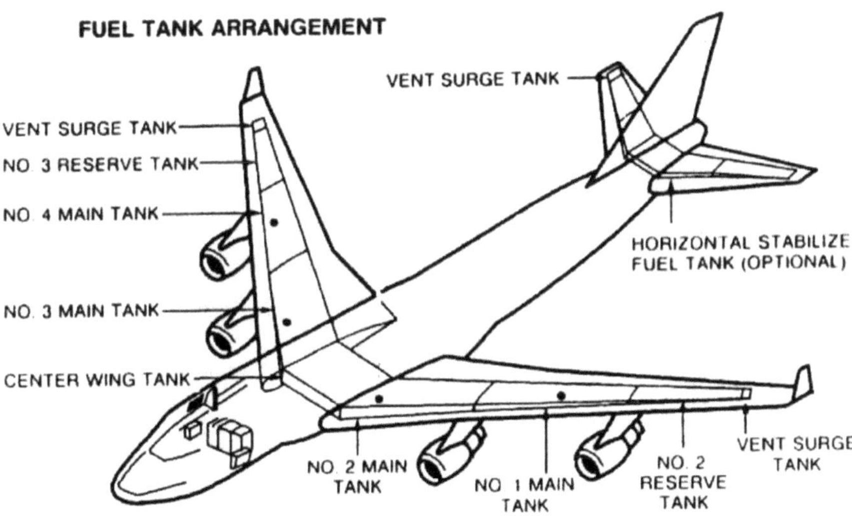

Bei normaler Tankanordnung fassen diese 40 t Kerosin. Mit Zusatztanks, die hinter den Flächentanks in der Rumpfmitte eingebaut werden beträgt das Gesamtvolumen (310/600) 60 t Kerosin.

Die Boeing B747-400 fasst als reines Langstreckenflugzeug bei voller Betankung über 120 t Kerosin.

16.14 Triebwerksaufbau – Übersicht

Prinzip eines Jet-Triebwerks:
Die Luft wird durch den Fan ins Triebwerk befördert, dort wird sie in zwei Kompressorstufen verdichtet und in den Brennkammern mit Kerosin vermischt und verbrannt. Die so beschleunigte Luft treibt zunächst die Hoch- und Niederdruckturbinen an und tritt am Ende mit hoher Geschwindigkeit aus. Die Niederdruckturbine treibt dabei den Fan an. An der zweiten Kompressorstufe werden die Zapfluft für die Enteisung sowie die Klimatisierung und den Kabinendruck im Flugzeug abgenommen. Die meiste Luft wird um das Basistriebwerk herum geleitet und dient der Kühlung und der Lärmminderung.

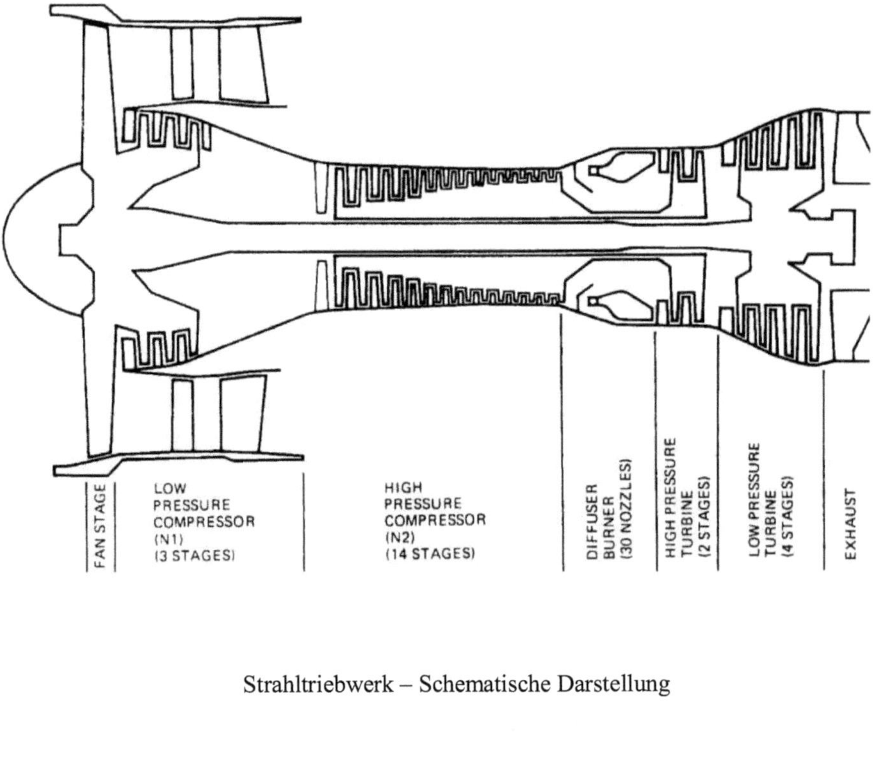

Strahltriebwerk – Schematische Darstellung

3.15 Funktionsweise der Schubumkehr – A 310

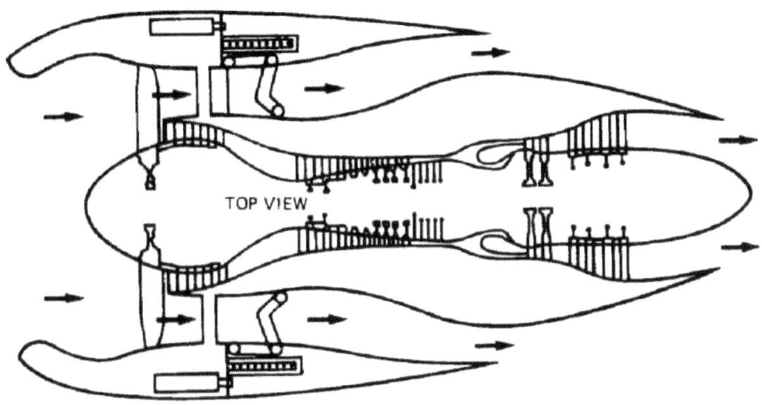

FORWARD THRUST

Bei kleinen Jettriebwerken schließen Klappen am hinteren Ende und kehren den Luftstrom zur Unterstützung des Bremsvorgangs am Boden um. Bei modernen Großtriebwerken geschieht die Schubumkehr intern durch Schließen von Klappen der Umluft und Öffnen der Ummantelung.

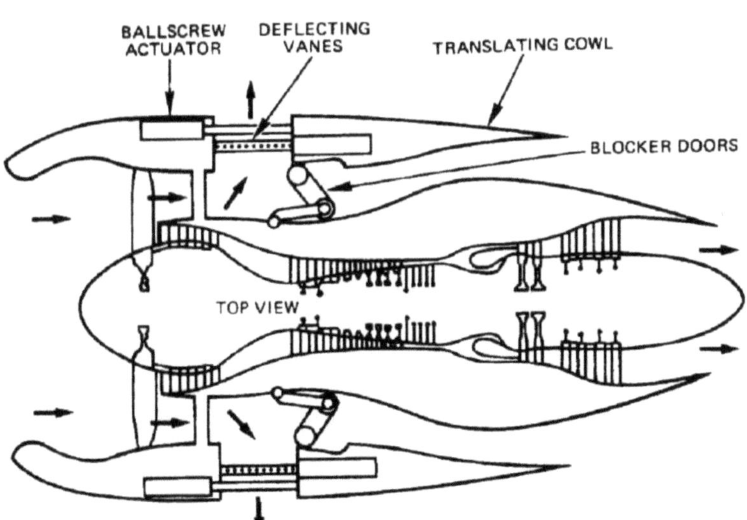

REVERSE THRUST

16.16 Enteisungsanlagen – Boeing B737

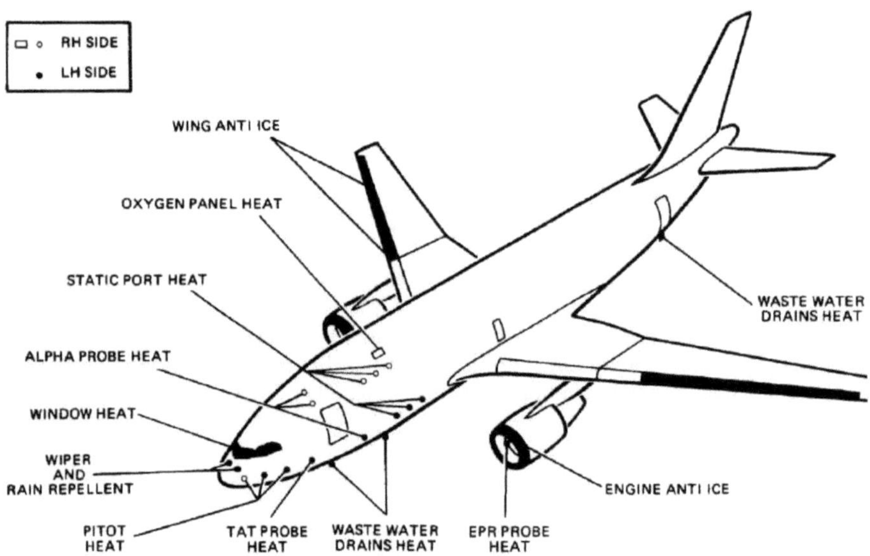

(Grafik: Boeing B 737 Manual)

Bei großen Jets werden in der Regel die Triebwerkseinlässe, die Flächenvorderkanten, die Vorderkanten der Hohen- und Seitensteuerflächen durch Heißluft, die den Triebwerken entnommen wird, enteist. Die Fenster im Cockpit sowie alle Messsonden am Flugzeug werden elektrisch enteist.

17 Not- und Sicherheitseinrichtungen in großen Flugzeugen

17.1 Grundsätze

Abb. 17.1. Typischer Flugzeugbrand nach einem Unfall

Alle Flugzeuge müssen über eine geeignete Notausrüstung und über Sicherheitseinrichtungen verfügen, um das Überleben der Insassen bei einem Unfall nach Möglichkeit zu gewährleisten. Dazu gehören die Sauerstoffausrüstung, Feuerlöscher, Notaxt, Erste-Hilfe- und Doctor-Kits, Megaphone, Notausgänge, Notrutschen, Schwimmhilfen und Schlauchboote. Besatzungsmitglieder müssen spätestens alle zwei Jahre einen Wiederholungskurs in erster Hilfe und in der Benutzung der Not- und Sicherheitseinrichtungen auf den Flugzeugen, auf denen sie eingesetzt werden sollen, nachweisen. Das Verhalten und die Notverfahren für den Ausfall der Druckkabine, in Flughöhen über 3 000 m (10 000 ft), eine mögliche Notwasserung oder einer Notlandung werden in diesen Lehrgängen geübt. Heutige Passagierflugzeuge fliegen in Höhen von 10 000 bis 12 000 m. In diesen Höhen würden Menschen ungeschützt nicht überleben können. Das bedeutet, dass das

Flugzeug bei einem Druckabfall im Notsinkflug auf unter 3 000 m sinken muss. Besonders auf der Langstrecke stehen nicht immer geeignete Flughäfen für eine Ausweichlandung zur Verfügung. Um verletzten oder erkrankten Passagieren möglichst schnell ärztliche Hilfe zukommen zu lassen, sind ausreichend Erste-Hilfe-Kästen vorhanden. Befindet sich ein Arzt an Bord, findet er die wichtigsten Hilfsmittel und Medikamente im sogenannten *Doctors-Kit.* Gegebenenfalls kann über Funk fachlicher Rat von der Heimatstation eingeholt werden.

Bei einem Unfall muss man trotz aller Vorbereitung damit rechnen, dass die vorhandenen Noteinrichtungen oder Notausrüstungen durch Defekte nicht, oder nicht mehr, zur Verfügung stehen. Die Unfälle der letzten Jahre haben das immer wieder gezeigt. Hilfe von außen wird solange erforderlich sein, bis absolut sicher ist, dass eine Rettung Überlebender nicht mehr möglich ist. Trotzdem sollte sich niemand ohne geeignete Schutzbekleidung dem Wrack nähern. Die Gefahren an der Unfallstelle sind vielfältig und nicht zu unterschätzen. Die Feuerwehr, besonders die Flughafenfeuerwehren sind die einzigen qualifizierten Ansprechpartner, die die Frage beantworten können, ob die Unfallstelle ohne Gefahr für Leib und Leben, betreten werden kann. In diesem Kapitel soll ein Teil der Notausrüstung der Flugzeuge beschrieben werden.

Abb. 17.2. Notrutschen durch Windeinfluss und Flugzeuglage unbrauchbar

Alle abgedruckten Grafiken wurden den jeweiligen Flugzeughandbüchern für die Flugzeugbesatzung (Airplane Flight Manual oder Aircraft Operation Manual) verschiedener Flugzeugmuster entnommen.

17.2 Notausrüstung

17.2.1 Notbeleuchtung – Boeing B737

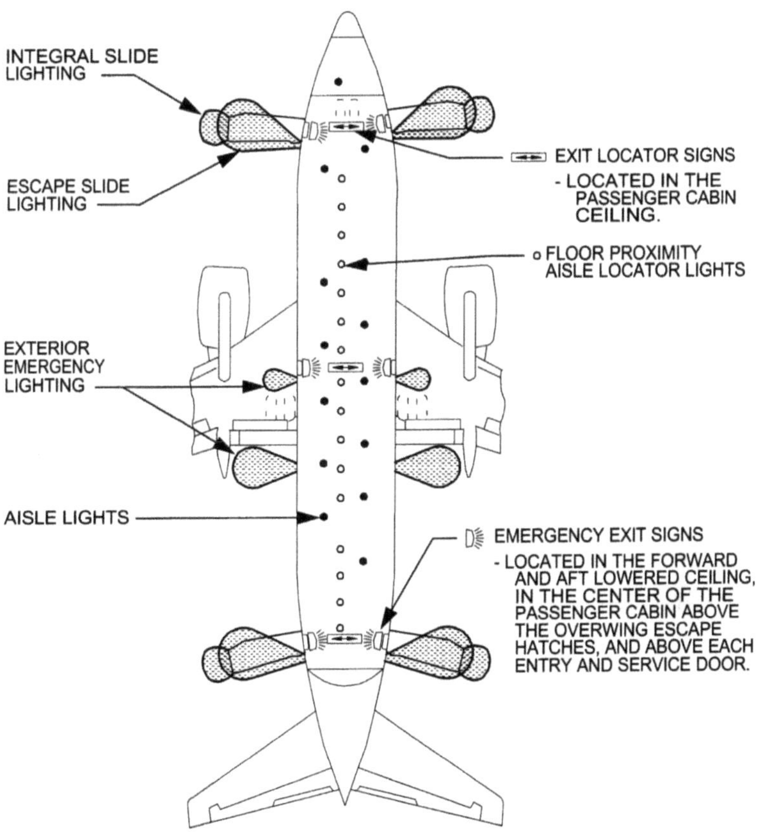

Abb.17. 3. Notbeleuchtung für Notausstiege - B 737 Manual

Auszug: JAR-OPS 1.815 - Notbeleuchtung

Der Luftfahrtunternehmer darf ein Flugzeug zur Beförderung von Fluggästen mit einer höchsten genehmigten Fluggastsitzzahl von mehr als 9 nur betreiben, wenn dieses mit einer Notbeleuchtungsanlage ausgestattet ist, die über eine unabhängige Energiequelle verfügt, um die Noträumung des Flugzeugs zu erleichtern. (es folgen die Ausführungsbestimmungen)

17.3 Notsauerstoffflasche und Maske

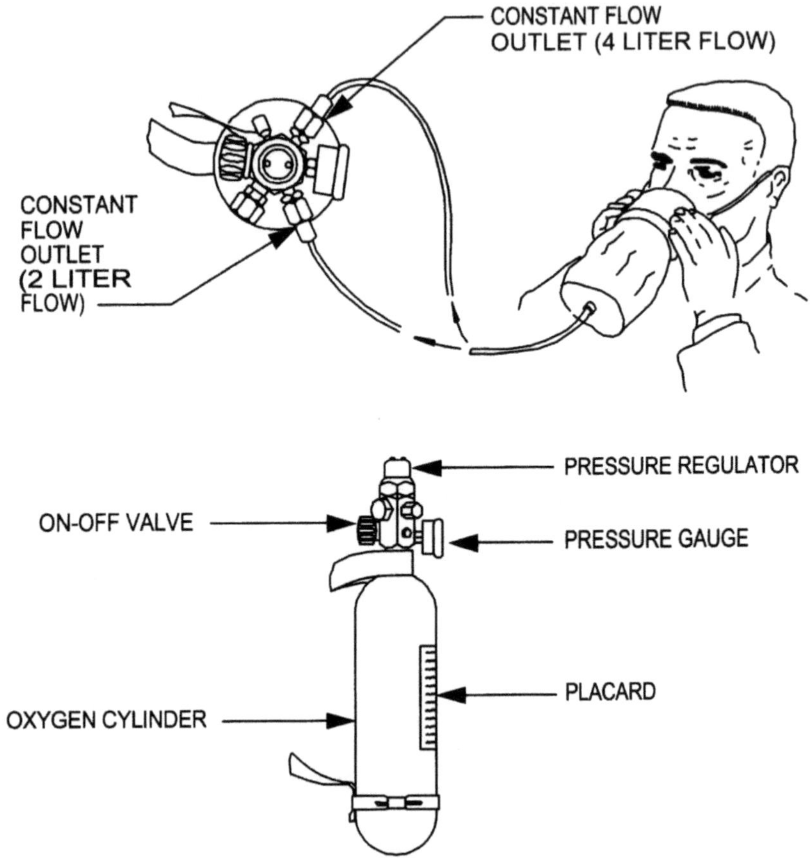

Abb. 17.4. Tragbare Sauerstoffversorgung

JAR-OPS 1.760 Sauerstoff für Erste Hilfe (Auszug)

Der Unternehmer darf ein Flugzeug mit Druckkabine, für die ein Flugbegleiter vorgeschrieben ist, in Höhen oberhalb 25 000 ft nur betreiben, wenn es mit einem Vorrat an unverdünntem Sauerstoff für Fluggäste, die nach einem Druckverlust aus psychologischen Gründen gegebenenfalls Sauerstoff benötigen, ausgestattet ist.

17.4 Sauerstoffmaske der Piloten – B 737

Abb. 17.5. Notsauerstoffversorgung im Cockpit

JAR-OPS 1.780 Atemschutzgerät für die Besatzung (Auszug)

Der Luftfahrtunternehmer darf ein Flugzeug mit Druckkabine und nach dem 1. April 2000 ein Flugzeug ohne Druckkabine mit einer höchstzulässigen Startmasse von mehr als 5 700 kg oder einer höchsten genehmigten Fluggastsitzzahl von mehr als 19 nur betreiben, wenn es ausgestattet ist:

(1) für jedes diensttuende Besatzungsmitglied mit einem Atemschutzgerät, das Augen, Nase und Mund bedeckt und für einen Zeitraum von nicht weniger als 15 Minuten Sauerstoff liefert.

(2) für jeden vorgeschriebenen Flugbegleiter mit einem tragbaren Atemschutzgerät, das Augen, Nase und Mund bedeckt und für einen Zeitraum von nicht weniger als 15 Minuten Atemgas liefert.

17.5 Passagiersauerstoffmaske (B737)

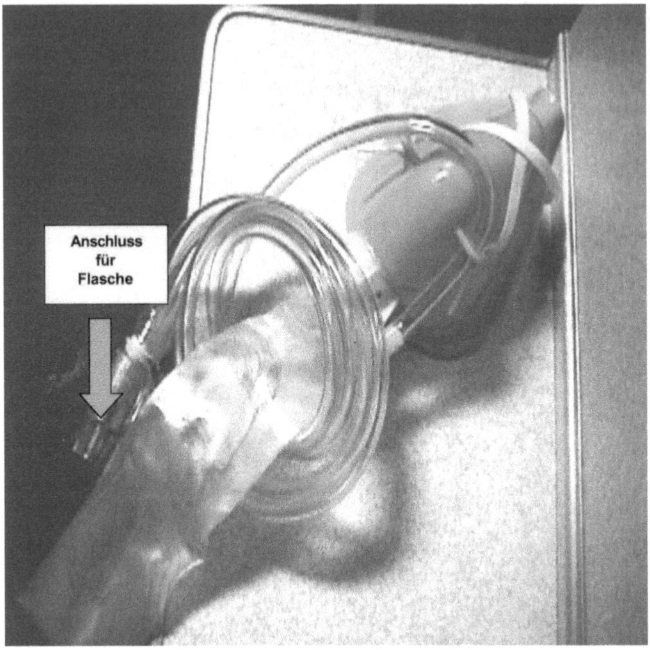

Abb.17. 6. Notversorgung für Fluggäste

JAR OPS 1.770 Zusatzsauerstoff – Flugzeuge mit Druckkabine (Auszug)

Der Luftfahrtunternehmer darf ein Flugzeug mit Druckkabine oberhalb 10 000 ft nur betreiben, wenn eine Zusatzsauerstoff-Ausrüstung vorhanden ist, die in diesem Paragraphen vorgeschriebenen Sauerstoffvorräte speichern und verteilen kann. (Ausführungsbestimmungen)

Sauerstoff Mindestmengen für Zusatzsauerstoff in Flugzeugen mit Druckkabine

(a)	(b)
VORRAT FÜR ALLE	DAUER UND KABINENDRUCKHÖHE
1. Alle im Cockpit diensttuenden Personen	Für die gesamte Flugzeit in der Kabinendruckhöhe über 13000 ft; für die gesamte Flugzeit in einer Kabinendruckhöhe über 10000 ft bis 13000 ft nach den ersten 30 Minuten in diesem Höhenband, mindestens jedoch: (i) für 30 Minuten, die für Flughöhen bis 25000 ft zugelassen sind (ii) für 2 Stunden in Flugzeugen, die für Flughöhen über 25000 ft zugelassen sind
2. Alle vorgeschriebenen Flugbegleiter	Für die gesamte Flugzeit in einer Kabinendruckhöhe über 13000 ft, mindestens jedoch für 30 Minuten, und für die gesamte Flugzeit in einer Kabinendruckhöhe über 10000 ft bis 13000 ft nach den ersten 30 Minuten in diesem Höhenband
3. 100% der Fluggäste	Für die gesamte Flugzeit in einer Kabinendruckhöhe über 15000 ft, mindestens jedoch für 10 Minuten
4. 30 % der Fluggäste	Für die gesamte Flugzeit in einer Kabinendruckhöhe über 14000 ft, bis 15000 ft
5. 10 % der Fluggäste	Für die gesamte Flugzeit in einer Kabinendruckhöhe über 10000 ft, bis 13000 ft nach den ersten 30 Minuten in diesem Höhenband

17.6 Handfeuerlöscher

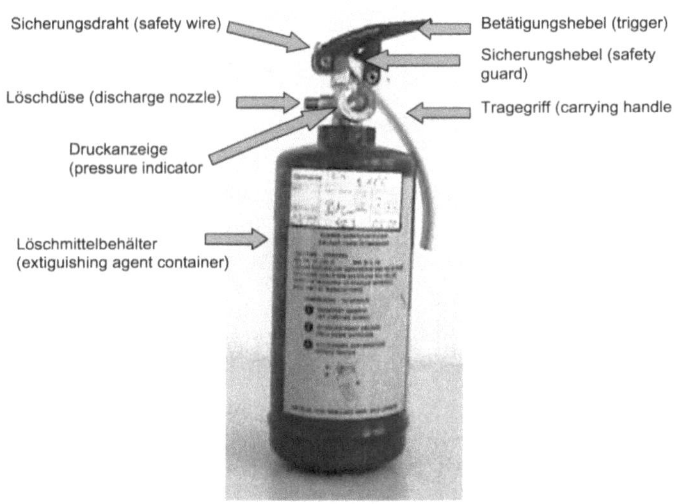

Abb.17.7. Handfeuerlöscher

JAR-OPS 1.790 Handfeuerlöscher (Auszug)

Der Luftfahrtunternehmer darf ein Flugzeug nur betreiben, wenn es mit Handfeuerlöschern zur Benutzung in Besatzungsräumen, Fluggasträumen und Bordküchen entsprechend den nachfolgenden Bestimmungen ausgestattet ist.

Höchste genehmigte Fluggastzahl	Anzahl der Feuerlöscher
7 - 30	1
31 - 60	2
61 - 200	3
201 - 300	4
301 - 400	5
401 - 500	6
501 - 600	7
Mehr als 600	8

17.7 Schwimmweste

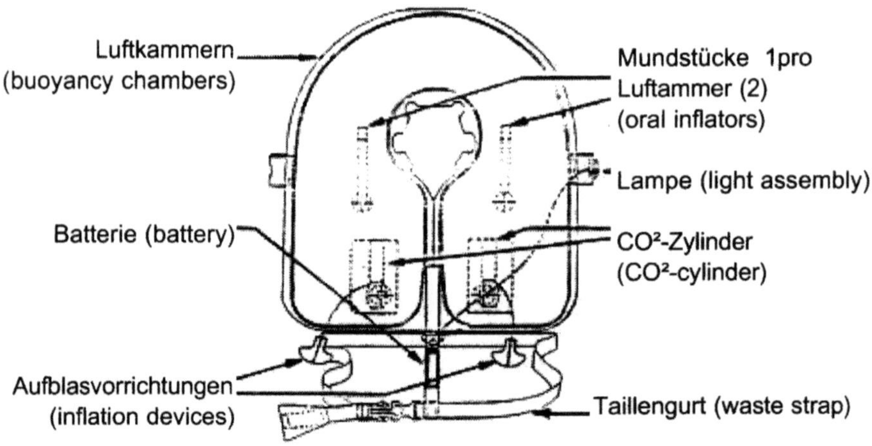

Abb. 17.8. Rettungswesten befinden sich normalerweise unter den Passagiersitzen

JAR-OPS 1.825 Schwimmwesten (Auszug)

Landflugzeuge: Der Luftfahrtunternehmer darf ein Landflugzeug (1) für Flüge über Wasser in einer Entfernung von mehr als 50 Nautische Meilen von der Küste; oder (2) für Starts und Landungen auf einem Flugplatz, bei dem die Startflug- oder Anflugbahn so über Wasser verläuft, dass bei einer Störung mit einer Notlandung zu rechnen wäre, nur betreiben, wenn für jeden der Insassen eine Schwimmweste mit einem Licht zur Ortung Überlebender vorhanden ist.

(Ausführungsbestimmungen)

17.8 Notausstieg Cockpitfenster – B 747

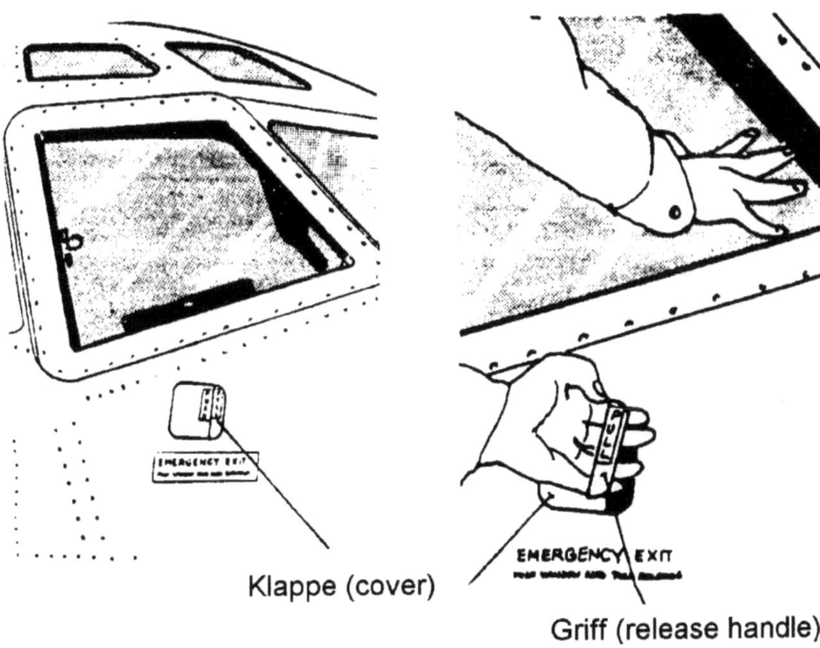

Abb. 17.9. Notöffnung von außen nicht in allen Flugzeugen vorhanden

Beide seitlichen Cockpitfenster, die sich öffnen lassen, dienen gleichzeitig als Notausstieg für die Flugzeugführer. Bei größeren Flugzeugen sind zusätzlich Seile vorhanden, an denen man sich zu Boden hangeln kann. Bei den meisten Flugzeugen lassen sich diese Notausstiege auch von außen öffnen.

17.9 Rauchschutz - B737

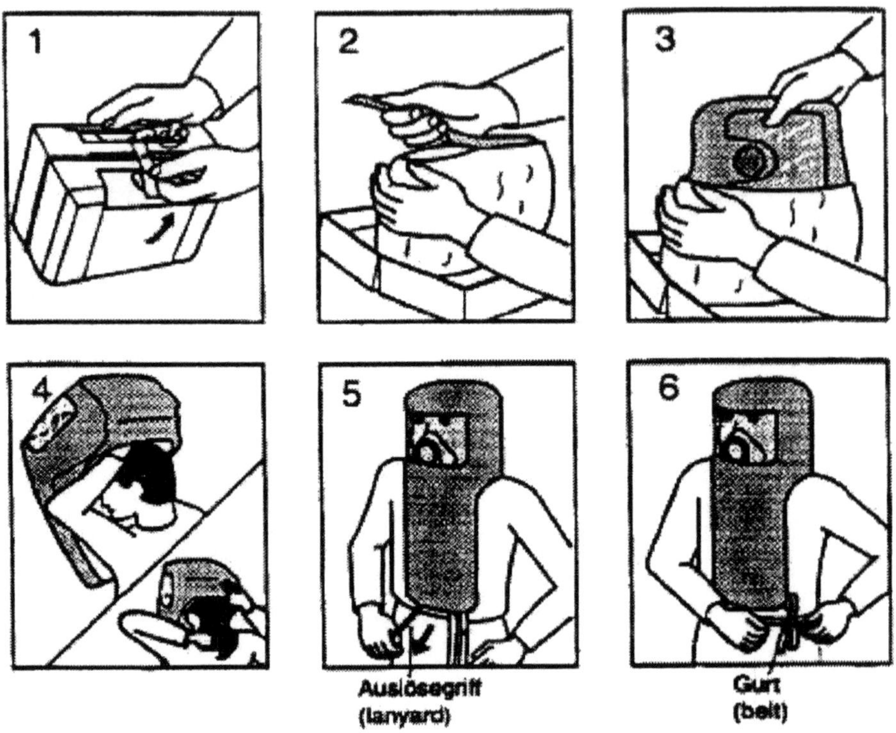

Abb.17. 10. Nicht in allen Flugzeugen verfügbar

Einige Flugzeuge verfügen zusätzlich über sogenannte *Smoke-Hoods*, die bei Rauchentwicklung über den Kopf gezogen werden können. Sie gewährleisten, dass die Insassen kurzzeitige vor dem Einatmen von Rauch und giftigen Gasen geschützt sind und die Fluchtwege und Notausstiege besser gesehen werden können. Das Mitführen diese Ausrüstung ist nicht zwingend vorgeschrieben.

17.10 Position der Notausstiege – Airbus A 320

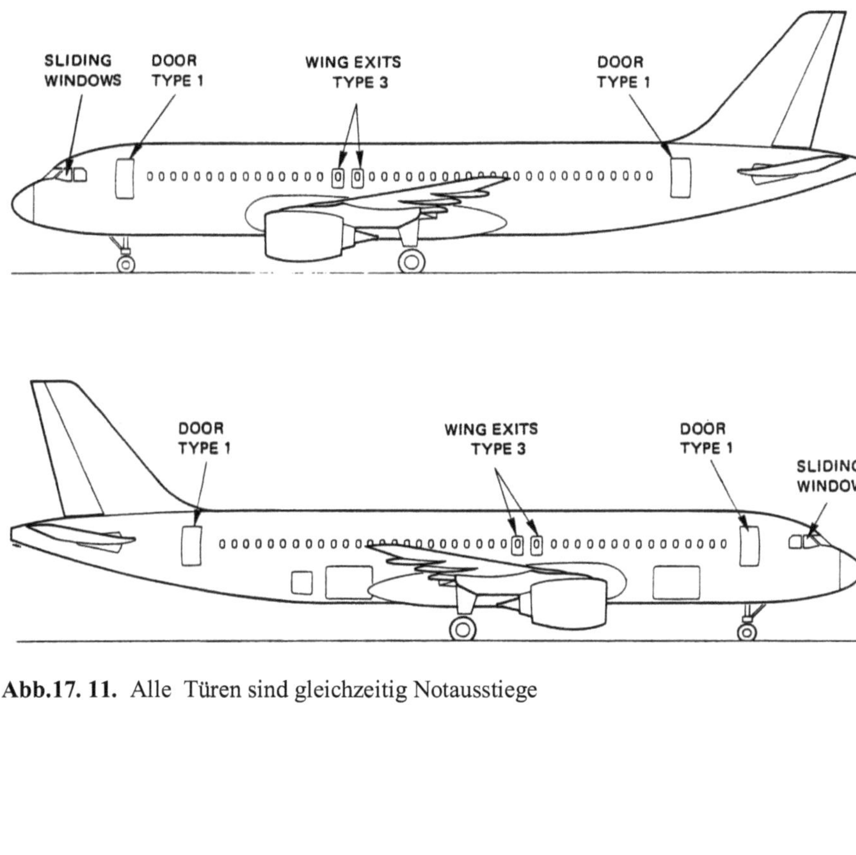

Abb.17. 11. Alle Türen sind gleichzeitig Notausstiege

Die Zahl der Notausstiege muss so bemessen sein, dass alle Insassen über die Hälfte der vorhandenen Ausstiege das Flugzeug innerhalb von 90 Sekunden verlassen können.

17.11 Kennzeichnung der Fluchtwege – A 320

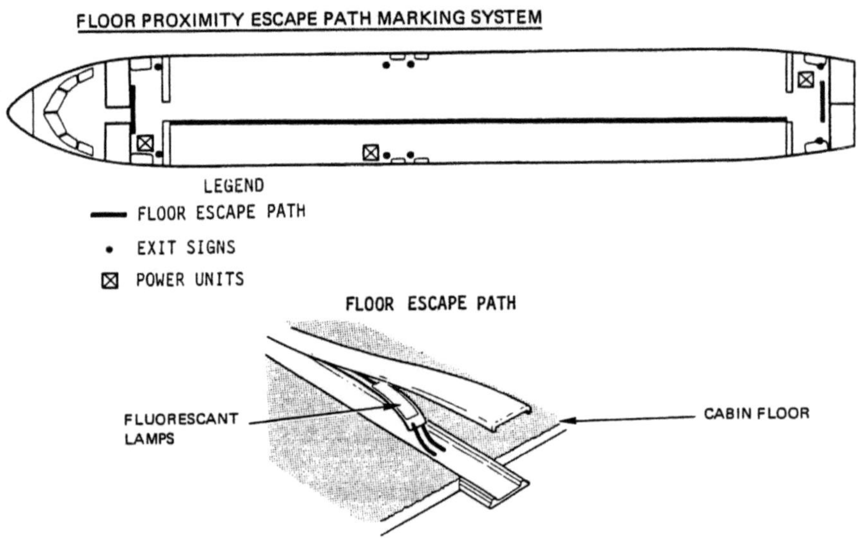

Abb.17. 12. Die Fluchtwege in Passagierflugzeugen müssen deutlich gekennzeichnet sein

JAR-OPS 1.815 Notbeleuchtung

(VI) Für Flugzeuge, deren Musterzulassung erstmals am oder nach dem 1. Januar 1958 in einem JAA-Mitgliedstaat erteilt wurde, ein bodennahes Fluchtwegmarkierungssystem in Fluggasträumen.

17.12 Notausstieg mit Rutsche – A 320

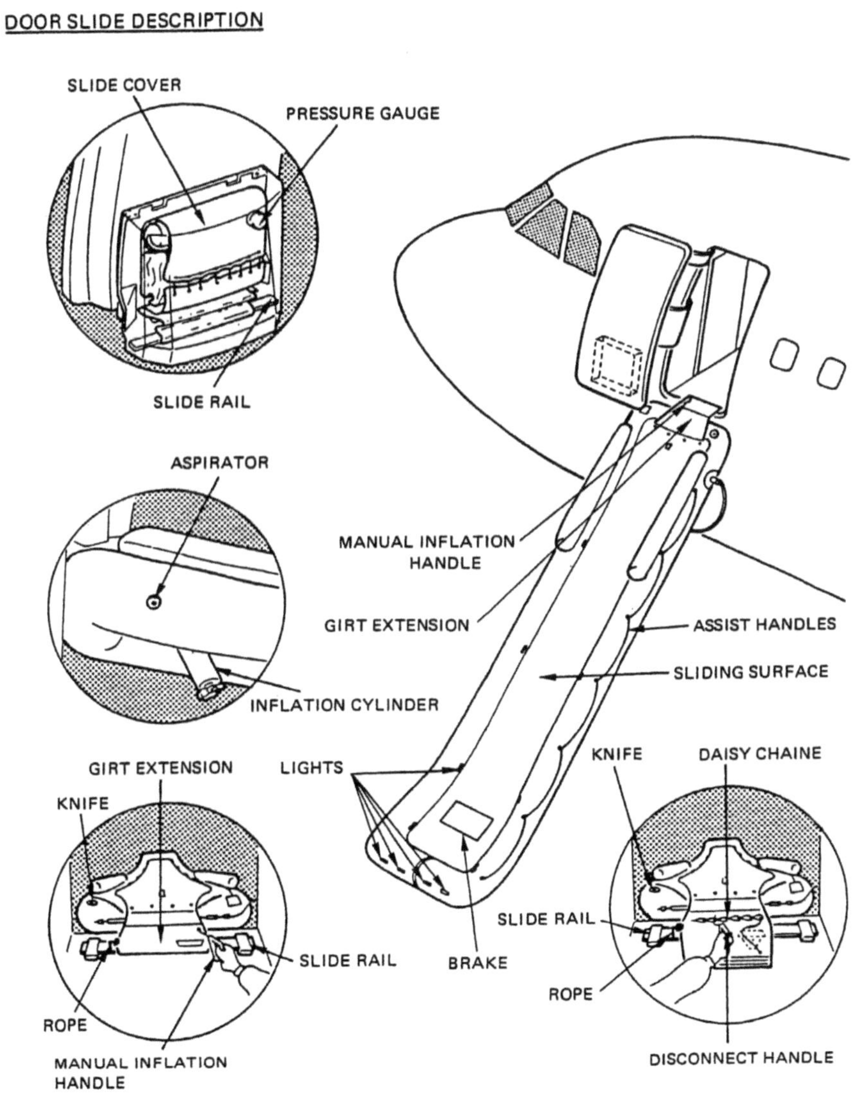

Abb. 17.13. Einbauort und Handhabung der Notrutschen

17.13 Tragflächennotausstieg mit Rutsche – A 320

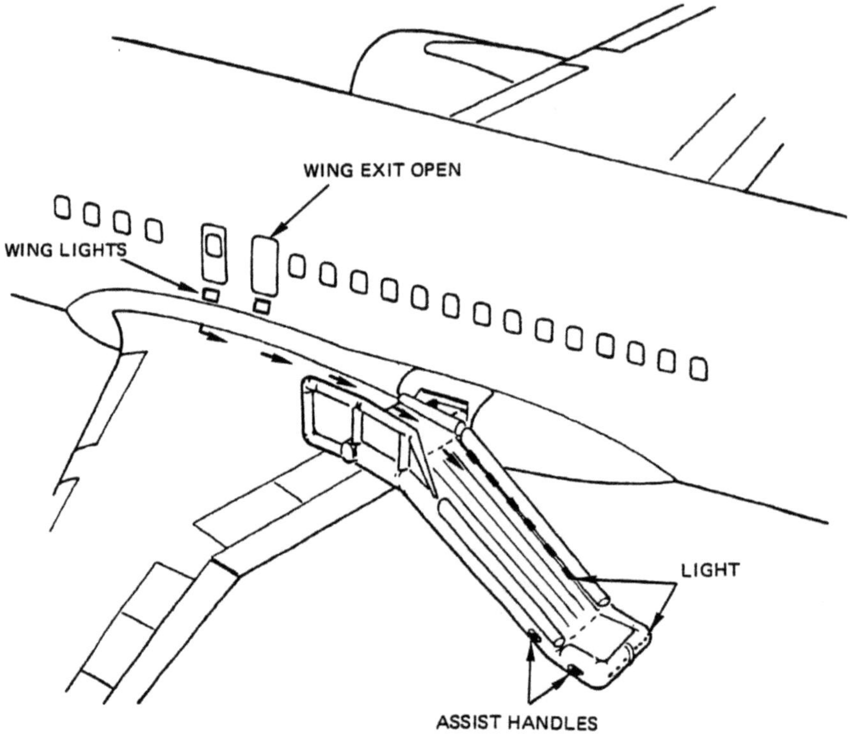

Abb. 17.14. Notausstiege und Rutsche über der linken Tragfläche

Abhängig vom Flugzeugtyp können die Notrutschen nach vorn oder hier nach rückwärts ausgerichtet sein. Bei älteren oder kleineren Flugzeugen, wie z.B. der Boeing B727, werden bei einer Notlandung die Landeklappen ausgefahren und als Rutschhilfe genutzt.

17.14 Haupteinstieg / Notausstieg – A 320

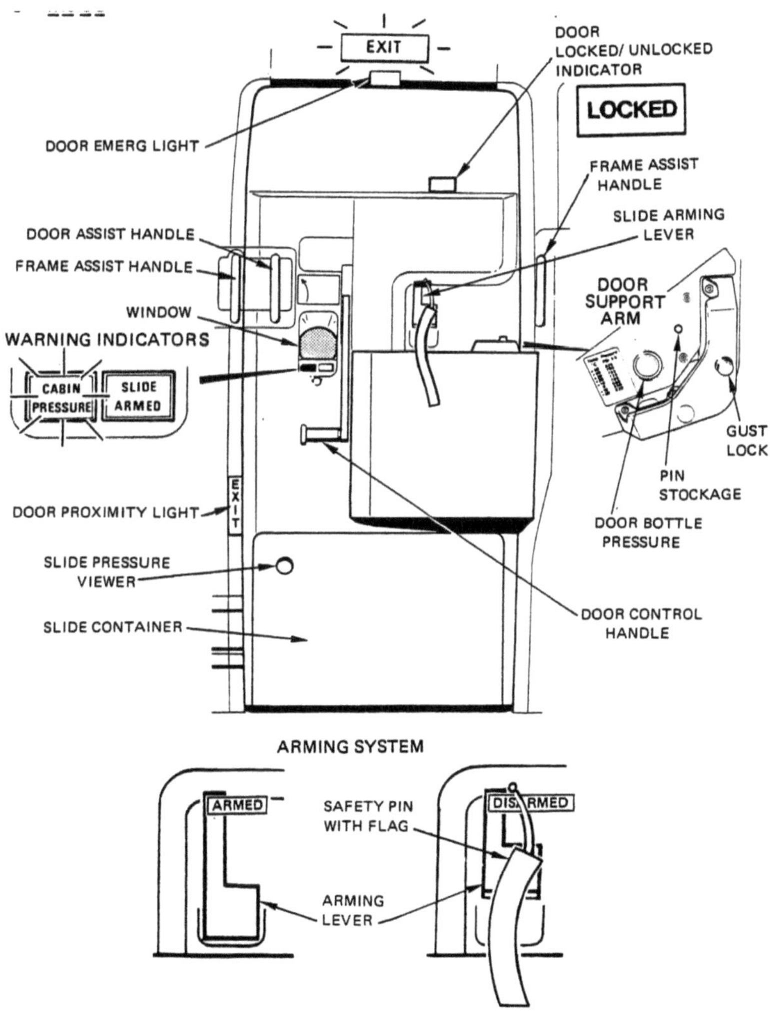

Abb. 17.15. Einrichtungen und Ausrüstung einer Haupttür

Diese Türen dienen gleichzeitig als normaler Zugang im Normalbetrieb. Im unteren Teil ist die Notrutsche (Slide Container) eingebaut.

17.15 Durchbruchstellen

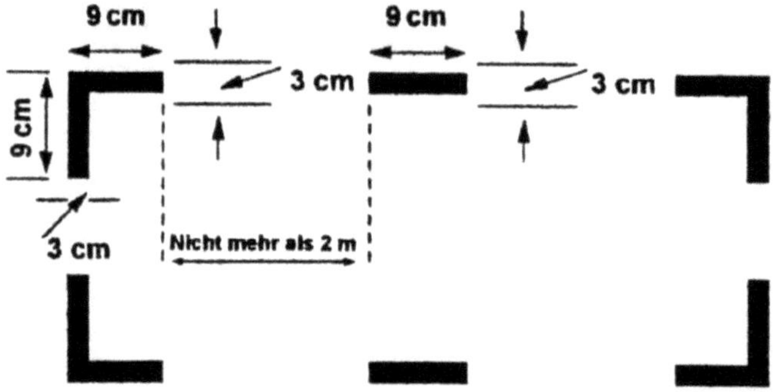

JAR-OPS 1.800 Markierung von Durchbruchstellen

Wenn an einem Flugzeug Rumpfbereiche vorhanden sind, die im Notfall für einen Durchbruch der Rettungsmannschaften geeignet sind, hat der Luftfahrtunternehmer sicherzustellen, dass diese Bereiche, wie dargestellt, gekennzeichnet sind. Die Kennzeichnungen müssen rot oder gelb sein und gegebenenfalls eine weiße Konturlinie haben, um sich gegen den Hintergrund abzuheben. Wenn die Markierungen der Ecken eines Durchbruchbereiches weiter als zwei Meter auseinanderliegen, müssen Zwischenmarkierungen mit den Abmessungen 9cm x 3 cm eingefügt werden, so dass nicht mehr als zwei Meter zwischen zwei benachbarten Markierungen liegen.

17.16 Brandschäden

Bei einem Flugzeug, das nach einem Unfall nicht mehr auf dem eigenen Fahrwerk steht, sind die Notrutschen in der Regel nur bedingt benutzbar. Bei Feuer können die Rutschen durch Hitzeeinwirkung platzen. Hilfe von außen ist dringend erforderlich. Ein Brand kann ein Flugzeug innerhalb weniger Minuten zerstören, deshalb muss die Flughafenfeuerwehr innerhalb von 2 Minuten löschbereit am Einsatzort sein. (Airport Service Manual – Part I Rescue and Fire Fighting – Response Time)

Abb. 17.16. Durch Brand zerstörte Flugasträume

Abb. 17.17. Fluggastraum nach einem Unfall

Abb. 17.18. Typisches Unfallbild ohne Brand - Dash 8

Typisches Bild eines Flugzeuginnenraumes nach einem Unfall, bei dem es nicht gebrannt hat. Die Fluggastsitze sind aus den Verankerungen gerissen. Das Gepäck und der Gesamte Inhalt ist verstreut und behindern die schnelle Evakuierung der Insassen.

17.18 Landung mit Fahrwerksstörungen

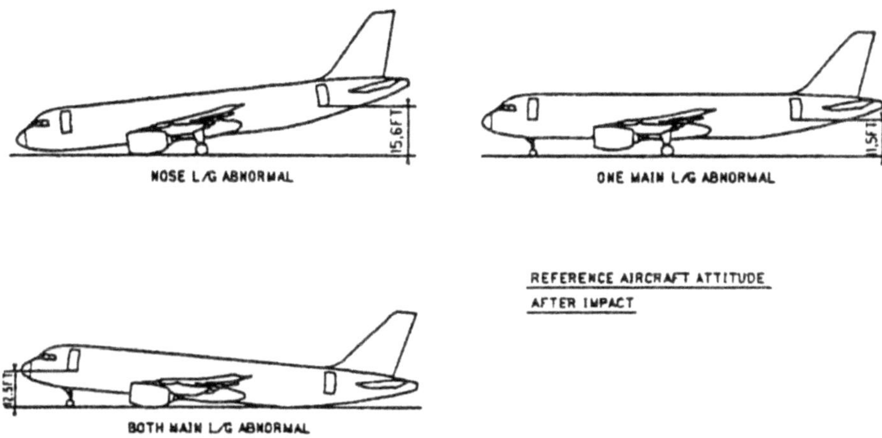

Abb. 17.19. Mögliche Flugzeuglagen bei zum Teil nicht ausgefahrenem Fahrgestell

Landet ein Flugzeug mit eingefahrenem oder nicht verriegeltem Fahrwerk (Beispiel eines Airbus A 320 – Flight Crew Operation Manual - Emergency), verändern sich die Höhen der Ausgänge und Notausgänge gegenüber dem Boden. Dadurch können Notrutschen ganz oder teilweise unbrauchbar werden. Ist das Problem den Piloten rechtzeitig vor der Landung bekannt ist, wird von einigen Flughäfen angeboten, einen so genannten Schaumteppich im Aufsetzbereich auszulegen, um einen Brand beim Aufsetzen des Flugzeugs zu vermeiden. Diese Praxis kommt aus der Militärluftfahrt bei den Kampfflugzeugen waren die Waffen und der Kraftstoff so untergebracht, dass die Container, bzw. Tanks beim Rutschen über die Landebahn aufgerissen werden konnten. Der tatsächliche Nutzen eines Schaumteppichs bei großen Transportflugzeugen ist zweifelhaft, schon deshalb, weil die besprühte Fläche meist relativ klein ist. Die Landungen erfolgen häufig im letzten Teil oder außerhalb des Schaums. Bei Flugzeugen, an denen die Triebwerke unterhalb der Tragflächen angeordnet sind, erfolgt das Aufsetzen nach Fahrwerksproblemen normalerweise auf den Triebwerken. Die Rumpf oder Flächentanks werden dadurch in der Regel nicht beschädigt. Aus diesen Gründen wird eine solche Ausrüstung durch die zivilen Verkehrsflughäfen in der Regel nicht mehr vorgehalten.

17.19 Sicht aus dem Cockpit am Boden

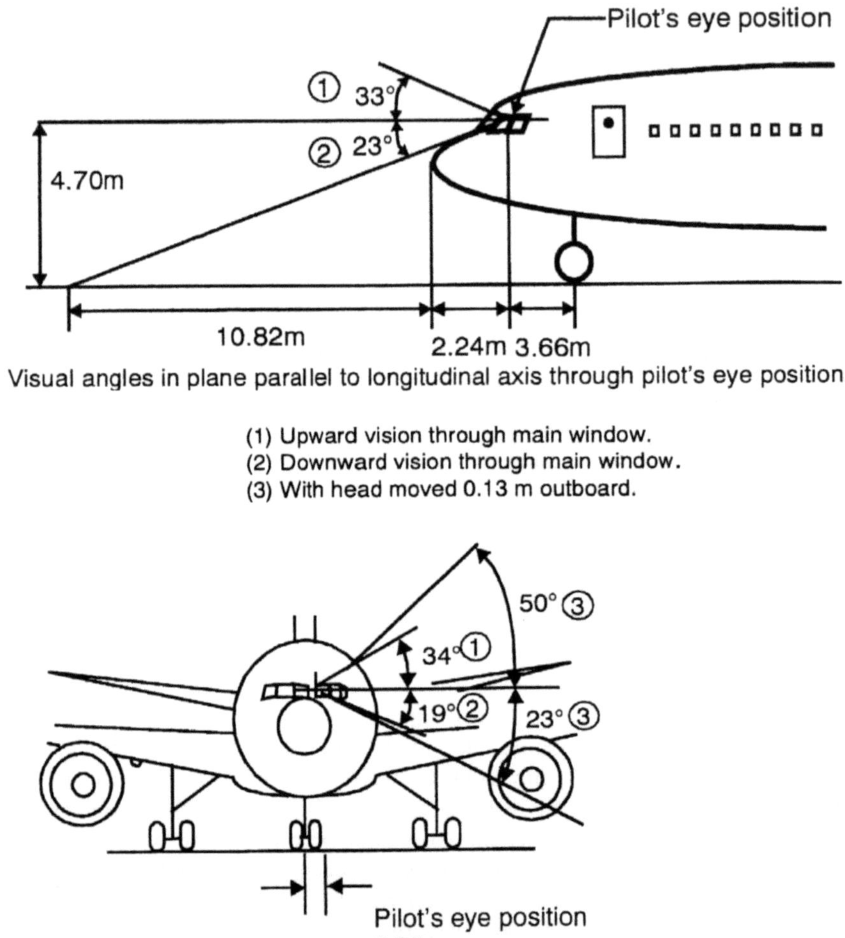

Abb. 17.20. .Beispiel A 310: Sichtwinkel der Cockpitcrew

Die Sichtmöglichkeiten der Piloten sind am Boden stark eingeschränkt und müssen von den Hilfskräften bei Versuchen von außen Kontakt mit diesen aufzunehmen in Betracht gezogen werden. Bei den meisten großen Flugzeugen ist eine direkte Kommunikation über Kopfhörer möglich.

18 Zusätzliche gesetzliche Regelungen und Definitionen

18.1 Luftverkehrsgesetz – LuftVG (Auszüge)

18.1.1 Begriff Luftfahrzeuge

Luftfahrzeuge sind

1. Flugzeuge
2. Drehflügler
3. Luftschiffe
4. Segelflugzeuge
5. Motorsegler
6. Frei- und Fesselballone
7. Drachen
8. Rettungsschirme
9. Flugmodelle
10. Luftsportgeräte
11. sonstige für die Benutzung des Luftraums bestimmte Geräte.

Raumfahrzeuge, Raketen und ähnliche Flugkörper gelten als Luftfahrzeuge, solange sie sich im Luftraum befinden.

18.2 Luftfahrtunternehmen (Auszug)

18.2.1 § 20 Genehmigung

(1) Unternehmen, die Personen oder Sachen durch Luftfahrzeuge gewerbemäßig befördern (Luftfahrtunternehmen), bedürfen der Genehmigung. Einer Genehmigung bedarf auch die gewerbemäßige Verwendung von Luftfahrzeugen für sonstige Zwecke. Die Genehmigung kann mit Auflagen verbunden befristet werden. Der Genehmigungspflicht unterliegt auch die Beförderung von Personen und Sachen durch Luftfahrzeuge, wenn das Entgelt nur die Selbstkosten des vereinbarten Fluges sind.; ausgenommen hiervon ist die Beförderung von Personen in Luftfahrzeugen, die für höchstens 4 Personen zugelassen sind.

18.3 Luftverkehrs- Zulassungs-Ordnung – LuftVZO (Auszüge)

Erster Abschnitt
Zulassung des Luftfahrtgeräts und Eintragung der Luftfahrzeuge (Auszug) Musterzulassung des Luftfahrtgeräts

18.3.1 §1 Zulassungspflicht und Umfang der Zulassung

(1) Luftfahrtgeräte, die der Musterzulassung bedürfen; sind:

1. Flugzeuge
2. Drehflügler,
3. Motorsegler,
4. Segelflugzeuge,
5. Luftschiffe,
6. bemannte Ballone,
7. Luftsportgeräte einschließlich Rettungs- und Schleppgeräte,
8. Flugmodelle mit einer Startflugmasse über 25 kg (unbemannte Luftfahrzeuge, die in Sichtweite des Steuerers ausschließlich zum Zwecke des Sports oder der Freizeitgestaltung betrieben werden),

9. Flugmotoren,
10. Propeller,
11. sonstiges Luftfahrtgerät, das als Ausrüstungs- oder Zubehörteil eines Luftfahrzeugs den vom Bundesministerium für Verkehr in der jeweils jüngsten im Bundesanzeiger bekannt gemachten Fassung der deutschen Übersetzung der Bestimmungen der *Joint Aviation Authorities* über technische Beschreibungen und Festlegung der Luftfahrzeugausrüstung (JAR-TSO deutsch) (Banz. Nr. 137a vom 28. Juli 1998) oder besonderen Anforderungen nach den Betriebsvorschriften unterliegt.

18.3.2 §2 Zuständige Stellen

Die Musterzulassung wird für Luftfahrzeuge nach § 1 Abs. 1 Nr. 7 und für Luftfahrtgerät nach Abs. 1 Nr. 8 bis zu eine Startmasse von 150 kg von dem Beauftragten nach § 31c des Luftverkehrsgesetzes, im übrigen vom Luftfahrt-Bundesamt erteilt.

Verkehrszulassung des Luftfahrtgeräts

18.3.3 §6 Umfang der Zulassung

(1) Luftfahrtgeräte, die der Verkehrszulassung bedürfen, sind

1. Flugzeuge,
2. Drehflügler,
3. Luftschiffe,
4. Motorsegler,
5. Segelflugzeuge,
6. bemannte Ballone,
7. Luftsportgeräte
8. Flugmodelle mit einer Startmasse über 25 kg
9. sonstiges Luftsportgerät, soweit es für die Benutzung des Luftraums bestimmt und nach der Verordnung zur Prüfung von Luftfahrtgerät bestimmt ist.

Luftfahrtgeräte nach § 1 Abs. 4 sind von der Verkehrszulassung befreit. Flugmodelle mit einer höchstzulässigen Startmasse über 25 kg und bis zu 150 kg bedürfen keiner Genehmigung, wenn deren Verkehrssicherheit nach der Verordnung zur Prüfung von Luftfahrtgerät bestätigt ist.

18.3.4 §7 Zuständige Stellen

Die Verkehrszulassung wird vom Luftfahrt-Bundesamt erteilt. Die Verkehrszulassung der Luftsportgeräte wird von dem vom Bundesministerium für Verkehr Beauftragten erteilt.

18.3.5 § 14 Kennzeichen

Bei der Verkehrszulassung nach § 14 Abs. 1 Satz 1 oder bei der Eintragung nach § 14 Abs. 1 Satz 1 oder dem Abs. 2 Satz 1 wird dem Luftfahrzeug ein Kennzeichen zugeteilt; im Falle der vorläufigen Verkehrszulassung nach § 12 kann eine vorläufiges Kennzeichen zugeteilt werden. Die Kennzeichen sind zugleich mit dem deutschen Staatsangehörigkeitszeichen nach den Vorschriften der Anlage 1 am Luftfahrzeug zu führen.

Anlage 1

Deutsche Flugzeuge, Drehflügler, Luftschiffe, Motorsegler und bemannte Ballone führen als Staatsangehörigkeitszeichen die Bundesflagge und den Buchstaben **D** sowie als besondere Kennzeichen (Eintragungszeichen) vier weitere Buchstaben.

Folgende Buchstaben werden als erste Buchstaben des Eintragungszeichens (in Deutschland nach dem D-) verwendet:

- Flugzeuge über 20 t höchstzulässige Startmasse **A**
- Flugzeuge von 14 bis 20 t höchstzulässige Startmasse **B**
- Flugzeuge von 5,7 bis 14 t höchstzulässige Startmasse **C**
- Flugzeuge einmotorig bis 2 t **E**
- Flugzeuge einmotorig von 2 bis 5,7 t **F**
- Flugzeuge mehrmotorig bis 2 t **G**
- Flugzeuge mehrmotorig von 2 bis 5,7 t **I**
- Drehflügler **H**
- Luftschiffe **L**
- Motorsegler **K**

- Luftsportgeräte motorgetrieben **M**
- Luftsportgeräte nichtmotorgetrieben **N**
- bemannte Ballone **O**

18.4 JAR-OPS 1 - Deutsch (Auszüge)

18.4.1 JAR-OPS 1.125 Mitzuführende Dokumente

(a) Der Luftfahrtunternehmer hat sicherzustellen, dass die folgenden Dokumente oder Kopien von diesen auf jedem Flug mitgeführt werden:

(1) Eintragungsschein;

(2) Lufttüchtigkeitszeugnis;

(3) Lärmzeugnis (soweit erforderlich);

(4) Luftverkehrsbetreiberzeugnis;

(5) Lizenz zum Betreiben einer Flugfunkstelle; und

(6) Haftpflichtversicherungsschein(e).

(b) Jedes Mitglied der Flugbesatzung hat auf jedem Flug eine gültige Lizenz mit der(n) entsprechenden Berechtigung(en) für den beabsichtigten Flug mitzuführen.

18.4.2 JAR-OPS 1.130 Mitzuführende Handbücher

(a) Der Luftfahrtunternehmer hat sicherzustellen, dass:

(1) auf jedem Flug die für die jeweiligen Aufgaben der Besatzung gültigen Teile des Betriebshandbuches mitgeführt werden;

(2) die für die Durchführung eines Fluges erforderlichen Teile des Betriebshandbuches für die Besatzung an Bord des Flugzeugs leicht zugänglich sind; und

(3) das gültige Flughandbuch im Flugzeug mitgeführt wird, es sei denn, der Luftfahrtbehörde ist nachgewiesen worden, dass das nach den Bestimmungen von JAR-OPS 1.1045, Anhang 1, Teil B geforderte

Betriebshandbuch die für das Flugzeug entsprechenden Angaben enthält.

18.4.3 JAR-OPS 1.135 Zusätzlich mitzuführende Unterlagen und Formblätter

(a) Der Luftfahrtunternehmer hat sicherzustellen, dass zusätzlich zu den Bestimmungen von JAR-OPS 1.125 und JAR-OPS 1.130 vorgeschriebenen Dokumenten und Handbüchern auf jedem Flug folgende Unterlagen und Formblätter entsprechend der Betriebsart und dem Einsatzgebiet mitgeführt werden:

(1) der Flugdurchführungsplan, der mindestens die nach JAR-OPS 1.1060 vorgeschriebenen Angaben enthält;

(2) das technische Bordbuch, das mindestens die nach JAR-OPS 1.915(a) vorgeschriebenen Angaben enthält;

(3) Einzelheiten des bei den Flugverkehrsdiensten aufgegebenen Flugplans (ATC-Flugplan);

(4) die zutreffenden NOTAM/AIS-Beratungsunterlagen;

(5) die zutreffenden meteorologischen Informationen;

(6) Unterlagen über Masse und Schwerpunktlage gemäss der Bestimmungen des Abschnitts J;

(7) Benachrichtigungen über besondere Kategorien von Fluggästen, wie etwa nicht zur Besatzung gehörendes Sicherheitspersonal, behinderte Personen, Fluggästen, denen die Einreise verwehrt wurde, zwangsweise abgeschobene Personen und in Gewahrsam befindliche Personen.

(8) Benachrichtigung über besondere Ladungen, einschließlich gefährlicher Güter, mit den nach JAR-OPS 1.1215(d) vorgeschriebenen schriftlichen Angaben;

(9) gültige, nach JAR-OPS 1.290(b)(7) vorgeschriebenes Kartenmaterial und die dazugehörigen Angaben;

(10) Alle weiteren gültigen Unterlagen, wie Frachtbrief und Fluggastverzeichnis, die von den Staaten gefordert werden können, die von dem Flug betroffen sind;

(11) Formblätter, um die von der Behörde und dem Luftfahrtunternehmer geforderten Meldungen abgeben zu können.

(b) Die Luftfahrtbehörde kann gestatten, das die in Absatz (a) genannten Unterlagen oder Teile davon in anderer als gedruckter Form vorliegen. Ein ausreichendes Maß an Verfügbarkeit, Verwendbarkeit und Zuverlässigkeit muss gewährleistet sein.

18.4.4 JAR-OPS 1.140 Am Boden aufzubewahrende Informationen

(a) Der Luftfahrtunternehmer hat sicherzustellen, dass:

(1) Mindestens für die Dauer des Fluges oder einer Reihe von Flügen:

(i) einschlägige, für den Flug und die Betriebsart zutreffende Informationen am Boden gesichert werden;

(ii) die Informationen aufbewahrt werden, bis nach den Bestimmungen von JAR-OPS 1.1065 ein Duplikat am Aufbewahrungsort abgelegt ist; oder wenn das unbillig ist,

(iii) die Informationen in einem feuersicheren Behälter im Flugzeug mitgeführt werden.

(b) Die in Absatz (a) genannten Informationen umfassen:

(1) soweit zweckdienlich eine Kopie des Flugdurchführungsplanes;

(2) Kopien der Teile des technischen Handbuches, die für den Flug von Bedeutung sind;

(3) streckenbezogene NOTAM-Unterlagen, wenn dies vom Luftfahrtunternehmer hierfür zusammengestellt worden sind;

(4) Unterlagen über die Masse und die Schwerpunktlage (siehe JAR-OPS 1.625); und

(5) Benachrichtigung über besondere Ladung.

18.4.5 JAR-OPS 1.155 Aufbewahrung von Unterlagen

(a) Der Unternehmer hat sicherzustellen, dass:

(1) aufbewahrungspflichtige Originalunterlagen oder Kopien davon für den vorgeschriebenen Zeitraum aufbewahrt werden, auch wenn er nicht mehr der Halter des Flugzeugs ist; und

(2) gemäß Abschnitt Q über die Tätigkeit eines Besatzungsmitglieds geführte Aufzeichnungen einem anderen Luftfahrtunternehmer zur Verfügung gestellt werden, wenn das Besatzungsmitglied für diesen tätig wird.

18.4.6 JAR-OPS 1.160 Aufbewahrung, Vorlage und Verwendung von Aufzeichnungen der Flugschreiber

(a) Aufbewahrung von Aufzeichnungen

(1) Der Luftfahrtunternehmer, der ein mit einem Flugschreiber ausgerüstetes Flugzeug betreibt, hat nach einem Unfall, soweit möglich, die diesen Unfall betreffenden Originaldaten, wie sie vom Flugschreiber aufgezeichnet wurden, für einen Zeitraum von 60 Tagen aufzubewahren, es sei denn, die Untersuchungsbehörde bestimmt etwas anderes.

(2) Ohne eine vorherige abweichende Genehmigung durch die Luftfahrtbehörden hat der Luftfahrtunternehmer, der ein mit einem Flugschreiber ausgerüstetes Flugzeug betreibt, nach einer meldepflichtigen Störung, soweit wie möglich, die diese Störung betreffenden Originaldaten, wie sie vom Flugschreiber aufgezeichnet wurden, für einen Zeitraum von 60 Tagen aufzubewahren, es sei denn, die Untersuchungsbehörde bestimmt etwas anderes.

(3) Außerdem hat der Luftfahrtunternehmer, der ein mit einem Flugschreiber ausgerüstetes Flugzeug betreibt, auf Anordnung der Luftfahrtbehörde die aufgezeichneten Originaldaten, wie sie vom Flugschreiber aufgezeichnet wurden, für einen Zeitraum von 60 Tagen aufzubewahren, es sei denn, die Untersuchungsbehörde bestimmt etwas anderes.

(4) Ist an Bord eines Flugzeugs ein Flugschreiber mitzuführen, hat der Luftfahrtunternehmer für dieses Flugzeug:

(i) die Aufzeichnungen des Flugdatenschreibers für die gemäss JAR-OPS 1.715, 1.720 und 1.725 vorgeschriebenen Betriebsstunden zu sichern. Zum Zwecke der Überprüfung der Instandhaltung von Flugdatenschreibern ist es zulässig, bis zu einer Stunde der zum Zeitpunkt der Überprüfung ältesten Aufzeichnung zu löschen; und

(ii) eine Unterlage über das Auslesen und Umwandeln der gespeicherten Daten in technischen Maßeinheiten zu führen.

(b) *Vorlage von Aufzeichnungen*

Der Luftfahrtunternehmer, der ein mit einem Flugschreiber ausgerüstetes Flugzeug betreibt, hat nach Aufforderung durch die Luftfahrtbehörde vorhandene oder gesicherte Aufzeichnungen eines Flugschreibers innerhalb einer angemessenen Frist vorzulegen.

(c) *Verwendung von Aufzeichnungen*

(1) Die Aufzeichnungen der Tonaufzeichnungsanlage dürfen für andere Zwecke als der Untersuchung eines Unfalls oder einer meldepflichtigen Störung nur mit Zustimmung aller betroffenen Besatzungsmitglieder verwendet werden.

(2) Die Aufzeichnungen des Flugdatenschreibers dürfen nur zur Untersuchung eines Unfalls oder einer meldepflichtigen Störung verwendet werden, es sei denn solche Aufzeichnungen:

(i) werden vom Luftfahrtunternehmer ausschließlich für die Lufttüchtigkeits- oder Instandhaltungszwecke verwendet; oder

(ii) sind anonymisiert worden; oder

(iii) werden nach einem Verfahren offengelegt, das einen ausreichenden Schutz gewährleistet.

18.5 Grundlagen der Flugunfalluntersuchung

18.5.1 International:

□ Abkommen über die internationale Zivilluftfahrt, (Chikagoer Abkommen)

International Civil Aviation Organisation, ICAO, vom 7.12.1944

Artikel 25, Luftfahrzeuge in Not

Artikel 26, Untersuchung von Unfällen

Artikel 37, Annahme der internationalen Richtlinien und Verfahren

Artikel 38, Abweichungen von internationalen Richtlinien und Verfahren

- Gesetz über den Beitritt der Bundesrepublik Deutschland zu dem Abkommen vom 7. Dezember 1944 über die Internationale Zivilluftfahrt

  und

  die Annahme der Vereinbarung vom 7. Dezember 1944 über den Durchflug im Internationalen Luftverkehr vom 7.4.1956 (BGBl II 411)

- International Standards and Recommended Practices,

  Aircraft Accident and Incident Investigation, Annex 13, to the Convention on International Civil Aviation, (Eight Edition - July 1994)

- Richtlinie 94/56/EG des Rates

  über die Grundsätze für die Untersuchung von Unfällen und Störungen in der Zivilluftfahrt, vom 2. November 1994

18.5.2 National:

- Luftverkehrsgesetz, LuftVG

  in der Fassung der Bekanntmachung vom 14.1.191 (BGBl I 61) zuletzt geändert durch Artikel 45 der Verordnung vom 21.9.1997 (BGBl I 2390)

- Flugunfall-Untersuchungs-Gesetz, FlUUG

  Gesetz über die Untersuchung von Unfällen und Störungen bei dem Betrieb ziviler Luftfahrzeuge und zur Anpassung der Luftrechtlichen Vorschriften (BGBl. 1998 Teil I Nr. 57, vom 28. August 1998)

- Luftverkehrsordnung, LuftVO

  § 5 Anzeige von Flugunfällen und Störungen -

in der Fassung der Bekanntmachung vom 14. November 1969 (BGBl. S. 2117) geändert am 1. September 1998

□ Betriebsordnung für Luftfahrtgerät, LuftBO

vom 4.3.1970 (BGBl ! 262) zuletzt geändert durch VO vom 15.5.1995 (BGBl I 694)

§ 22 Zusätzliche Ergänzungsausrüstung

□ Erste Durchführungsverordnung zur Betriebsordnung für Luftfahrtgerät

(Ausrüstung der Luftfahrzeuge und Flugbetrieb in Luftfahrtunternehmen)

(1. DVO LuftBO)

§ 22 Flugschreiber (zu § 22 LuftBO)

§ 22a Übergangsvorschriften für die Ausrüstung mit Flugschreiberanlagen

§ 23 Tonbandgerät für den Führerraum (zu § 22 LuftBO)

§ 23a Ausnahmen

§ 23b Bodenannäherungs-Warnanlage (zu § 22 LuftBO)

□ Gemeinsame Richtlinien des Bundes und der Länder zur Durchführung des Such- und Rettungsdienstes für Luftfahrzeuge

vom 14.12.1973 (VkBl 1974 S. 18), zuletzt geändert durch Richtlinie vom 8.9.1992 (NfL I - 296/92)

□ Verwaltungsvereinbarung zwischen dem Bundesminister der Verteidigung und dem Bundesminister für Verkehr über die Zusammenarbeit auf dem Gebiet des Such- und Rettungsdienstes für Luftfahrzeuge (SAR)

vom 31.5.1968 (VkBl. S. 316) geändert durch Bekanntmachung vom 14.4.1976 (VkBl. S. 336)

18.6 Definitionen

Zusammenfassung aus Annex 13, ICAO, EU-Richtlinie und Flugunfall-Untersuchungs-Gesetz, FlUUG

Berater:

Eine Person, die aufgrund ihrer Qualifikationen von einem Staat zur Unterstützung seines bevollmächtigten Vertreters benannt wird.

Betriebsgenehmigung:

Eine Genehmigung, die einem Unternehmen vom zuständigen Mitgliedstaat erteilt wird und das Unternehmen je nach den Angaben in der Genehmigung berechtigt, Fluggäste, Post und/oder Fracht im gewerblichen Luftverkehr zu befördern.

Bevollmächtigter Vertreter:

Eine Person, die aufgrund ihrer Qualifikationen von einem Staat zur Teilnahme an einer von einem anderen Staat durchgeführten Untersuchung benannt wird.

Eintragungsstaat :

Der Staat, in dessen Luftfahrzeugrolle das Luftfahrzeug eingetragen ist.

Entwurfsstaat :

Der Staat, in dessen Hoheitsgebiet sich der Geschäftssitz des Unternehmens befindet, welches den Konstruktionsentwurf für das Luftfahrzeugmuster hergestellt hat.

Ereignisstaat :

Der Staat, in dessen Hoheitsgebiet sich ein Unfall oder eine Störung ereignet hat.

Flugschreiber :

Jede Art von Aufzeichnungsgerät, das im Luftfahrzeug eingebaut ist, um die Untersuchung von Unfällen und Störungen zu erleichtern.

Flugunfall :

Ein Ereignis beim Betrieb eines Luftfahrzeugs vom Beginn des Anbordgehens von Personen mit Flugabsicht bis zu dem Zeitpunkt nach dem Fluge, zu dem diese Personen das Luftfahrzeug verlassen haben, wenn hierbei

a) eine Person tödlich oder schwer verletzt worden ist

- an Bord eines Luftfahrzeugs oder

- durch unmittelbare Berührung mit dem Luftfahrzeug oder einem seiner Teile, auch wenn sich dieser Teil vom Luftfahrzeug gelöst hat, oder
- durch unmittelbare Einwirkung des Turbinenstrahls eines Luftfahrzeugs,

es sei denn, dass diese Verletzungen vom Geschädigten sich selbst oder von einer anderen Person zugefügt worden sind oder eine andere natürliche Ursache haben oder dass es sich um Verletzungen von unbefugt mitfliegenden Personen handelt, die sich außerhalb der den Fluggästen und Besatzungsmitgliedern normalerweise zugänglichen Räumen verborgen hatten; oder

b) das Luftfahrzeug oder die Luftfahrzeugzelle einen Schaden erlitten haben und

- der Festigkeitsverband der Luftfahrzeugzelle, die Flugleistungen oder die Flugeigenschaften dadurch beeinträchtigt worden sind und
- die Behebung dieses Schadens in aller Regel eine große Reparatur oder einen Austausch des beschädigten Luftfahrzeugbauteils erfordern würde, es sei denn, dass nach einem Triebwerkschaden oder Triebwerkausfall die Beschädigung des Luftfahrzeugs begrenzt ist auf das betroffene Triebwerk, seine Verkleidung, Hauben oder Zubehöre, oder dass der Schaden an einem Luftfahrzeug beschränkt ist auf eingebeulte Beplankung, Schäden an Propellerblättern, Schäden an Flügelspitzen, Funkantennen, Bereifung oder Bremsen; oder

c) das Luftfahrzeug vermisst oder völlig unzugänglich ist.
Ein Luftfahrzeug gilt als vermisst, wenn die amtliche Suche beendet und das Wrack nicht gefunden wurde.

Halter:

eine Person, eine Einrichtung oder ein Unternehmen, die, bzw. das ein oder mehrere Luftfahrzeuge betreibt oder betreiben will.

Halterstaat:

Der Staat, in dem der Halter seinen Hauptgeschäftssitz oder - falls ein Geschäftssitz nicht vorliegt - seinen Hauptwohnsitz hat.

Herstellerstaat:

Der Staat, in dem die luftrechtliche Aufsicht über das Unternehmen führt, das für die Endmontage des Luftfahrzeugs erfolgt .

Luftfahrtunternehmen:

Ein Lufttransportunternehmen mit einer gültigen Betriebsgenehmigung.

Luftfahrzeug:

Jedes Gerät, das sich in der Atmosphäre zufolge von Reaktion der Luft halten kann, mit Ausnahme von Reaktion der Luft auf der Erdoberfläche.

Luftverkehrsbetriebszeugnis (AOC):

Eine von den zuständigen Behörden der Mitgliedstaaten einem Unternehmen oder einer Gruppe von Unternehmen ausgestellte Urkunde, in der dem betreffenden Luftverkehrsbetreiber bescheinigt wird, dass er über die fachliche Eignung und Organisation verfügt, um den sicheren Betrieb von Luftfahrzeugen für die im Zeugnis genannten Luftverkehrstätigkeiten zu gewährleisten.

Schwere Verletzung:

Eine Verletzung, die eine Person bei einem Unfall erlitten hat und die

a) einen Krankenhausaufenthalt von mehr als 48 Stunden innerhalb von 7 Tagen nach der Verletzung erfordert oder

b) Knochenbrüche zur Folge hat (mit Ausnahme einfacher Brüche von Fingern, Zehen oder der Nase) oder
c) Risswunden zur Folge hat, die schwere Blutungen oder Verletzungen von Nerven-, Muskel- oder Sehnensträngen verursachen oder
d) Schäden an inneren Organen verursacht hat oder
e) Verbrennungen zweiten oder dritten Grades oder von mehr als fünf von Hundert (5%) der Körperoberfläche zur Folge hat oder
f) Folge einer nachgewiesenen Aussetzung gegenüber infektiösen Stoffen oder schädlicher Strahlung ist.

Sicherheitsempfehlung:

Ein Vorschlag zur Verhütung von Unfällen oder Störungen, den die Bundesstelle für Flugunfalluntersuchung auf der Grundlage von Fakten und Informationen unterbreitet, die sich während der Untersuchung ergeben haben.

Störung:

Ein anderes Ereignis als ein Unfall, das mit dem Betrieb eines Luftfahrzeugs zusammenhängt und den sicheren Betrieb beeinträchtigt oder beeinträchtigen könnte.

Schwere Störung

Eine Störung beim Betrieb eines Luftfahrzeuges, dessen Umstände darauf hindeuten, dass sich beinahe ein Unfall ereignet hätte.

Tödliche Verletzung

Eine Verletzung, die eine Person bei einem Unfall erlitten hat und die innerhalb von 30 Tagen nach dem Unfall deren Tod zur Folge hat.

Untersuchung:

Ein Verfahren zum Zweck der Verhütung von Unfällen oder Störungen, das die Sammlung und Auswertung von Informationen, die Erarbeitung von Schlussfolgerungen einschließlich der Feststellung der Ursache(n) und, gegebenenfalls, die Erstellung von Sicherheitsempfehlungen umfasst.

Untersuchungsfachkraft

Eine Person, die aufgrund ihrer Qualifikation Untersuchungstätigkeiten unter Aufsicht des Untersuchungsführers ausübt.

Untersuchungsführer:

Eine Person, der aufgrund ihrer Qualifikation die Verantwortung für Organisation, Durchführung und Beaufsichtigung einer Untersuchung übertragen wird.

Ursachen:

Handlungen, Unterlassungen, Ereignisse, Bedingungen oder eine Kombination dieser Faktoren, die zu einem Unfall oder einer Störung geführt haben.

Vorbericht:

Übermittlung zur unverzüglichen Weiterleitung von Daten, die in der Anfangsphase der Untersuchung ermittelt werden.

Flugdatenschreiber

Zusammenfassung noch gültiger deutscher Richtlinien, LuftBO, sowie der europäischen Joint Aviation Authorities, JAR, zum Thema Flugdatenschreiber.

19.1 Flugdatenschreiber

JAR-OPS 1 - Abschnitt K

JAR-OPS 1.700 Tonaufzeichnungsanlagen für das Cockpit - 1
(siehe IEM OPS 1.700)

(a) Der Luftfahrtunternehmer darf,

(1) ein mehrmotoriges Flugzeug mit Turbinenantrieb und einer höchsten genehmigten Fluggastsitzanzahl von mehr als 9 oder

(2) ein Flugzeug mit einer Startmasse von mehr als 5700 kg, das erstmals am oder nach dem 1. April 1998 in einem JAA-Mitgliedstaat oder einem anderen Staat ein Lufttüchtigkeitszeugnis erhalten hat, nur betreiben, wenn es mit einer Tonaufzeichnungsanlage für das Cockpit ausgestattet ist, die bezogen auf eine Zeitskala folgendes aufzeichnet:

(i) den Sprechfunkverkehr vorn oder zum Cockpit;
(ii) die Hintergrundgeräusche im Cockpit sowie ohne Unterbrechung alle Signale von jedem benutzten am Kopfhörer angebauten oder Maskenmikrophon;
(iii) die Gespräche der Flugbesatzungsmitglieder im Cockpit, die über die Gegensprechanlagen geführt werden;
(iv) Sprach- oder andere Signale zur Identifizierung der Navigations- oder Anflughilfen, die über den Kopfhörer oder den Lautsprecher übertragen werden; und
(v) Ansagen der Flugbesatzungsmitglieder im Cockpit über die Kabinen-Lautsprecheranlage, sofern eingebaut.

(b) Die Tonaufzeichnungsanlage für das Cockpit muss mindestens die Informationen, die während der letzten zwei Betriebsstunden der Anlage aufgezeichnet wurden, speichern können. Dieser Zeitraum darf für Flugzeuge mit einer höchstzulässigen Startmasse von 5700 kg öder weniger auf 30 Minuten verkürzt werden.

(c) Die Aufzeichnung der Tonaufzeichnungsanlage für das Cockpit muss automatisch beginnen, bevor das Flugzeug sich mit eigener Motorleistung fortbewegt, und ohne Unterbrechung bis zu dem Zeitpunkt bei der Beendigung des Fluges fortdauern, an dem sich das Flugzeug nicht mehr mit eigener Motorleistung fortbewegen kann. Außerdem muss die Aufzeichnung der Tonaufzeichnungsanlage für das Cockpit, abhängig von der Verfügbarkeit der Stromversorgung, so früh wie möglich während der Cockpitkontrollen vor dem Anlassen der Triebwerke zu Beginn des Fluges einsetzen und bis zu den Cockpitkontrollen unmittelbar nach dem Abschalten der Triebwerke zu Ende des Fluges fortdauern.

(d) Die Tonaufzeichnungsanlage für das Cockpit muss eine Einrichtung haben, um ihr Auffinden im Wasser zu erleichtern.

(e) Für die Erfüllung der Bestimmungen dieses Paragraphen darf in Flugzeugen mit einer höchstzulässigen Startmasse von 5700 kg oder weniger die Tonaufzeichnungsanlage für das Cockpit mit dem Flugdatenschreiber kombiniert werden.

(f) Unter den nachfolgend genannten Voraussetzungen darf ein Flugzeug eingesetzt werden, auch wenn die in diesem Paragraphen vorgeschriebene Tonaufzeichnungsanlage für das Cockpit nicht betriebsbereit ist:

(1) vor Beginn des Fluges ist eine Reparatur oder ein Austausch der Tonaufzeichnungsanlage für das Cockpit nicht zumutbar,
(2) mit der nicht betriebsbereiten Tonaufzeichnungsanlage für das Cockpit werden nicht mehr als 8 weitere aufeinanderfolgende Flüge durchgeführt;
(3) seit der Feststellung, dass die Tonaufzeichnungsanlage für das Cockpit nicht betriebsbereit ist, sind nicht mehr als 72 Stunden vergangen,
(4) der mitzuführende Flugdatenschreiber ist betriebsbereit, es sei denn, er ist mit der Tonaufzeichnungsanlage für das Cockpit kombiniert.

JAR-OPS 1.706 Tonaufzeichnungsanlagen für das Cockpit - 2

(siehe IEM IOS 1.70511.710)

(a) Der Luftfahrtunternehmer darf nach dem 1. April 2000 ein mehrmotoriges Flugzeug mit Turbinenantrieb, das in einem JAA-Mitgliedstaat oder in einem anderen Staat in der Zeit ab dem 1. Januar 1990 bis einschließlich 31. März 1998 erstmals ein Lufttüchtigkeitszeugnis erhalten hat und eine höchstzulässige Startmasse von 5700 kg oder weniger und eine höchste genehmigte Fluggastsitzanzahl von mehr als 9 hat, nur betreiben, wenn das Flugzeug mit einer Tonaufzeichnungsanlage für das Cockpit ausgestattet ist, die folgendes aufzeichnet:

(1) den Sprechfunkverkehr, der vom oder zum Cockpit gesendet wird;
(2) die Hintergrundgeräusche im Cockpit einschließlich aller akustischen Signale, die über jedes benutzte am Kopfhörer angebauten oder Maskenmikrophon empfangen werden;
(3) die Gespräche der Flugbesatzungsmitglieder im Cockpit, die über die Gegensprechanlage geführt werden; '
(4) Sprach- oder andere Signale zur Identifizierung der Navigations- und Anflughilfen, die über den Kopfhörer oder den Lautsprecher übertragen werden; und
(5) Ansagen der Flugbesatzungsmitglieder im Cockpit über die Kabinenlautsprecheranlage, sofern eingebaut.

(b) Die Tonaufzeichnungsanlage für das Cockpit muss mindestens die Informationen, die, während der letzten dreißig Betriebsminuten der Anlage aufgezeichnet wurden, speichern können.

(c) Die Aufzeichnung der Tonaufzeichnungsanlage für das Cockpit muss beginnen, bevor das Flugzeug sich mit eigener Motorleistung fortbewegt, und ohne Unterbrechung bis zum Zeitpunkt der Beendigung des Fluges fortdauern, an dem sich das Flugzeug nicht mehr mit eigener Motorleistung fortbewegen kann. Außerdem muss die Aufzeichnung der Tonaufzeichnungsanlage für das Cockpit, abhängig von der Verfügbarkeit der Stromversorgung, so früh wie möglich während der Cockpitkontrollen vor dem Flug einsetzen und bis zu den Cockpitkontrollen unmittelbar nach dem Abschatten der Triebwerke zu Ende des Fluges andauern.

(d) Die Tonaufzeichnungsanlage für das Cockpit muss eine Einrichtung haben, um ihr Auffinden im Wasser zu erleichtern.

(e) Unter den nachfolgend genannten Voraussetzungen darf ein Flugzeug eingesetzt werden, auch wenn die in diesem Paragraphen vorgeschriebene Tonaufzeichnungsanlage für das Cockpit nicht betriebsbereit ist:

(1) vor Beginn des Fluges ist eine Reparatur oder ein Austausch der Tonaufzeichnungsanlage für das Cockpit nicht zumutbar,
(2) mit der nicht betriebsbereiten Tonaufzeichnungsanlage für das Cockpit werden nicht mehr als 8 weitere aufeinanderfolgende Flüge durchgeführt;
(3) seit der Feststellung, dass die Tonaufzeichnungsanlage für das Cockpit nicht betriebsbereit ist, sind nicht mehr als 72 Stunden vergangen;
(4) der mitzuführende Flugdatenschreiber ist betriebsbereit, es sei denn, er ist mit der Tonaufzeichnungsanlage für das Cockpit kombiniert.

JAR-OPS 1.710 Tonaufzeichnungsanlagen für das Cockpit - 3
(siehe IEM OPS 1.70511.710)

(a) Der Luftfahrtuntenehmer darf ein Flugzeug mit einer höchstzulässigen Startmasse von mehr als 5700 kg, das in einem JAA-Mitgliedstaat oder in einem anderen Staat vor dem 1. April 1998 erstmals ein Lufttüchtigkeitszeugnis erhalten hat, nur betreiben, wenn es mit einer Tonaufzeichnungsanlage für das Cockpit ausgestattet ist, die folgendes aufzeichnet:

(1) den Sprechverkehr, der vom oder zum Cockpit gesendet wird;
(2) die Hintergrundgeräusche im Cockpit;
(3) die Gespräche der Flugbesatzungsmitglieder im Cockpit, die über die Gegensprechanlagen geführt werden;
(4) Sprach- oder andere Signale zur Identifizierung der Navigations- und Anflughilfen, die über den Kopfhörer oder den Lautsprecher übertragen werden; und
(5) Ansagen der Flugbesatzungsmitglieder im Cockpit über die Kabinen- Lautsprecheranlage, sofern eingebaut.

(b) Die Tonaufzeichnungsanlage für das Cockpit muss mindestens die Informationen, die während der letzten dreißig Betriebsminuten der Anlage aufgezeichnet wurden, speichern können.

(c) Die Aufzeichnung der Tonaufzeichnungsanlage für das Cockpit muss beginnen, bevor das Flugzeug sich mit eigener Motorleistung fortbewegt, und ohne Unterbrechung bis zum Zeitpunkt der Beendigung des Fluges fortdauern, an dem sich das Flugzeug nicht mehr mit eigener Motorleistung fortbewegen kann.

(d) Die Tonaufzeichnungsanlage für das Cockpit muss eine Einrichtung haben, um ihr Auffinden im Wasser zu erleichtern.

(e) Unter den nachfolgend genannten Voraussetzungen darf ein Flugzeug eingesetzt werden, auch wenn die in diesem Paragraphen vorgeschriebene Tonaufzeichnungsanlage für das Cockpit nicht betriebsbereit ist:

(1) vor Beginn des Fluges ist eine Reparatur oder ein Austausch der Tonaufzeichnungsanlage für das Cockpit nicht zumutbar;
(2) mit der nicht betriebsbereiten Tonaufzeichnungsanlage für das Cockpit werden nicht mehr als 8 weitere aufeinanderfolgende Flüge durchgeführt;

(3) seit der Feststellung, dass die Tonaufzeichnungsanlage für das Cockpit nicht betriebsbereit ist, sind nicht mehr als 72 Stunden vergangen;. und

(4) der mitzuführende Flugdatenschreiber ist betriebsbereit, es sei denn, er ist mit der Tonaufzeichnungsanlage für das Cockpit kombiniert.

JAR-OPS 1.715 Flugdatenschreiber - 1
(siehe 1 EM OPS 1.715)

(a) Der Luftfahrtunternehmer darf

(1) ein mehrmotoriges Flugzeug mit Turbinenantrieb und einer höchsten genehmigten Fluggastsitzzahl von mehr als 9 oder

(2) ein Flugzeug mit einer höchstzulässigen Startmasse von mehr als 5700 kg, das am oder nach den 1. April 1998 in einem JAA-Mitgliedstaat oder einem anderen Staat erstmals ein Lufttüchtigkeitszeugnis erhalten hat, nur betreiben, wenn dieses Flugzeug mit einem Flugdatenschreiber ausgerüstet ist, der für die Aufzeichnung und Speicherung von Daten ein digitales Verfahren benutzt, und ein Verfahren zur schnellen Rückgewinnung dieser Daten von dem Speichermedium zur Verfügung steht.

(b) Der Flugdatenschreiber muss mindestens die Daten, die während der letzten 25 Betriebsstunden der Anlage aufgezeichnet wurden, speichern können. Dieser Zeitraum darf für Flugzeuge mit einer höchstzulässigen Startmasse von 5700 kg oder weniger auf 10 Stunden verkürzt werden.

(c) Der Flugdatenschreiber muss, bezogen auf eine Zeitskala, folgendes aufzeichnen (siehe AMC OPS 1.715(c)):

(1) Die Parameter, die für die Ermittlung der Flughöhe, der Fluggeschwindigkeit, des Steuerkurses, der Beschleunigung, der Längs- und Querneigung, der Tastung . jeder Sprechfunksendung, des Schubes oder der Leistung eines jeden Triebwerkes, der Stellung der auftriebserhöhenden oder auftriebsvermindernden Einrichtungen, der Lufttemperatur, der Benutzung der automatischen Flugsteuerungssysteme sowie des Anstellwinkels notwendig sind;

(2) für Flugzeuge mit einer höchstzulässigen Startmasse von mehr als 27000 kg der weiteren Parameter, die für die Ermittlung der Stellung der primären Steuerorgane und der Längstrimmung, der der Flugbesatzung angezeigten Funkhöhen und Primärnavigationsdaten, der Warnsignale im Cockpit und der Fahrwerksposition notwendig sind; und

(3) für die unter Absatz (a) genannten Flugzeuge mit neuartigen oder einzigartigen Entwurfsmerkmalen oder Betriebseigenschaften alle damit in Verbindung stehenden Parameter des Flugzeugs.

(d) Die Daten müssen aus den bordeigenen Quellen gewonnen werden, die eine eindeutige Zuordnung zu den der Flugbesatzung angezeigten Informationen ermöglichen.

(e) Die Aufzeichnung des Flugdatenschreibers muss automatisch beginnen, bevor das Flugzeug sich mit eigener Motorleistung fortbewegen kann, und muss automatisch enden, wenn sich das Flugzeug nicht mehr mit eigener Motorleistung fortbewegen kann.

(f) Der Flugdatenschreiber muss eine Einrichtung haben, um sein Auffinden Im Wasser zu erleichtern.

(g) Für die Erfüllung der Bestimmungen dieses Paragraphen darf in Flugzeugen mit einer höchstzulässigen Startmasse von 5700 kg oder weniger der Flugdatenschreiber mit der Tonaufzeichnungsanlage für das Cockpit kombiniert werden.

(h) Unter den nachfolgend genannten Voraussetzungen darf ein Flugzeug eingesetzt werden, auch wenn der in diesem Paragraphen vorgeschriebene Flugdatenschreiber nicht betriebsbereit ist (siehe IEM OPS 1.71 5(h)):

(1) vor Beginn des Fluges ist eine Reparatur oder ein Austausch des Flugdatenschreibers nicht zumutbar,

(2) mit dem nicht betriebsbereiten Flugdatenschreiber werden nicht mehr als 8 weitere aufeinanderfolgende Flüge durchgeführt,

(3) seit der Feststellung, dass der Flugdatenschreiber nicht betriebsbereit ist, sind nicht mehr als 72 Stunden vergangen,

(4) die mitzuführende Tonaufzeichnungsanlage für das Cockpit ist betriebsbereit, es sei denn, sie ist mit dem Flugdatenschreiber kombiniert.

JAR-OPS 1.720 Flugdatenschreiber - 2
(siehe IEM OPS 1.72011.725)

(a) Der Luftfahrtunternehmer darf ein Flugzeug, das in einem JAA-Mitgliedstaat oder in einem anderen Staat in dem Zeitraum vom 1. Januar 1989 bis einschließlich 31. März 1998 erstmals ein Lufttüchtigkeitszeugnis erhalten hat und eine höchstzulässige Startmasse über 5700 kg hat, nur betreiben, wenn es mit einem Flugdatenschreiber ausgerüstet ist, der für die Aufzeichnung und Speicherung von Daten ein digitales Verfahren benutzt, und ein Verfahren zur schnellen Rückgewinnung dieser Daten von dem Speichermedium zur Verfügung steht.)

(b) Der Flugdatenschreiber muss mindestens die Daten, die Während der letzten 25 Betriebsstunden der Anlage aufgezeichnet wurden, speichern können.

(c) Der Flugdatenschreiber muss, bezogen auf eine Zeitskala, folgendes aufzeichnen:

(1) Die Parameter, die für die Ermittlung der Flughöhe, der Fluggeschwindigkeit, des Steuerkurses, der Beschleunigung, der Längs- und Querneigung, der Tastung einer jeden Sprechfunksendung, wenn keine andere Einrichtung vorhanden ist, um die Aufzeichnungen des Flugdatenschreibers und der Tonaufzeichnungsanlage für das Cockpit zu synchronisieren, des Schubes oder der Leistung jedes Triebwerkes, der Stellung der auftriebserhöhenden oder auftriebsvermindernden Einrichtungen, der Lufttemperatur, der Benutzung der automatischen Flugsteuerungssysteme sowie des Anstellwinkels notwendig sind, und

(2) für Flugzeuge mit einer höchstzulässigen Startmasse von mehr als 27000 kg die weiteren Parameter, die für die Ermittlung der Stellung der primären Steuerorgane und der Längstrimmung, der der Flugbesatzung angezeigten Funkhöhen und Primärnavigationsdaten, der Warnsignale im Cockpit und der Fahrwerksposition notwendig sind (siehe AMC OPS 1.720(c)/ 1.725(c));

(d) Die Daten müssen aus den bordeigenen Quellen gewonnen werden, die eine eindeutige Zuordnung zu den der Flugbesatzung angezeigten Informationen ermöglichen.

(e) Die Aufzeichnung des Flugdatenschreibers muss automatisch beginnen, bevor das Flugzeug sich mit eigener Motorleistung fortbewegen kann und muss automatisch enden, wenn sich das Flugzeug nicht mehr mit eigener Motorleistung fortbewegen kann.

(f) Der Flugdatenschreiber muss eine Einrichtung haben, um sein Auffinden im Wasser zu erleichtern.

(g) Unter den nachfolgend genannten Voraussetzungen darf ein Flugzeug eingesetzt werden, auch wenn der in diesem Paragraphen vorgeschriebene Flugdatenschreiber nicht betriebsbereit ist:

(1) vor Beginn des Fluges ist eine Reparatur oder ein Austausch des Flugdatenschreibers nicht zumutbar;

(2) mit dem, nicht betriebsbereiten Flugdatenschreiber werden nicht mehr als 8 weitere aufeinanderfolgende Flüge durchgeführt-,

(3) seit der Feststellung, dass der Flugdatenschreiber nicht betriebsbereit ist, sind nicht mehr als 72 Stunden vergangen; und

(4) Die mitzuführende Tonaufzeichnungsanlage für das Cockpit ist betriebsbereit, es sei denn, sie ist mit dem Flugdatenschreiber kombiniert (siehe IEM OPS 1.720(g)11.725(g)).

JAR-OPS 1.725 Flugdatenschreiber - 3
(siehe IEM OPS 1.72011.725)

(a) Der Luftfahrtunternehmer darf ein mehrmotoriges Flugzeug mit Turbinenantrieb, für das JAR-OPS 1.715 oder JAR-OPS 1.720 nicht anwendbar ist und das eine höchstzulässige Startmasse über 5700 kg hat, nur betreiben, wenn dieses mit einem Flugdatenschreiber ausgerüstet ist, der mittels eines digitalen Verfahrens Daten aufzeichnet und speichert, und wenn ein Verfahren zum schnellen Wiederauffinden dieser Daten auf dem Speichermedium zur Verfügung steht; allerdings ist für Flugzeuge, die am 1. April 1995 in einem JAA-Mitgliedstaat eingetragen waren und die vor dem 1. April 1975 in einem JAA-Mitgliedstaat oder in einem anderen Staat erstmals zum Verkehr zugelassen worden sind, bis zum 1. April 2000 der Gebrauch von nicht-digitalen Flugdatenschreibern weiterhin zulässig.

(b) Der Flugdatenschreiber muss mindestens die Daten, die während der letzten 25 Betriebsstunden der Anlage aufgezeichnet wurden, speichern können.

(c) Der Flugdatenschreiber muss, bezogen auf eine Zeitskala, folgendes aufzeichnen:

(1) Für Flugzeuge, die vor dem 1. Januar 1987 in einem JAA-Mitgliedstaat oder in einem anderen Staat erstmals ein Lufttüchtigkeitszeugnis erhalten haben:

(i) Die Parameter, die für die Ermittlung der Höhe, der Fluggeschwindigkeit, des Steuerkurses und der Vertikalbeschleunigung notwendig sind; und

(ii) für Flugzeuge mit einer höchstzulässigen Startmasse Ober 27000 kg, deren Muster nach dem 30. September 1969 in einem JAA-Mitgliedstaat oder einem anderen Staat erstmals zugelassen wurde, die zusätzlichen Parameter, die für die Ermittlung der folgenden Daten notwendig sind:

(A) die Tastung jeder Sprechfunksendung, wenn keine andere Einrichtung vorhanden ,ist, um die Aufzeichnungen des Flugdatenschreibers und der Tonaufzeichnungsanlage für das Cockpit zu synchronisieren-,

(B) die Fluglage des Flugzeugs zum Erreichen seiner Flugbahn; und

(C) die wesentlichen Kräfte, die auf das Flugzeug einwirken und zu der erreichten Flugbahn führen, sowie der Ursprung dieser Kräfte.

(2) Für Flugzeuge, die nach dem 1. Januar 1987, jedoch vor dem 1. Januar 1989 in einem JAA-Mitgliedstaat oder in einem anderen Staat erstmals ein Lufttüchtigkeitszeugnis erhalten haben:

(i) die Parameter, die für die Ermittlung der Druckhöhe, der Fluggeschwindigkeit, des Steuerkurses und der Vertikalbeschleunigung notwendig sind; und

(ii) für Flugzeuge mit einer höchstzulässigen Startmasse über 27000 kg, deren Muster nach dem 30. September 1969 in einem JAA-Mitgliedstaat oder in einem anderen Staat erstmals zugelassen wurde, die zusätzlichen Parameter, die für die Ermittlung der folgenden Daten notwendig sind:

(A) die Tastung jeder Sprechfunksendung, wenn keine andere Einrichtung vorhanden ist, um die Aufzeichnungen des Flugdatenschreibers und der Tonaufzeichnungsanlage für das Cockpit zu synchronisieren; und

(B) die Längs- und Querneigung, den Schub oder die Leistung jedes Triebwerks, die Stellung der auftriebserhöhenden oder auftriebsvermindernden Einrichtungen, die Lufttemperatur, die Benutzung der automatischen Flugsteuerungssysteme, die Stellung der primären Steuerorgane und der Längstrimmung, die der Flugbesatzung angezeigten Funkhöhen- und Primärnavigationsdaten, die Warnsignale im Cockpit und die Fahrwerksposition (siehe AMC OPS 1.720(c)11.725(c)).

(d) Die, Daten müssen aus den bordeigenen Quellen gewonnen werden, die eine eindeutige Zuordnung zu den der Flugbesatzung angezeigten Informationen ermöglichen.

(e) Die Aufzeichnung des Flugdatenschreibers muss automatisch beginnen, bevor das Flugzeug sich mit eigener Motorleistung fortbewegen kann, und muss automatisch enden, wenn sich das Flugzeug nicht mehr mit eigener Motorleistung fortbewegen kann.

(f) Der Flugdatenschreiber muss eine Einrichtung haben, um sein Auffinden im Wasser zu erleichtern.

(g) Unter den nachfolgend genannten Voraussetzungen darf ein Flugzeug eingesetzt werden, auch wenn der in diesem Paragraphen vorgeschriebene Flugdatenschreiber nicht betriebsbereit ist:

(1) vor Beginn des Fluges ist eine Reparatur oder ein Austausch des Flugdatenschreibers nicht zumutbar,

(2) mit dem nicht betriebsbereiten Flugdatenschreiber werden nicht mehr als 8 weitere aufeinanderfolgende Flüge durchgeführt;

(3) seit der Feststellung, dass der Flugdatenschreiber nicht betriebsbereit ist, sind nicht mehr als 72 Stunden vergangen;

(4) die mitzuführende Tonaufzeichnungsanlage für das Cockpit ist betriebsbereit, es sei denn, sie ist mit dem Flugdatenschreiber kombiniert (siehe IEM OPS 1.720(g)/1.725(g)).

19.2 Ausrüstung mit Flugschreibern

19.2.1 Betriebsordnung für Luftfahrtgerät (LuftBO)

§ 22 Zusätzliche Ergänzungsausrüstung

Die zuständige Stelle kann zusätzlich Geräte oder Anlagen, die für die Sicherheit des Luftverkehrs erforderlich sind, für die Ausrüstung der Luftfahrzeuge vorschreiben. Das gilt auch für Geräte, die zur Ermittlung der Unfallursachen beitragen können.

19.2.2 1. DVO LuftBO

19.2.2.1 § 22 Flugschreiberanlage (zu § 22 LuftBO)

(1) Turbinengetriebene Flugzeuge mit 10 und mehr Fluggastsitzen oder mit einem Höchstgewicht von mehr als 14 000 kg müssen mit einer Flugschreiberanlage ausgerüstet sein, die mit den in der Anlage B angegebenen Messbereichen, Toleranzen und Abtastfrequenzen mindestens Zeit, Druckhöhe, angezeigte Fluggeschwindigkeit, Vertikalbeschleunigung und Steuerkurs aufzeichnet. Das Luftfahrt-Bundesamt kann für bestimmte Flugzeugmuster Ausnahmen zulassen.

(2) Turbinengetriebene Flugzeuge mit 20 und mehr Fluggastsitzen oder mit einem Höchstgewicht von mehr als 27000 kg müssen bis zum 31. Dezember 1976 mit einer Flugschreiberanlage ausgerüstet sein, die mit den in Anlage B angegebenen Messbereichen, Toleranzen und Abtastfrequenzen folgende Werte aufzeichnet: Zeit, Druckhöhe, angezeigte Fluggeschwindigkeit, Vertikalbeschleunigung, Steuerkurs, Nickwinkel, Rollwinkel. Seitenbeschleunigung oder Schiebewinkel, Stellung der Höhentrimmung, Stellung der Steuersäule oder Höhenruderausschlag,

Stellung des Steuerrades oder Querruderausschlag, Stellung der Seitenruderpedale oder Seitenruderausschlag. Schub jedes Triebwerks, Stellung jeder Schubumkehreinrichtung, Stellung des Landeklappenhebels oder Landeklappenausschlag, Stellung des Nasenklappenhebels oder Nasenklappenausschlag. Beginn jeder Sprechfunksendung. Das Luftfahrt-Bundesamt kann die Aufzeichnung weiterer Werte verlangen, wenn Flüge nach Betriebsstufe II oder III durchgeführt werden.

(3) Die Flugschreiberanlage muss hinsichtlich ihrer Beschaffenheit und ihres Einbaus den hierfür geltenden Lufttüchtigkeitsforderungen entsprechen. Der nachträgliche Einbau unterliegt einer ergänzenden Musterprüfung,

(4) Die Flugschreiberanlage muss von dem Zeitpunkt an, zu dem das Flugzeug mit eigener Kraft zum Start abrollt, bis zu dem Zeitpunkt, zu dem es am Ende eines Fluges zum Stillstand kommt, fortlaufend in Betrieb sein. Eine Einrichtung muss vorhanden sein, die es dem Flugzeugführer ermöglicht, vor dem Flug zu prüfen, ob die Anlage in Betrieb ist. Flugschreiberanlagen mit selbsttätiger Löscheinrichtung können verwendet werden, wenn sichergestellt ist, dass die Aufzeichnungen der letzten 25 Stunden Betriebszeit erhalten bleiben. Ein Flug ohne betriebsbereite Flugschreiberanlage darf nur angetreten werden, wenn an dem betreffenden Ort die Instandsetzung der Anlage in angemessener Zeit nicht erfolgen kann und die Tonaufzeichnungsanlage nach § 23 betriebsbereit ist.

(5) Nach dem 31. Dezember 1976 müssen Flugschreiberanlagen mit einer Ortungseinrichtung ausgestattet sein, die das Auffinden unter Wasser bis zu einer Tiefe von 6000 m ermöglicht, und nach dem Eintauchen für die Dauer von 30 Tagen in Betrieb bleibt. Eine Ortungseinrichtung für Flugschreiberanlagen der in Abs. 1 genannten Flugzeuge ist nur bei Flügen über See erforderlich.

Die Aufzeichnungen der Flugschreiberanlage dienen insbesondere dem Zweck der behördlichen Untersuchung von Unfällen und sonstigen Störungen, die einer besonderen Anzeigepflicht unterliegen. Sie sind der zuständigen Luftfahrtbehörde jederzeit auf Verlangen vorzulegen und nach einem Unfall oder einer Störung gemäß Satz 1 unverändert so lange aufzubewahren, wie dies von ihr angeordnet wird. Soweit eine außerbehördliche Auswertung von Aufzeichnungen personenbezogener Art ist, diese nur als Einzelmaßnahme und mit Zustimmung des betroffenen Luftfahrers zulässig.

19.2.2.2 § 22a Übergangsvorschriften für die Ausrüstung mit Flugschreiberanlagen

(1) Turbinengetriebene Flugzeuge mit 10 und mehr Fluggastsitzen und einem Höchstgewicht bis zu 5 700 kg können bis zum 31. Dezember 1975 ohne Flugschreiberanlage betrieben werden. Ausrüstung der Luftfahrzeuge und Flugbetrieb in Luftfahrtunternehmen (1. DV LuftBO).

(2) Die in § 22 Abs. 2 genannten Flugzeuge, deren Musterzulassung im Ursprungsstaat vor dem 30. September 1969 erteilt wurde, können weiterhin mit einer Flugschreiberanlage nach § 22 Abs. 1 betrieben werden.

(3) Nach dem 1. Januar 1976 muss aus den Aufzeichnungen der Flugschreiberanlage der Beginn jeder Sprechfunksendung bestimmt werden können.

19.2.2.3 § 23 Tonaufzeichnungsanlage für den Führerraum (zu § 22 LuftBO)

(1) Turbinengetriebene Flugzeuge mit 10 und mehr Fluggastsitzen oder mit einem Höchstgewicht von mehr als 14000 kg müssen mit einer Führerraum-Tonaufzeichnungsanlage ausgerüstet sein, die den Forderungen der Absätze 2 und 3 genügt. Das Luftfahrt-Bundesamt kann für bestimmte Flugzeugmuster Ausnahmen zulassen.

(2) Die Tonaufzeichnungsanlage muss hinsichtlich ihrer Beschaffenheit und ihres Einbaus den hierfür geltenden Lufttüchtigkeitsforderungen entsprechen und eine ausreichende Wiedergabequalität und lückenlose Auswertung der unter Betriebsbedingungen erfolgten Aufzeichnungen gewährleisten. Der nachträgliche Einbau unterliegt einer ergänzenden Musterprüfung.

(3) Die Tonaufzeichnungsanlage muss vor dem Beginn des Verlesens der Klarliste (vor dem Anlassen der Triebwerke) vor einem Flug bis zur Beendigung des Verlesens der Klarliste nach einem Flug in Betrieb sein. Eine Einrichtung muss vorhanden sein, die es dem Flugzeugführer ermöglicht, vor dem Flug zu prüfen, ob die Anlage in Betrieb ist. Tonaufzeichnungsanlagen mit selbsttätiger Löschein können verwendet werden, wenn sichergestellt ist, dass die Aufzeichnungen der letzten 30 Minuten Betriebszeit erhalten bleiben. Ein Flug ohne betriebsbereite Tonaufzeichnungsanlage darf nur angetreten werden, wenn an dem betreffenden Ort die Instandsetzung der Anlage in angemessener Zeit nicht erfolgen kann und die vorgeschriebene Flugschreiberanlage betriebsbereit ist.

(4) Die Aufzeichnungen dürfen nur zum Zweck der behördlichen Untersuchung von Unfällen oder sonstigen Störungen, die einer besonderen Anzeigepflicht unterliegen, verwendet werden und sind nach einem Unfall oder einer solchen Störung unverändert so lange aufzubewahren, wie dies von der Untersuchungsbehörde angeordnet wird. Abweichend von Satz 1 ist bei Flügen im Rahmen der Musterprüfung der Tonaufzeichnungsanlage und bei Prüfflügen gemäß § 11 der Betriebsordnung für Luftfahrtgerät eine Auswertung der Aufzeichnungen zum Zweck der Funktionsprüfung der Anlage zulässig, wenn die betroffenen Luftfahrer vor Antritt des Fluges davon unterrichtet worden sind.

(5) Turbinengetriebene Flugzeuge mit 10 und mehr Fluggastsitzen und einem Höchstgewicht bis zu 5 700 kg können bis zum 31. Dezember 1975 ohne Tonaufzeichnungsanlage nach Absatz l betrieben werden.

19.2.2.4 § 23a Ausnahmen

Das Luftfahrt-Bundesamt kann im Einzelfall für Flugzeuge, die vor dem 1. Januar 1977 in der Bundesrepublik Deutschland zum Verkehr zugelassen wurden, spätere als die in den §§ 22, 22a und 23 genannten Termine genehmigen.

Anmerkung: Alle derzeit noch existierenden deutschen Luftfahrtvorschriften werden nach deren Inkrafttreten sukzessive durch *Joint Aviation Regulation (JAR)* ersetzt werden.

20 Umrechnungstabellen und Abkürzungen

20.1 Umrechnungstabellen

1 Nautische Meile (nm) = 1.852 Kilometer (km)

Geschwindigkeit
1 Meter/Sekunde (m/s) = 3.281 feet/Sekunde (ft/s)
1 Kilometer/Stunde (km/h) = 0.540 Knoten (kt)
1 Foot/Sekunde (ft/s) = 0.3048 Meter/Sekunde (m/s)
1 Knoten (kt) = 1.852 Kilometer/Stunde (km/h)

Gewicht
1 Gramm (g) = 0.353 ounce (oz)
1 Kilogramm (kg) = 2.205 pounds (lb)
1 Tonne (t) = 2 205 pounds (lb)
1 ounce (oz) = 28.35 Gramm (g)
1 pound (lb) = 0.4535 Kilogramm (kg)
1 pound (lb) = 0.0004535 Tonnen (t)

Kraft
1 Newton (N) = 0.2248 pounds (lb)
1 deca Newton (daN) = 2 248 pounds (lb)
1 pound (lb) = 4.448 Newton (N)
1 pound (lb) = 0.4448 deca Newton (daN)

Druck
1 bar = 14.505 pounds per square inch (P.S.I.)
1 Millibar (mb) = 0.04145 P.S.I.
1 Hektopascal (hPa) = 0.04145 P.S.I.
1 pound per square inch (P.S.I.) = 0.0689 Bar
1 P.S.I. = 68.92 Millibar (mb)

Menge
1 Meter x deca Newton (m.daN) = 88.50 pound x inch (lb.in)
1 pound x inch (lb.in) = 0.0113 Meter x deca Newton (mdaN)

Temperatur
T (°C) = (5:9) - (t (°F)- 32)
T (°F) = t(°C) x 1.8 + 32

20.2 Gebräuchliche Abkürzungen in der Luftfahrt

Auszug aus dem Luftfahrthandbuch Deutschland
Aeronautical Information Publication (AIP-Germany)

ACC	Bezirkskontrollstelle, Bezirkskontrolle	Area Control Center or Area Control
ACFT	Luftfahrzeug(e)	Aircraft
ADF	Automatisches Peilgerät	Automatic directionfinding equipment
ADIZ	Flugüberwachungszone	Air defence identification zone
AFIS	Flugplatz Informationsdienst	Aerodrome flight information service
AFTN	Fester Flugfernmeldedienst	Aeronautical fixed telecom. network
AIP	Luftfahrthandbuch	Aeronautical information publication
AIS	Flugberatungsdienst	Aeronautical information services
APP	Anflugkontrollstelle	Approach control office
ARR	Ankunft	Arrival
ATD	Tatsächliche Abflugzeit	Actual time of departure
ATIS	Automatische Ausstrahlung von Lande- und Startinformationen	Automatic Terminal Information Service
ATS	Flugverkehrsdienste	Air traffic services
BCN	Leuchtfeuer	Beacon
BFU	Bundesstelle für Flugunfalluntersuchung	
CAT	Turbulenzen in wolkenfreier Luft	Clear air turbulence
CAVOK	Sicht, Wolken und gegenwärtiges Wetter besser als die vorgeschriebenen Werte conditions	Visibility, cloud and present weather better than prescribt values or
CB	Cumulonimbus	Cumulonimbus
CLR	Freigegeben, Freigabe	Clear, cleared to or clearance
DEP	Abflug, Abflugmeldung	Departure, Departure message
DEST	Bestimmungsort	Destination
DME	Entfernungsmessgerät	Distance measuring equipment
DWD	Deutscher Wetterdienst	
EET	voraussichtliche Flugdauer	Estimated elapsed time

ETA	voraussichtliche Ankunftszeit	Estimated time of arrival
ETD	voraussichtliche Abflugzeit	Estimated time of departure
FAP	Endanflugpunkt	Final approach fix
FIC	Fluginformationszentrale	Flight information center
FIR	Fluginformationsgebiet	Flight informationregion
FIS	Fluginformationsdienst	Flight information service
FL	Flugfläche	Flight level
FLT	Flug	Flight
FREQ	Frequenz	Frequency
GCA	GCA-Anflugsystem	Ground controlled approach
GAFOR	Flugwettervorhersage	General aviation forecast
GND	Grund	Ground
GRADU	stufenweise	gradual or gradually
GS	Geschwindigkeit über Grund	Ground speed
HDG	Steuerkurs	Heading
HF	Kurzwelle	High frequency
hPa	Hektopascal	
IAF	Anflugsanfangsfix	Initial approach fix
IATA		International Aviation Transport Assossiation
IAS	Angezeigte Fluggeschwindigkeit	Indicated air speed
ICAO	Internationale Zivilluftfahrt-Organisation	International Civil Aviation Organisation
IFR	Instrumentenflugregeln	Instrument flight rules
ILS	Instrumentenlandesystem	Instrument landing system
INOP	Außer Betrieb	inoperativ
INS	Trägheitsnavigationssystem	Inertial navigation system
ISA	Internationale Standardatmosphäre	International Standard Atmosphere
kt	Knoten	Knots
LAT	Geographische Breite	Latitude
lb	Engl. Pfund	Pounds

LBA	Luftfahrt Bundesamt	
LDA	Verfügbare Landestrecke	Landing distance available
LDG	Landung	Landing
LGT	Feuer, Beleuchtung	Light or lighting
LLZ	Landekurssender	Localizer
LMT	Mittlere Ortszeit	Local mean time
Mag	missweisend	Magnetic
mb	Millibar	
MDA	Sinkflugmindesthöhe	Minimum descend altitude
MDH	Mindesthöhe über Flugplatz	Minimum descend hight
METAR	Planmäßige Flugwettermeldung	Aviation routine weather report
MKR	Markierungsfunkfeuer	Marker radio beacon
MLS	Mikrowellenlandesystem	Microwave landing system
MM	Haupteinflugzeichen	Middle marker
MOTNE	Europ. Flugwetter Fernmeldenetz	Meteorological Operational Telecommunication
MPH	Statue Meile(s) je Stunde	Statue mile(s) per hour
mps	Meter je Sekunde	Meter(s) per second
MSA	Sicherheitshöhe MSL	Minimum Safe Altitude
MSG	Meldung	Message
MSL	Mittlerer Meeresspiegel	Mean sea level
NDB	Ungerichtetes Funkfeuer	Non-direction radio beacon
NfL	Nachrichten für Luftfahrer	
NM	Seemeile(n) (1,852 km)	Nautical mile(s)
NOSIG	Keine bedeutsame Veränderung	No significant change
OCA	Hindernisfreihöhe	Obstacle clearance altitude
OM	Voreinflugzeichen	Outer marker
OPS	Betrieb	Operations
PAR	Präzisionsanflugradar	Precision approach radar
PLN	Flugplan	Flight plan

POB	Personen an Bord	Persons on board
PSN	Position	Position
PWR	Leistung, Kraft	Power
QDM	Missweisender Steuerkurs	Magnetic heading
QDR	Missweisende Peilung	Magnetic bearing
QNH	Höhenmessereinstellung LDG	Altimeter setting LDG
RCC	SAR-Leitstelle	Rescue coordination centre
REG	Flugzeugkennung	Registration
REP	Meldepunkt	Reportingpoint
RNAV	Flächennavigation	Area navigation
RNG	Kursfunkfeuer	Radio range
RVR	Start- und Landebahnsichtweite	Runway visual range
RWY	Start- und Landebahn	Runway
SAR	Such- und Rettungsdienst	Search and rescue
SELCAL	Selektivrufsystem	Selective calling system
SEV	Schwer	Severe
SID	Standard-Instrumentenabflug	Standard instrument departure
SIGMET	Informationen bez. Wettererscheinungen auf der Flugstrecke, die die Sicherheit des Flugbetriebs beeinträchtigen könnte	Information concerning en-route weather phenomena which may have influence the safety of aircraft operation
SN	Schnee	Snow
SPECIAL	Sonderwettermeldung	Special meteoreological report
SRE	Rundsichtradarteil (PAR)	Surveillance radar element of PAR
SS	Sonnenuntergang	Sunset
SSR	Rundsichtsekundärradar	Secondary surveillance radar
STAR	Standard-(Instrumenten)anflugstrecke	Standard-(Instrument) arrival
STOL	Kurzstart und Kurzlandung	Short take-off and landing
SWY	Stoppbahn, Stoppfläche	Stopway
TAF	Flughafenwettervorhersage	Aerodrome forecast
TAS	Wahre Eigengeschwindigkeit	True airspeed

TEMPO	Vorübergehend	Temporary or temporarily
TKOF	Start	Take-off
TODA	Verfügbare Startstrecke	Take-off distance available
TOP	Wolkenobergrenze	Top of clouds
TORA	Verfügbare Startlaufstrecke	Take-off run available
TRA	Zeitweilig reservierter Luftraum	Temporary reserved airspace
TS	Gewitter	Thunderstorm
TVOR	Platz- UKW-Drehfunkfeuer	Terminal VOR
TWR	Platzkontrollstelle	Aerodrome control tower
TWY	Rollbahn	Taxiway
TYP	Luftfahrzeugmuster	Type of aircraft
UHF	Dezimeterwellen	Ultra high frequency
UIR	Oberes Fluginformationsgebiet	Upper flight information region
UTC	Koordinierte Weltzeit	Universal time co-ordinated
VAR	Ostsmissweisung	Magnetic variation
VASIS	Gleitwinkelbefeuerung system	Visual approach slope indicator
VFR	Sichtflugregeln	Visual flight rules
VHF	Ultrakurzwellen	Very high frequency
VIP	Sehr wichtige Persönlichkeit	Very important person
VMC	Sichtwetterbedingungen	Visual meteoreological conditions
VOLMET	Wetterinformation für Lfz	Meteorological info for a/c in flight
VOR	Drehfunkfeuer	HF omidirectional radio range
VTOL	Senkrechtstart und -landung	Vertical take-off and landing
WIP	Durchführung von Arbeiten	Work in progress
WX	Wetter	Weather

Sachverzeichnis

MIX
Papier aus verantwortungsvollen Quellen
Paper from responsible sources
FSC® C105338

If you have any concerns about our products,
you can contact us on
ProductSafety@springernature.com

In case Publisher is established outside the EU,
the EU authorized representative is:
Springer Nature Customer Service Center GmbH
Europaplatz 3, 69115 Heidelberg, Germany

Printed by Libri Plureos GmbH
in Hamburg, Germany